高等院校通信与信息专业规划教材

分散控制系统（DCS）和现场总线控制系统（FCS）及其工程设计

（第2版）

李占英　主　编

初红霞　副主编

U0218238

电子工业出版社

Publishing House of Electronics Industry

北京·BEIJING

内 容 简 介

本书以"使广大学生、工程技术人员掌握分散控制系统（DCS）和现场总线控制系统（FCS）的应用及设计，初步具备 DCS/FCS 的设计和应用能力"为目标，由浅入深、循序渐进地介绍了 DCS 和 FCS 的组成及工作原理，并以实际的工程设计为例，使读者了解工程设计思想和过程。通过学、例、练相结合的方式，使读者可以迅速掌握 DCS/FCS 及其工程应用的相关知识。

本书不仅适合自动化系统、电气、计算机网络、自动控制工程等领域的工程技术人员阅读使用，也可作为高等院校通信与信息、自动化、电气工程及自动化等专业的本科高年级学生或研究生的教学用书。

图书在版编目（CIP）数据

分散控制系统（DCS）和现场总线控制系统（FCS）及其工程设计 / 李占英主编. —2 版. —北京：电子工业出版社，2020.1

高等院校通信与信息专业规划教材

ISBN 978-7-121-37876-8

Ⅰ. ①分… Ⅱ. ①李… Ⅲ. ①分散控制系统-高等学校-教材②总线-自动控制系统-高等学校-教材
Ⅳ. ①TP273

中国版本图书馆 CIP 数据核字（2019）第 251701 号

策划编辑：张　剑（zhang@phei.com.cn）
责任编辑：刘真平
印　　刷：北京七彩京通数码快印有限公司
装　　订：北京七彩京通数码快印有限公司
出版发行：电子工业出版社
　　　　　北京市海淀区万寿路 173 信箱　邮编　100036
开　　本：787×1092　1/16　印张：17.5　字数：448 千字
版　　次：2015 年 7 月第 1 版
　　　　　2020 年 1 月第 2 版
印　　次：2025 年 1 月第 11 次印刷
定　　价：68.00 元

凡所购买电子工业出版社图书有缺损问题，请向购买书店调换。若书店售缺，请与本社发行部联系，联系及邮购电话：（010）88254888，88258888。

质量投诉请发邮件至 zlts@phei.com.cn，盗版侵权举报请发邮件至 dbqq@phei.com.cn。

本书咨询联系方式：zhang@phei.com.cn。

前　言

随着计算机技术、通信技术、测量控制技术、信号处理技术、显示技术、大规模集成电路技术、软件技术、人机接口技术及其他高新技术的发展，分散控制系统（DCS）和现场总线控制系统（FCS）也得到了相应发展。分散控制系统（DCS）是实现工业自动化和企业信息化最好的系统平台，自引入我国以来，为提高大型工业生产装置的自动化水平做出了突出贡献，成为当今工业过程控制的主流。由于这门技术的发展和更新很快，所以要求技术人员具有计算机使用能力和不断学习的能力。

本书十分重视实际控制工程设计能力的培养，从应用角度出发，力求学以致用，力图形成内容简明、集系统性和实用性于一体的通用教材。为此，本书在编写的过程中，注重实际应用方面的需要，着重介绍分散控制系统的概念、原理、结构、设计与实际应用的基本性和通用性，学生通过课堂学习或自学，也能基本掌握分散控制系统的原理及工程设计的方法。

本书分为上、下两篇。上篇为基础知识篇（第1～9章），主要介绍分散控制系统的知识体系，循序渐进，讲清系统的基本概念、原理、特点及方法，强调理论联系实际，每章后均附有思考与练习，便于读者掌握所学内容。为了使本书成为一本比较实用的分散控制系统的快速入门教科书，编写时层次较清晰，实用性强。第1章介绍分散控制系统的基本概念和发展；第2章介绍分散控制系统的通信网络系统；第3章着重讲述分散控制系统的过程控制站的相关知识；第4章介绍运行员操作站的相关知识；第5章介绍工程师站与组态软件的相关知识；第6章介绍分散控制系统的评价与选择方法等；第7章介绍现场总线控制系统与DCS的区别及其基本构成；第8章介绍现场总线通信系统；第9章介绍现场总线的基本设备情况。

下篇为工程应用篇（第10章和第11章）。第10章详细介绍DCS工程设计的一般过程、组态、调试及分散系统的安装与验收，并以电加热炉系统和MACS在空分行业中对氧气的恒压控制为例，详细介绍分散控制系统的工程组态设计；第11章介绍FCS工程设计的一般过程及注意事项，着重通过CAN总线介绍现场总线控制系统应用设计实例。

本书不仅适合自动化系统、电气、计算机网络、自动控制工程等领域的工程技术人员阅读使用，也可作为高等院校通信与信息、自动化、电气工程及自动化等专业的本科高年级学生或研究生的教学用书。

本书由大连工业大学李占英任主编，黑龙江工程学院初红霞任副主编。第1～4章和附录A由初红霞编写，第5～7章和第10章由李占英编写，第8章和第9章由杜娟（黑龙江工程学院）编写，第11章由于浩洋（黑龙江工程学院）编写，全书由李占英统稿。另外，参加本书编写的还有管殿柱、李文秋、宋一兵、王献红、管玥、徐亮、初润成。本书在编写过程中得到了大连工业大学、杭州和利时公司等有关同志从各方面给予的热情支持和帮助，在此表示衷心的感谢。

由于编者水平和实践经验有限，书中错误之处在所难免，恳请读者批评指正。

编　者

目　录

上篇　基础知识篇

下篇　工程应用篇

上篇 基础知识篇

第1章 绪 论

 ## 1.1 分散控制系统概述

1.1.1 分散控制系统的概念

20 世纪 50 年代末期，陆续出现了由计算机组成的控制系统，这些系统实现的功能不同，实现数字化的程度也不同。最初它用于生产过程的安全监视和操作指导，后来用于实现监督控制，但还没有直接用于控制生产过程。

20 世纪 60 年代初期，计算机开始直接用于生产过程的数字控制。当时由于计算机造价很高，再加上硬件水平的限制，导致计算机的可靠性很低，实时性较差。因此，大规模集中式的直接数字控制系统（Direct Digital Control，DDC）基本上宣告失败。但人们从中体会到，直接数字控制系统的确具有许多模拟控制系统无法比拟的优点，如果能够解决系统的体系结构和可靠性问题，则计算机用于集中控制是大有希望的。

经过多年的探索，1975 年出现了分散控制系统（Distributed Control System，DCS），这是一种结合了仪表控制系统和直接数字控制系统两者优势的全新控制系统，它很好地解决了直接数字控制系统存在的两个问题。如果直接数字控制系统是计算机进入控制领域后出现的新型控制系统，那么 DCS 则是网络进入控制领域后出现的新型控制系统。

在 DCS 出现的早期，人们还将其看作仪表系统，这可以从 1983 年对 DCS 的定义中看出：某一类仪器仪表（输入/输出设备、控制设备和操作员接口设备），它不仅可以完成指定的控制功能，还允许将控制、测量和运行信息在具有通信链路的、可由用户指定的一个或多个地点之间相互传递。

按照这个定义，可以将 DCS 理解为具有数字通信能力的仪表控制系统。从系统的结构形式看，DCS 确实与仪表控制系统类似，在现场端它仍然采用模拟仪表的变送单元和执行单元，在主控制室端是计算单元和显示、记录、给定值等单元。但实质上 DCS 和仪表控制系统有着本质的区别。首先，DCS 是基于数字技术的，除了现场的变送和执行单元外，其余的处理均采用数字方式；其次，DCS 的计算单元并不针对每一个控制回路设置一个计算单元，而是将若干个控制回路集中在一起，由一个现场控制站来完成这些控制回路的计算功能。这样的结构形式不只是为了成本上的考虑——与模拟仪表的计算单元相比，DCS 的现场控制站是比较昂贵的，采取一个控制站执行多个回路控制的结构形式，是由于 DCS 的现场控制站有足够的能力完成多个回路的控制计算。从功能上讲，由一个现场控制站执行多个控制回路的计算和控制功能更便于这些控制回路之间的协调，这在模拟仪表系统中是无法实现的。一个现场控制站应该执行多少个回路的控制与被控对象有关，系统设计师可以根据控制方法的要求具体安排在系统中使用多少个现场控制站，以及每个现场控制站中各安排哪些控制回路。在这一方面，DCS 有着极大的灵活性。

ISA 不仅在[S5.3]1983 中给出了 DCS 的定义，还给出了许多不同角度的解释：

"物理上分立并分布在不同位置上的多个子系统，在功能上集成为一个系统。"它解释了 DCS 的结构特点。

"由操作台、通信系统和执行控制、逻辑、计算及测量等功能的远程或本地处理单元构成。"它指出了 DCS 的三大组成部分。

"分布的两个含义：（a）处理器和操作台物理上分布在工厂或建筑物的不同区域；（b）数据处理分散，多个处理器并行执行不同的功能。"它解释了分布的两个含义，即物理上的分布和功能上的分布。

"将工厂或过程控制分解为若干区域，每个区域由各自的控制器（处理器）进行管理控制，它们之间通过不同类型的总线连成一个整体。"它侧重描述了 DCS 各个部分之间的连接关系，它们是通过不同类型的总线实现连接的。

总结以上各方面的描述，可对 DCS 总结出比较完整的定义：

☺ 它是以回路控制为主要功能的系统。

☺ 除变送和执行单元外，各种控制功能及通信、人机界面均采用数字技术。

☺ 以计算机的 CRT、键盘、鼠标、轨迹球代替仪表盘形成系统人机界面。

☺ 回路控制功能由现场控制站完成，系统可有多台现场控制站，每台控制一部分回路。

☺ 人机界面由操作员站实现，系统可有多台操作员站。

☺ 系统中所有的现场控制站、操作员站均通过数字通信网络实现连接。

上述定义的前三项与 DDC 系统无异，而后三项则描述了 DCS 的特点，也是 DCS 与 DDC 之间最根本的不同。

1.1.2　分散控制系统的特点

1. 分散性和集中性

DCS 分散性的含义是广义的，不单是控制分散，还包括地域分散、设备分散、功能分散和危险分散。分散的目的是为了使危险分散，进而提高系统的可靠性和安全性。

DCS 硬件积木化和软件模块化是分散性的具体体现。因此，可以因地制宜地分散配置系统。DCS 横向分子系统结构，如直接控制层中的一台过程控制站（PCS）可看作一个子系统；操作监控层中的一台操作员站（OS）也可看作一个子系统。

DCS 的集中性是指集中监视、集中操作和集中管理。

DCS 通信网络和分布式数据库是集中性的具体体现，用通信网络把物理分散的设备构成统一的整体，用分布式数据库实现全系统的信息集成，进而达到信息共享。因此，可以同时在多台操作员站上实现集中监视、集中操作和集中管理。当然，操作员站的地理位置不必强求集中。

2．自治性和协调性

DCS 的自治性是指系统中的各台计算机均可独立工作。例如，过程控制站能自主地进行信号输入、运算、控制和输出；操作员站能自主地实现监视、操作和管理；工程师站的组态功能更为独立，既可在线组态，也可离线组态，甚至可以在与组态软件兼容的其他计算机上组态，形成组态文件后再装入 DCS 运行。

DCS 的协调性是指系统中的各台计算机用通信网络互联在一起，相互传送信息，相互协调工作，以实现系统的总体功能。

DCS 的分散和集中、自治和协调不是相互对立的，而是相互补充的。DCS 的分散是相互协调的分散，各台分散的自主设备是在统一集中管理和协调下各自分散独立工作，构成统一的有机整体。正因为这种分散和集中的设计思想、自治和协调的设计原则，使 DCS 获得了进一步发展，并得到了广泛应用。

3．灵活性和扩展性

DCS 硬件采用积木式结构，类似儿童搭积木那样，可灵活地配置成小、中、大各类系统。另外，还可根据企业的财力或生产要求，逐步扩展系统，改变系统的配置。

DCS 软件采用模块式结构，提供各类功能模块，可灵活地组态构成简单、复杂的各类控制系统。另外，还可根据生产工艺和流程的改变，随时修改控制方案，在系统容量允许范围内，只需通过组态就可以构成新的控制方案，而不需要改变硬件配置。

4．先进性和继承性

DCS 综合了"4C"（计算机、控制、通信和屏幕显示）技术，并随着"4C"技术的发展而发展。也就是说，DCS 硬件上采用先进的计算机、通信网络和屏幕显示；软件上采用先进的操作系统、数据库、网络管理和算法语言；算法上采用自适应、预测、推理、优化等先进的控制算法，建立生产过程数学模型和专家系统。

DCS 自问世以来，更新换代比较快。当出现新型 DCS 时，老 DCS 作为新 DCS 的一个子系统继续工作，新、老 DCS 之间还可互相传递信息。这种 DCS 的继承性消除了用户的后顾之忧，不会因为新、老 DCS 之间的不兼容给用户带来经济上的损失。

5．可靠性和适应性

DCS 的分散性使系统的危险分散，提高了系统的可靠性。DCS 采用了一系列冗余技术，如控制站主机、I/O 板、通信网络和电源等均可双重化，而且采用热备份工作方式，自动检查故障，一旦出现故障立即自动切换。DCS 安装了一系列故障诊断与维护软件，实时检查系统的硬件和软件故障，并采用故障屏蔽技术，使故障影响尽可能地小。

DCS 采用高性能的电子元器件、先进的生产工艺和各项抗干扰技术，使其能够适应恶劣的工作环境。DCS 设备的安装位置可适应生产装置的地理位置，尽可能满足生产的需要。DCS 的各项功能可适应现代化大生产的控制和管理需求。

6．友好性和新颖性

DCS 为操作人员提供了友好的人机界面（MMI）。操作员站采用彩色 CRT 和交互式图形画面，常用的画面有总貌、组、点、趋势、报警、操作指导和流程图画面等。采用了图形窗口、专用键盘、鼠标或球标器等，使操作更简便。

DCS 的新颖性主要表现在人机界面，它采用动态画面、工业电视、合成语音等多媒体技术，图文并茂、形象直观，使操作人员有身临其境之感。

1.1.3 分散控制系统的发展历程

从 1975 年第一套 DCS 诞生到现在，DCS 经历了三个大的发展阶段，或者说经历了三代产品。从总的趋势看，DCS 的发展体现在以下六个方面：

☺ 系统的功能从低层（现场控制层）逐步向高层（监督控制、生产调度管理）扩展。
☺ 系统的控制功能由单一的回路控制逐步发展到综合了逻辑控制、顺序控制、程序控制、批量控制及配方控制等的混合控制功能。
☺ 构成系统的各个部分由 DCS 厂家专有的产品逐步改变为开放的市场采购的产品。
☺ 开放的趋势使得 DCS 厂家越来越重视采用公开标准，这使第三方产品更加容易集成到系统中。
☺ 开放性带来的系统趋同化迫使 DCS 厂家向高层的、与生产工艺结合紧密的高级控制功能发展，以求得与其他同类厂家的差异化。
☺ 数字化的发展越来越向现场延伸，这使得现场控制功能和系统体系结构发生了重大变化，最终将发展成为更加智能化、更加分散化的新一代控制系统。

1. 第一代 DCS（初创期）

第一代 DCS 是指 1975—1980 年出现的第一批系统，控制界称这个时期为初创期或开创期。这个时期的代表产品是率先推出 DCS 的 Honeywell 公司的 TDC-2000 系统，同期的还有横河（Yokogawa）公司的 Yawpark 系统、Foxboro 公司的 Spectrum 系统、Bailey 公司的 Network90 系统、Kent 公司的 P4000 系统、Siemens 公司的 TelepermM 系统及东芝公司的 TOSDIC 系统等。

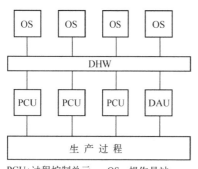

PCU：过程控制单元 OS：操作员站
DAU：数据采集单元 DHW：数据高速公路

图 1-1 第一代 DCS 基本结构

在描述第一代 DCS 时，一般都以 Honeywell 公司的 TDC-2000 为模型。第一代 DCS 是由过程控制单元、数据采集单元、操作员站及连接各个单元和计算机的数据高速公路几部分组成的，这也奠定了 DCS 的基础体系结构，如图 1-1 所示。

这个时期的系统特点如下：

（1）比较注重控制功能的实现，系统的设计重点是现场控制站，系统均采用当时最先进的微处理器来构成现场控制站，因此系统的直接控制功能比较成熟可靠。

（2）系统的人机界面功能则相对较弱，在实际中只用 CRT 操作站进行现场工况的监视，使得提供的信息也有一定的局限。

（3）在功能上更接近仪表控制系统，这是由于大部分推出第一代 DCS 的厂家都有仪器仪表生产和系统工程的背景。其分散控制、集中监视的特点与仪表控制系统类似，所不同的是控制的分散不是到每个回路，而是到现场控制站，一个现场控制站所控制的回路从几个到几十个不等；集中监视所采用的是 CRT 显示技术和控制键盘操作技术，而不是仪表面板和模拟盘。

（4）各个厂家的系统均由专有产品构成，包括数据高速公路、现场控制站、人机界面工作站及各类功能性的工作站等。这与仪表控制时代的情况相同，不同的是，DCS 并没有像仪表那样形成 4～20mA 的统一标准，各个厂家的系统在通信方面是自成体系的。由于当时网络技术的发展也不成熟，还没有厂家采用局域网标准，而是各自开发自引技术的高速数据总线（或称数据高速公路），各个厂家的系统并不能像仪表系统那样可以实现信号互通和产品互换。这种由独家技术、独家产品构成的系统形成了极高的价位，不仅系统的购买价格高，而且系统的维护运行成本也高，可以说这个时期的 DCS 是超利润时期，因此其应用范围也受到一定的限制，只在一些要求特别高的关键生产设备上得到了应用。

DCS 在控制功能上比仪表控制系统前进了一大步，特别是采用了数字控制技术，许多仪表控制系统无法解决的复杂控制、多参数滞后、整体协调优化等控制问题得到了实现。DCS 在系统的可靠性、灵活性等方面又大大优于直接数字控制系统（DDC），因此一经推出就显示出了强大的生命力，得到了迅速的发展。

2. 第二代 DCS（成熟期）

第二代 DCS 是在 1980—1985 年推出的各种系统，其中包括 Honeywell 公司的 TDGC-3000、Fisher 公司的 PROVOX、Taylor 公司的 MOD300 及 Westinghouse 公司的 WDPF 等系统。第二代 DCS 基本结构如图 1-2 所示。

第二代 DCS 的最大特点是引入了局域网（LAN）作为系统骨干，按照网络节点的概念组织过程控制站、中央操作站、系统管理站及网关（Gateway，用于兼容早期产品），这使得系统的规模、容量进一步增加，系统的扩充有更大的余地，也更加方便。这个时期的系统开始摆脱仪表控制系统的影响，而逐步靠近计算机系统。

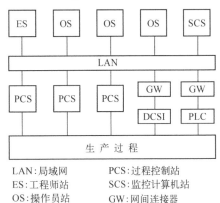

在功能上，这个时期的 DCS 逐步走向完善，除回路控制外，还增加了顺序控制、逻辑控制等功能，加强了系统管理站的功能，可实现一些优化控制和生产管理功能。在人机界面方面，随着 CRT 显

LAN:局域网　　　　　PCS:过程控制站
ES:工程师站　　　　　SCS:监控计算机站
OS:操作员站　　　　　GW:网间连接器
DCSI:第一代DCS　　　PLC:可编程逻辑控制器

图 1-2　第二代 DCS 基本结构

示技术的发展，图形用户界面逐步丰富，显示密度大大提高，操作人员可以通过 CRT 的显示得到更多的生产现场信息和系统控制信息。在操作方面，从过去单纯的键盘操作（命令操作界面）发展到基于屏幕显示的光标操作（图形操作界面），轨迹球、光笔等光标控制设备在系统中得到了越来越多的应用。

由于系统技术的不断成熟，更多的厂家参与竞争，DCS 的价格开始下降，这使得 DCS 的应用更加广泛。但是，在系统的通信标准方面仍然没有进展，各个厂家虽然在系统的网络技术上下了很大功夫，也有一些厂家采用了专业实时网络开发商的硬件产品，但在网络协议方面，仍然各自为政，不同厂家的系统之间基本不能进行数据交换。系统的各个组成部分，如现场控制站、人机界面工作站、各类功能站及软件等，都是各个 DCS 厂家的专有技术和产品。因此，从用户的角度看，DCS 仍是一种购买成本、运行成本及维护成本都很高的系统。

3. 第三代 DCS（扩展期）

第三代 DCS 以 1987 年 Foxboro 公司推出的 I/ASeries 为代表，该系统采用 ISO 标准 MAP（制造自动化规约）网络。这一时期的系统除 I/ASeries 外，还有 Honeywell 公司的 TDC-3000/UCN、Yokogawa 公司的 Centum-XL 和 /1XL、Bailey 公司的 INFI-90、Westinghouse 公司的 WDPFⅡ、Leeds&Northrup 公司的 MAX1000 及日立公司的 HIACS 系列等。如图 1-3 所示为第三代 DCS 基本结构。

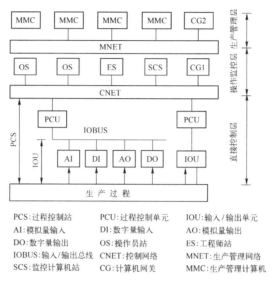

PCS：过程控制站　　　　　PCU：过程控制单元　　　IOU：输入/输出单元
AI：模拟量输入　　　　　　DI：数字量输入　　　　　AO：模拟量输出
DO：数字量输出　　　　　　OS：操作员站　　　　　　ES：工程师站
IOBUS：输入/输出总线　　　CNET：控制网络　　　　　MNET：生产管理网络
SCS：监控计算机站　　　　　CG：计算机网关　　　　　MMC：生产管理计算机

图 1-3　第三代 DCS 基本结构

这个时期的 DCS 在功能上实现了进一步扩展，增加了上层网络，将生产的管理功能纳入系统中，从而形成直接控制、监督控制和协调优化、上层管理三层功能结构，这实际上就是现代 DCS 的标准体系结构。这样的体系结构已经使 DCS 成为一个很典型的计算机网络系统，而实施直接控制功能的现场控制站，在其功能逐步成熟并标准化后，成为整个计算机网络系统中的一类功能节点。进入 20 世纪 90 年代，已经很难比较出各个厂家的 DCS 在直接控制功能方面的差异，而各种 DCS 的差异则主要体现在与不同行业应用密切相关的控制方法和高层管理功能方面。

在网络方面，各个厂家已普遍采用了标准的网络产品，如各种实时网络和以太网等。到 20 世纪 90 年代后期，很多厂家将目光转向了只有物理层和数据链路层的以太网及在以太网之上的 TCP/IP。这样，在高层（即应用层）虽然还是各个厂家自己的标准，系统间还无法直接通信，但至少在网络的低层，系统间是可以互通的，高层的协议则通过开发专门的转换软件实现互通。

除了功能上的扩充和网络通信的部分实现外，多数 DCS 厂家在组态方面实现了标准化，由 IEC61131-3 所定义的五种组态语言为大多数 DCS 厂家采纳，在这方面为用户提供了极大的便利。各个厂家对 IEC61131-3 的支持程度不同，有的只支持一种，有的则支持五种，支持的程度越高，给用户带来的便利就越多。

在构成系统的产品方面，除现场控制站基本上还是各个 DCS 厂家的专有产品外，人机界面工作站、服务器及各种功能站的硬件和基础软件，如操作系统等，已没有哪个厂家使用自己的专有产品了，这些产品已全部采用了市场采购的商品，这给系统的维护带来了极大的方便，也使系统的成本大大降低。目前 DCS 已逐步成为一种大众产品，在越来越多的应用中取代了仪表控制系统而成为控制系统的主流。

4. 新一代 DCS 的出现

DCS 发展到第三代，尽管采用了一系列新技术，但是生产现场层仍然没有摆脱沿用了几十年的常规模拟仪表。DCS 在输入/输出单元（IOU）以上的各层均采用了计算机和数字通信技术，唯有生产现场层的常规模拟仪表仍然是一对一模拟信号（DC 4～20mA）传输，多台模拟仪表集中接于 IOU。生产现场层的模拟仪表与 DCS 各层形成极大的反差和不协调，并制约了 DCS 的发展。电子信息产业的开放潮流和现场总线技术的成熟与应用，造就了新一代的 DCS，其技术特点包括全数字化、信息化和集成化。

因此，人们要变革现场模拟仪表，改为现场数字仪表，并用现场总线（Field Bus）互联。由此带来 DCS 控制站的变革，即将控制站内的软功能模块分散地分布在各台现场数字仪表中，并统一组态构成控制回路，实现彻底的分散控制。也就是说，由多台现场数字仪表在生产现场构成虚拟控制站（Virtual Control Station，VCS）。这两项变革的核心是现场总线。

20 世纪 90 年代现场总线技术有了重大突破，公布了现场总线的国际标准，而且，现场总线数字仪表也成功生产。现场总线为变革 DCS 带来希望和可能，标志着新一代 DCS 的产生，它取名为现场总线控制系统（Fieldbus Control System，FCS），其结构原型如图 1-4 所示。该图中流量变送器（FT）、温度变送器（TT）、压力变送器（PT）分别含有对应的输入模块 FI-121、TI-122、PI-123，调节阀（V）中含有 PID 控制模块（PID-124）和输出模块（FO-125），用这些功能模块就可以在现场总线上构成 PID 控制回路。

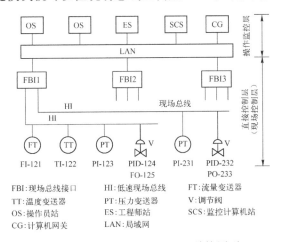

图 1-4　新一代 DCS（FCS）结构原型

现场总线接口（Field Bus Interface，FBI）下接现场总线，上接局域网（LAN），即 FBI 作为现场总线与局域网之间的网络接口。FCS 革新了 DCS 的现场控制站及现场模拟仪表，用现场总线将现场数字仪表互联在一起，构成控制回路，形成现场控制层。即 FCS 用现场控制层取代了 DCS 的直接控制层，操作监控层及以上各层仍然与 DCS 相同。

实际上，现场总线技术早在 20 世纪 70 年代末就出现了，但始终只是作为一种低速的数字通信接口，用于传感器与系统之间交换数据。从技术上来说，现场总线并没有超出局域网的范围，其优势在于它是一种低成本的传输方式，比较适合数量庞大的传感器连接。现场总线大面积应用的障碍在于传感器的数字化，因为只有传感器数字化了，才有条件使用现场总线作为信号的传输介质。现场总线的真正意义在于这项技术再次引发了控制系统从仪表（模拟技术）发展到计算机（数字技术）的过程中，没有新的信号传输标准的问题，人们试图通过现场总线标准的形成来解决这个问题。只有这个问题得到了彻底解决，才可以认为控制系统真正完成了从仪表到计算机的换代。

1.2　DCS 典型产品及特点

1. Honeywell 公司的 TDC-3000 系统

Honeywell 公司的 TDC-3000 系统结构如图 1-5 所示。

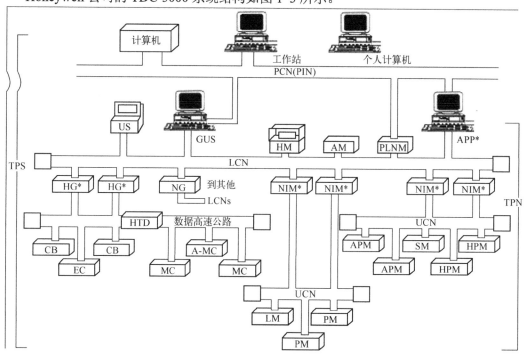

图 1-5　Honeywell 公司的 TDC-3000 系统结构

【术语解释】

☺ PCN：工厂控制网。

☺ LCN：局部控制网。

☺ UCN：通用控制网。

☺ US、GUS：通用操作站、全局用户操作站。

☺ HG：数据高速公路接口网关。

☺ NG：局部控制网络网关。

☺ CB: 基本控制器。

☺ EC: 扩展控制器。

☺ MC、A-MC: 多功能控制器、先进多功能控制器。

☺ PM、APM、HPM: 过程管理站、先进过程管理站、高性能过程管理站。

☺ LM: 逻辑管理站。

☺ HM: 历史模块。

☺ AM: 应用模块。

☺ HTD: 数据高速公路通信指挥器。

☺ NIM: 网络接口模块。

☺ PLNM: 工厂控制网与局部控制网接口单元。

　　TDC-3000 系统是 Honeywell 公司在其 TDC-2000 系统的基础上于 1983 年推出的新一代 DCS。图 1-5 中由数据高速公路（Data Highway，DHW）连接的 CB、EC、MC、A-MC 等单元属于 TDC-2000 系统的组成部分。在此基础上，TDC-3000 系统扩充了 LCN 局部控制网及由 LCN 连接的通用操作站、历史模块及应用模块等监督控制功能模块，LCN 与数据高速公路之间通过 HG 实现连接。从 20 世纪 80 年代后期开始，Honeywell 公司又陆续推出了针对直接控制的 UCN 网络和用于工厂生产管理层的 PCN 网络，以及连接在这些网络上的各种模块。新推出的网络与原有网络均有相应的接口模块。目前，TDC-3000 系统已形成了现场直接控制层（由数据高速公路和 UCN 连接的各种控制模块组成）、监督控制层（由 LCN 连接的底层控制网和人机界面等功能单元组成）和工厂管理层（由 PCN 连接的控制层功能和管理层功能组成）这样清晰的三层体系结构。可贵的是，Honeywell 公司推出的各代系统都具有向前的兼容性，用户可以在已有系统的基础上通过扩充新设备实现系统的升级，从中也可清晰地看到 DGS 发展的过程和脉络。其缺点是系统显得有些烦琐，为了追求兼容性，不得不增加了很多接口单元，这必然会影响运行效率；而且对用户来说，通过在旧系统上增加新模块实现系统升级的办法，在费用上也不会太低。

　　TDC-3000 可以说是一个典型的从低层控制逐步发展到高层管理的系统，这是大部分具有仪表控制系统背景的公司发展 DCS 的模式。

2．ABB 公司的 Industrial IT 系统

　　ABB 公司的 Industrial IT 系统网络结构图如图 1-6 所示。

　　Industrial IT 系统是 ABB 公司最新推出的控制管理一体化系统，其核心设计理念是高度集成化的工厂信息，系统集成了 ABB 公司的 800xA 控制系统，具有过程控制、逻辑控制、操作监视、历史趋势及报警处理等综合性的系统控制能力，同时支持多种现场总线、OPC 等开放系统标准，形成了从现场控制到高层经营管理的一体化信息平台。该系统以控制网络为核心，向下连接现场总线网络，向上连接工厂管理网络。该系统最大的特点是其开放性，据 ABB 公司认证机构提供的数据，到 2003 年年底，已有 36 000 种产品可以接入系统的"属性目标"（Aspect Object）软件，被纳入统一的信息框架，实现完全的即插即用、信息共享。这些产品既有 ABB 自己生产的，也有第三方提供的。

　　Industrial IT 系统是一个典型的采用"自顶向下"设计方式形成的系统，这样的系统比较注重标准，特别是有关信息技术（即 IT）的标准，在统一的标准构架上集成各个方面的

产品。这也是很多有计算机系统背景的公司所采取的方法。用这种方法形成的系统具有开放性好、适用性强及功能完善的特点，而它要着重解决的问题是在不同行业应用时，针对行业特点进行专门的开发以充分满足应用需求。

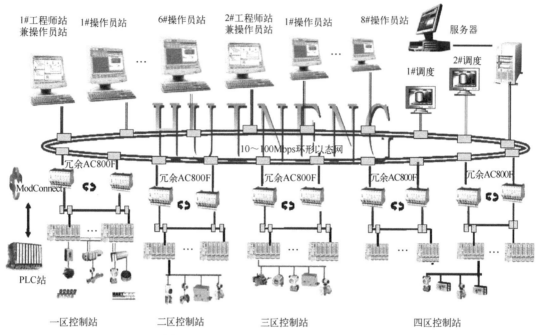

图 1-6　ABB 公司 Industrial IT 系统的结构

3．和利时公司的 HOLLiAS 系统

和利时公司的 HOLLiAS 系统实际采用的体系结构，是将底层的直接控制、中层的监督控制和高层的管理控制通过开放的网络连接而成的，如图 1-7 所示。HOLLiAS 系统是一个

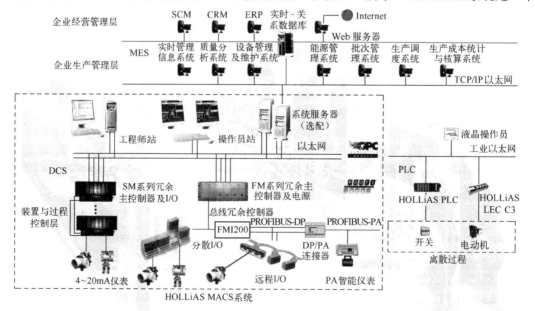

图 1-7　HOLLiAS 系统网络结构图

典型的网络结构，该系统分为三个层次，底层实现各个装置的控制、环境控制及防灾报警安全控制等直接控制与自动化功能，这些功能由控制器、PLC 等直接控制设备完成。中层实现各个装置的综合控制室功能，由各个装置操作人员集中监视并控制整个装置的运行情况。高层实现企业管理和控制，由设在中央控制室的服务器和管理控制工作站组成。装置和中央控制室之间通过光纤骨干网实现连接，通信协议采用标准的 TCP/IP，系统支持 OPC 等标准信息接口，允许接入多种第三方控制设备。

HOLLiAS 采用了多"域"的结构形式，每个装置就是一个"域"，实际上就是一个典型的传统意义上的 DCS，而多个域通过骨干网连接，形成了范围更广泛、功能更完善、具备更高层次管理功能的信息系统。

1.3 分散控制系统的发展趋势

分散控制系统的发展与科学技术的发展密切相关。在过去的三十年中，分散控制系统已经历经了四代变迁，系统功能不断完善，可靠性不断提高，开放性不断增强。目前，分散控制系统的发展主要体现在以下几个方面。

1．分散控制系统的网络结构

传统的分散控制系统多采用制造商自行开发的专用计算机网络。网络的覆盖范围上至用户的厂级管理信息系统，下至过程控制站的 I/O 子系统。随着网络技术的不断发展，分散控制系统的上层将与 Internet 融合在一起，而下层将采用现场总线通信技术，使通信网络延伸到现场。最终实现以现场总线为基础的底层网 Infranet、以局域网为基础的企业网 Intranet 和以广域网为基础的互联网 Internet 所构成的三网融合的网络架构，如图 1-8 所示。

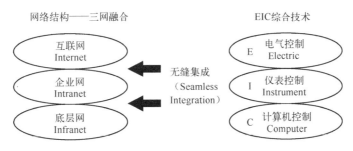

图 1-8 三网融合的网络架构

三网融合促进了现场信息、企业信息和市场信息的融合、交流与互动，使基础自动化、管理自动化和决策自动化有机地结合在一起，实现三者的无缝集成（Seamless Integration）。它可以更好地实现企业的优化运行和最佳调度，并且能在更大的范围内支持企业的正确决策，给企业创造更好的经济效益。

2．人机接口技术

工业图形显示系统（Industrial Graphic Display System）是最常用的人机接口设备之一，正向着高速度、高密度、多画面、多窗口和大屏幕的方向发展。

工业图形显示系统的硬件趋向于采用专用器件，以达到更高的响应速度。如采用 32 位精简指令集计算机（Reduced Instruction Set Computer，RISC）、采用多处理器并行处理、设置专用积压画面存储器等，使工业图形显示系统处理速度达到以前的 2 倍。

新型工业图形显示系统具有多窗口功能，可从多个帧存储器中随意切出几部分画面，很方便地组合在一起，以多窗口方式显示出来；此外，还具有多层重合画面功能，可将几个画面重合在一起，按其优先顺序，以透过或非透过的方式显示。新型工业图形显示系统可定义超过显示器尺寸的大画面，采用滚动方式把一个逻辑上的大画面在有限的显示器屏幕上显示出来。这种滚动方式是连续的、任意方向的，可采用鼠标或专用滚动键操作，还可在保持原画面输入、输出功能的前提下，将画面放大或缩小，在一台显示器上显示多幅画面。

大屏幕显示装置已进入实用阶段。70～100 英寸的大型显示器和工业电视装置已投入使用。这些大屏幕显示主要用在中央控制室内，同时显示多个运行人员了解的信息，可取代 BGT（Boiler，Generator，Turbine）盘上的显示仪表及记录仪表，同时将来自工作站或个人计算机的文件或图像放大显示，或传达会议消息。

多媒体技术将在人机接口设备中发挥越来越重要的作用。语音信息、图像信息将为运行人员提供良好的"视听"功能。运行人员在操作站上不但能了解生产过程中的实时数据，而且还能看到现场设备的运行情况，听到现场设备的运行声音，得到运行支持系统的语音提示。

3．标准化、通用化技术

分散控制系统的另一个重要的发展方向是大量采用标准化和通用化技术。分散控制系统中的硬件平台、软件平台、组态方式、通信协议、数据库等各方面都采用标准化和通用化技术。例如，现在许多分散控制系统的厂家都推出了基于 PC 和 Windows/UNIX 平台的运行员操作站。这不仅降低了系统造价，提供了更完善的系统功能，而且便于运行人员学习并掌握使用方法。另外，许多系统都采用了 OPC（OLE for Process）技术，使各种不同厂家的产品之间能十分方便地交换信息。其他如组态方法，不少厂家都在向国际电工委员会发布的 IEC1131-3 标准靠拢，用户不必再花费许多精力去学习各种不同分散控制系统的组态方法。为了在分布式环境下更好地组织功能块的运行，新的功能块标准 IEC61499 正在成为 DCS 厂家竞相研究与采纳的标准。

总之，标准化、通用化技术的全面采用，大大提高了分散控制系统的开放程度，显著减少了系统的制造、开发、调试和维护成本，为用户提供了更广阔的选择余地，同时也为分散控制系统开辟了更广泛的应用前景。

4．人工智能技术

未来的分散控制系统中，将逐渐采用人工智能研究成果，如智能报警系统 IMARK。当生产过程发生异常时，IMARK 可把报警输出数量限制在必要的最低限度，避免当一个主要报警原因发生时，因联锁保护动作而造成大量其他原因的报警。

人工智能还将用于各种运行支持系统。对于火力发电厂的运行支持系统，可分为启停时的运行支持系统、正常运行时的优化支持系统和异常时的运行支持系统。启停时的运行支持系统属于自动化技术范畴，后两项为专家系统的应用技术。这些运行系统都可以在分散控制系统中实现。

模式控制系统正走向实用阶段。在传统的温度、压力控制系统中，通常将某点的温度或压力作为被控制量。而在实际生产过程中，常常需要对某温度场中的温度分布或某容器内的压力分布进行控制，这时，被控制量就成为分布在某一空间上的模式控制。之前，因技术上的原因，这种控制方案难以实现。随着人工智能技术的飞速发展，模式识别及模式控制问题可通过智能控制得到较圆满的解决。目前，某些分散控制系统已经能够提供人工智能技术开发平台，或者通过第三方软件公司提供专家系统外壳、模糊控制外壳和神经网络外壳。可以预计，在未来的分散控制系统中，以人工智能方法为基础的各种控制方案会不断出现。

5．厂级监控信息系统

近年来，以经济控制为目标的发电厂厂级监控信息系统（Supervisory Information System，SIS）成为研究的热点，并在新建电厂得以应用。监督控制的目的就是在一定的约束条件下，求出一组能够使生产过程的目标函数取得极值的最优操作变量。从工程应用角度来看，SIS 主要包括五个功能：生产过程的监控、经济信息的管理和生产成本的在线计算、竞价上网报价系统、经济分析和最优控制，如能够实现实时优化、生产计划、生产成本实时计算和生产成本预测功能的 semCost 竞价上网报价系统等。

【自律分散系统】
自律可控性是指任一子系统故障时，其余子系统的控制器可随意控制系统的状态变量；自律可协调性是指任一子系统故障时，其余子系统的控制器可协调各控制器彼此不同的控制目标。同时满足自律可控性和自律可协调性的系统称为自律分散系统。

1.4 现场总线概述

1.4.1 现场总线的产生

现场总线是安装在生产过程区域的现场设备/仪表与控制室内的自动控制装置/系统之间的一种串行、数字式、多点通信的数据总线。其中，生产过程包括连续生产过程和断续生产过程两类。现场总线是以单个分散的、数字化、智能化的测量和控制设备为网络节点，用总线将其连接，实现其相互之间的信息交换，完成自动控制功能的网络系统与控制系统。

现场设备的串行通信接口是现场总线技术的原形，由于大规模集成电路的发展，许多传感器、执行机构、驱动装置等现场设备智能化，即内置 CPU 控制器，完成如线性化、量程转换、数字滤波及回路调节等功能。因此，在这些智能现场设备上增加一个串行数据接口（如 RS-232/485）是非常方便的。有了这样的接口，控制器就可以按其规定协议，通过串行通信方式而不是 I/O 方式，完成对现场设备的监控。如果全部或大部分现场设备都具有串行通信接口，并具有统一的通信协议，那么控制器只需一根通信电缆就可将分散的现场设备连接起来，完成对所有现场设备的监控，这就是现场总线技术的初始想法。

基于这个初始想法，使用一根通信电缆，将所有具有统一的通信协议和通信接口的现场设备连接起来，这样，在设备层传递的不再是 4～20mA/24V（DC）的 I/O 信号，而是基于现场总线的数字化通信，由数字化通信网络构成现场级与车间级自动化监控及信息集成系统。

现场总线技术产生的意义如下。

☺ 传统的现场级自动监控系统采用一对一连线的 4～20mA/24V（DC）信号，信息量有限，难以实现设备之间及系统与外界之间的信息交换，严重制约了企业信息集成及企业综合自动化的实现。

☺ 现场总线技术是实现现场级控制设备数字化通信的一种工业现场层网络通信技术，是一次工业现场级设备通信的数字化革命。现场总线技术可使用一条通信电缆将现场设备（智能体，带有通信接口）连接起来，用数字化通信代替 4～20mA/24V（DC）信号，完成现场设备控制、监测、远程参数化等功能。

☺ 基于现场总线的自动化监控系统采用计算机数字化通信技术，将自控系统与设备加入工厂信息网络，构成企业信息网络底层，使企业信息沟通的覆盖范围一直延伸到生产现场。在计算机/现代集成制造系统中，现场总线是工厂计算机网络到现场级设备的延伸，是支撑现场级与车间级信息集成的一个技术基础。

1.4.2　现场总线的特点

1．结构特点

现场总线引起了传统控制系统在结构上的变革，形成了新型的网络集成式全分布控制系统——现场总线控制系统（FCS）。它是继基地式气动仪表控制系统、电动单元组合式模拟仪表控制系统、数字计算机集中式控制系统、集散控制系统（DCS）后的第五代控制系统。

传统模拟控制系统采用一对一的设备连线，按控制回路分别进行连接。位于现场的测量变送器与控制室的控制器之间、控制器与现场的执行器（如开关、电动机）之间，均为一对一的物理连接。

FCS 打破了传统控制系统的结构形式，把原先 DCS 中处于控制室的控制模块、I/O 模块置入现场总线设备，加上现场总线设备具有通信能力，现场的测量变送仪表可以与阀门等执行器直接传送信号，因而控制系统功能能够不依赖控制室中的计算机或控制仪表，直接在现场完成，实现了彻底的分散控制。

由于采用数字信号替代模拟信号，因而可实现一对电线上传输多个信号（包括多个运行参数值、多个设备状态、故障信息），同时又为多个现场总线设备提供电源；现场总线设备以外不再需要 A/D、D/A 转换部件。这样就为简化系统结构，节约硬件设备，节约连接电缆与各种安装、维护费用创造了条件。

2．技术特点

☺ 系统的开放性：开放是指相关标准的一致性、公开性，强调对标准的共识与遵从。开放系统是指通信协议公开，即它可以与世界上任何地方遵守相同标准的其他设备或系统连接，这使得不同厂商的设备之间可实现信息交换。一个具有总线功能的现场总线网络，系统必须是开放的。开放系统把系统集成的权利交给了用户，用户可按自己的需要和考虑把来自不同厂商的产品组成大小随意的系统。

☺ 互可操作性与互用性：互可操作性是指实现互联系统间、设备间的信息传送与沟通；而互用性则意味着不同制造厂商性能类似的设备可进行更换，实现相互替换。

☺ 系统功能自治性：系统将传感测量、补偿计算、工程量处理与控制等功能分散到现场总线设备中完成，仅靠现场总线设备即可完成自动控制的基本功能，并可随时诊断设备的运行状态。

☺ 系统结构的分散性：现场总线已构成一种新的全分散性控制系统的体系结构，从根本上改变了现有 DCS 集中与分散相结合的集散控制系统体系，简化了系统结构，提高了可靠性。

☺ 对现场环境的适应性：作为工厂网络底层的现场总线，是专为在现场环境工作而设计的，它可以支持双绞线、同轴电缆、光缆、射频、红外线、电力线等多种传输介质，具有较强的抗干扰能力，能采用两线制实现供电与通信，并可以满足本质安全防爆的要求。

1.4.3 现场总线的发展趋势

现场总线技术是控制、计算机和通信技术的交叉与集成，几乎涵盖了连续和离散工业领域，如过程自动化、制造加工自动化、楼宇自动化、家庭自动化等。它的出现和快速发展体现了控制领域对增强可维护性、提高可靠性、提高数据采集智能化和降低成本的要求。现场总线技术的发展趋势主要体现在以下四个方面。

☺ 统一的技术规范与组态技术是现场总线技术发展的一个长远目标。IEC61158 是目前的国际标准。然而由于商业利益的问题，该标准只做到了对已有现场总线的确认，从而得到了各个大公司的欢迎。但是，当需要用一种新的总线时，学习的过程是漫长的，这也势必给用户带来了使用上的困难。从长远来看，各种总线的统一是必然的。目前主流的现场总线都是基于 EIA-485 技术或以太网技术的，有统一的硬件基础；组态的过程与操作是相似的，有统一的用户基础。

☺ 现场总线系统的技术水平将不断提高。随着自动控制技术、电子技术和网络技术等的发展，现场总线设备将具有更强的性能和更好的经济性。

☺ 随着现场总线技术的日益成熟，相关产品的性价比越来越高，更多的技术人员将掌握现场总线的使用方法，现场总线的应用将越来越广泛。

☺ 工业以太网技术将逐步成为现场总线技术的主流。虽然基于串行通信的现场总线技术在一段时期之内还会大量使用，但是从发展的眼光来看，工业以太网具有良好的适应性、兼容性、扩展性及与信息网络的无缝连接等特性，必将成为现场总线技术的主流。

 ## 1.5 第四代 DCS

受信息技术（网络通信技术、计算机硬件技术、嵌入式系统技术、现场总线技术、各种组态软件技术、数据库技术等）发展的影响，以及用户对先进的控制功能与管理功能需求的增加，各 DCS 厂商以和利时（HollySys）、霍尼韦尔（Honeywell）、艾默生

（EMERSON）、福克斯波罗（FOXBORO）、横河（YOKOGAWA）、ABB 为代表纷纷提升其 DCS 的技术水平，并不断丰富其内容。第四代 DCS 的最主要标志是两个"I"开头的单词：Information（信息）和 Integration（集成）。

1.5.1　第四代 DCS 的体系结构

第四代 DCS 的体系结构主要分四层：现场仪表层、控制装置单元层、工厂（车间）层和企业管理层。

一般 DCS 厂商主要提供下面的三层功能，而企业管理层则通过提供开放的数据库接口连接第三方的管理软件平台（ERP、CRM、SCM 等）。所以说当今 DCS 主要提供工厂（车间）级的所有控制和管理功能，并集成全企业的信息管理功能。

1.5.2　第四代 DCS 的技术特点

（1）DCS 充分体现信息化和集成化：信息和集成基本描述了当今 DCS 正在发生的变化。我们已经可以采集整个工厂车间和过程的信息数据，用户希望这些大量的数据能够以合适的方式体现，并帮助决策过程，让用户以其明白的方式，在其方便的地方得到其真正需要的数据。

信息化体现在各 DCS 已经不是一个以控制功能为主的控制系统，而是一个充分发挥信息管理功能的综合平台系统。DCS 提供了从现场到设备、从设备到车间、从车间到工厂、从工厂到企业集团的整个信息通道。这些信息充分体现了全面性、准确性、实时性和系统性。基本上大部分 DCS 提供了过去常规 DCS 功能、SCADA 功能及 MES（制造执行系统）的大部分功能。与 ERP 不同，MES 汇集了车间中用以管理和优化从下订单到产成品的生产活动全过程的相关硬件或软件组件，它控制和利用实时准确的制造信息来指导、传授、响应并报告车间发生的各项活动，同时向企业决策支持过程提供有关生产活动的任务评价信息。MES 的功能包括车间的资源分配、过程管理、质量控制、维护管理、数据采集、性能分析及物料管理。

DCS 的集成性则体现在两个方面：功能的集成（如上面所述）和产品的集成。过去的 DCS 厂商基本上是以自主开发为主，提供的系统也是自己的系统。当今的 DCS 厂商更强调系统的集成性和解决方案能力，DCS 中除保留传统 DCS 所实现的过程控制功能之外，还集成了 PLC（可编程逻辑控制器）、RTU（远程终端设备）、FCS（现场总线）、各种多回路调节器、各种智能采集或控制单元等。此外，各 DCS 厂商不再把开发组态软件或制造各种硬件单元视为核心技术，而是纷纷把 DCS 的各个组成部分采用第三方集成方式或 OEM 方式。

（2）DCS 变成真正的混合控制系统：过去我们主要通过被控对象的特点（过程控制、逻辑控制）来区分 DCS 和 PLC。但是，第四代 DCS 已经将这种划分模糊化了。几乎所有的第四代 DCS 都包容了过程控制、逻辑控制和批处理控制，实现了混合控制。这也是为了适应用户的真正控制需求。因为，多数工业企业的控制需求绝不能简单地划分为单一的过程控制和逻辑控制需求，而是由以过程控制为主或以逻辑控制为主的分过程组成的。要实现整个生产过程的优化，提高整个工厂的效率，就必须把整个生产过程纳入统一的分布集成信息系统。

（3）DCS 包含 FCS 功能并进一步分散化：过去一段时间，一些学者和厂商把 DCS 和

FCS（现场总线控制系统）对立起来。其实，真正推动 FCS 进步的仍然是世界主要几家 DCS 厂商。所有的第四代 DCS 都包含了各种形式的现场总线接口，可以支持多种标准的现场总线仪表、执行机构等。此外，各 DCS 还改变了原来机柜架式安装 I/O 模件、相对集中的控制站结构，取而代之的是进一步分散的 I/O 模块（导轨安装），或小型化的 I/O 组件（可以现场安装）或中小型的 PLC。

（4）DCS 已经走过高技术产品时代，进入低成本时代。它配置灵活，适应各种系统应用。在 20 世纪 90 年代，DCS 还属于技术含量高、应用相对复杂、价格也相当昂贵的工业控制系统，现在随着应用的普及，DCS 已经变成大家熟悉的、价格合理的常规控制产品。第四代 DCS 的另一个显著特征就是各系统纷纷采用现成的软件技术和硬件（I/O 处理）技术，采用灵活的规模配置，大大降低系统的成本与价格。第四代 DCS 既适用于大中型系统，也适用于小型系统。

（5）DCS 平台开放性与应用服务专业化：20 年来，工业自动化界讨论非常多的一个概念就是开放性。过去由于通信技术相对落后，开放性是困扰用户的一个重要问题。而当代网络技术、数据库技术、软件技术、现场总线技术的发展为开放系统提供了可能。各 DCS 厂家竞争的加剧，促进了细化分工与合作，各厂家放弃了原来自己独立开发的工作模式，变成集成与合作的开发模式，所以开放性自动实现了。

第四代 DCS 全部支持某种程度的开放性。开放性体现在 DCS 可以从三个不同层面与第三方产品相互连接：在企业管理层支持各种管理软件平台连接；在工厂车间层支持第三方先进控制产品、SCADA 平台、MES 产品、BATCH 处理软件，同时支持多种网络协议（以以太网为主）；在装置控制层可以支持多种 DCS 单元（系统）、PLC、RTU、各种智能控制单元等，以及各种标准的现场总线仪表与执行机构。

一直以来 DCS 的重点在于控制，它以"分散"作为关键字。但现代发展更着重于全系统信息综合管理，今后"综合"又将成为其关键字，向实现控制体系、运行体系、计划体系、管理体系的综合自动化方向发展，实施从底层的实时控制、优化控制上升到生产调度、经营管理，以至最高层的战略决策，形成一个具有柔性、高度自动化的管控一体化系统。

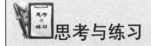
思考与练习

（1）什么是 DCS？DCS 有哪些特点？

（2）什么是 FCS？FCS 有哪些特点？

第2章 DCS 的通信网络系统

DCS 的通信网络系统的作用是互联各种通信设备，完成工业控制。因此，与一般的办公室用局部网络有所不同，应具有以下特点。

☺ 具有快速的实时响应能力。一般办公室自动化计算机局部网络响应时间为 2~6s，而它要求的时间为 0.01~0.5s。

☺ 具有极高的可靠性。应连续、准确运行，数据传送误码率为 10^{-11}~10^{-8}。系统利用率在 99.999%以上。

☺ 适用于恶劣环境。能抗电源干扰、雷击干扰、电磁干扰和接地电位差干扰。

☺ 分层结构。为适应集散系统的分层结构，其通信网络也必须具有分层结构，如分为现场总线、车间级网络系统和工厂级网络系统等不同层次。分散系统中参加网络通信的最小单位称为节点。发送信号的源节点对信息进行编码，然后送到传输介质（通信电缆），最后被接收这一信息的目的节点接收。网络特性的三要素为：要保证在众多节点之间合理传送数据；必须将通信系统构成一定网络；遵循一定网络结构的通信方式。

2.1 网络和数据通信原理

☺ 数据：指对数字、字母及其组合意义的一种表达。

☺ 工业数据：一般指与工业过程密切相关的数值、状态、指令等的表达。例如，用数字 1 表示管道阀门的开启，用数字 0 表示管道阀门的关闭；规定用数字 1 表示生产过程处于非正常状态，用数字 0 表示生产过程处于正常状态；表示温度、压力、流量、液位等参数的数值都是典型的工业数据。

☺ 数据通信：是两点或多点之间借助某种传输介质以二进制形式进行信息交换的过程，是计算机与通信技术结合的产物。

☺ 数据通信系统的基本任务：将数据准确、及时地传送到正确的目的地。

☺ 数据通信技术：主要涉及通信协议、信号编码、接口、同步、数据交换、安全、通信控制与管理等问题。

2.1.1 通信网络系统的基本组成

1）通信网络系统 通信网络系统是传递信息所需的一切技术设备的总和，一般由信息源和收信者、发送/接收设备、传输介质等组成，如图 2-1 所示。信息源和收信者是信息的产生者和使用者。在数据通信系统中传输的信息是数据，是数字化的信息。这些信息可能是原始数据，也可能是经计算机处理后的结果，还可能是某些指令或标志。

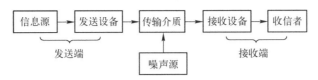

图 2-1　通信网络系统的基本组成

2）信息源　可根据输出信号的性质不同分为模拟信息源和离散信息源。模拟信息源输出幅度连续变化的信号（如电话机、电视摄像机），离散信息源输出离散的符号序列或文字（如计算机）。模拟信息源可通过抽样和量化变换为离散信息源。随着计算机和数据通信技术的发展，离散信息源的种类和数量越来越多。

3）发送设备　发送设备的基本功能是将信息源和传输介质匹配起来，即将信息源产生的消息信号经过编码，变换为便于传送的信号形式，送往传输介质。对于数据通信系统来说，发送设备的编码常常又可分为信道编码与信源编码两部分。信源编码是把连续消息变换为数字信号；而信道编码则是使数字信号与传输介质匹配，提高传输的可靠性、有效性。信号的变换方式是多种多样的，调制是最常见的变换方式之一。发送设备的任务还包括为达到某些特殊要求所进行的各种处理，如多路复用、保密处理、纠错编码处理等。

4）传输介质　传输介质指发送设备到接收设备之间信号传递所经的媒介。它可以是无线的，也可以是有线的（包括光纤）。有线和无线均有多种传输媒介，如电磁波、红外线为无线传输介质，各种电缆、光缆、双绞线等为有线传输介质。

5）接收设备　接收设备的基本功能是完成发送设备的反变换，即进行解调、译码、解密等。它的任务是从带有干扰的信号中恢复正确的原始信息，对于多路复用信号，还包括解除多路复用，实现正确分路。

以上所述是单向通信系统，但在大多数场合下，信息源也兼为收信者，通信的双方需要随时交流信息，因此要求双向通信。这时，通信双方都要有发送设备和接收设备。如果两个方向有各自的传输介质，则双方都可以独立进行发送或接收；但若共用一个传输介质，则必须用频率或时间分割的办法来共享。通信系统除了完成信息的传递之外，还必须进行信息的交换。传输系统和交换系统共同组成一个完整的通信系统，直至构成复杂的通信网络。

计算机网络系统的通信任务是传送数据或数据化的信息。这些数据通常以离散的二进制 0、1 序列的方式表示。码元是所传输数据的基本单位。在计算机网络通信中所传输的大多为二元码，它的每一位只能在 1 或 0 两个状态中取一个。

6）数据编码　数据编码指通信系统中以何种物理信号的形式来表达数据。分别用模拟信号的不同幅度、不同频率、不同相位来表达数据 0、1 状态的，称为模拟数据编码；用高低电平的矩形脉冲信号来表达数据 0、1 状态的，称为数字数据编码。

2.1.2　基本概念及术语

1）数据信息　具有一定编码、格式和字长的数字信息称为数据信息。

2）传输速率　传输速率是指信道在单位时间内传输的信息量。一般以每秒所能传输的比特（bit）数来表示，常记为 b/s、bps。大多数集散控制系统的数据传输速率一般为 0.5～100Mbps。

3）通信方式　通信方式按照信息的传输方向分为单工、半双工和全双工三种，如图 2-2 所示。

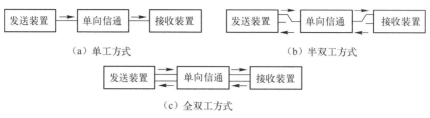

图2-2　单工、半双工和全双工方式

☺ 单工（Simplex）方式：信息只能沿单方向传输的通信方式称为单工方式，如图2-2（a）所示。

☺ 半双工（Half Duplex）方式：信息可以沿着两个方向传输，但在某一时刻只能沿一个方向传输的通信方式称为半双工方式，如图2-2（b）所示。

☺ 全双工（Full Duplex）方式：信息可以同时沿着两个方向传输的通信方式称为全双工方式，如图2-2（c）所示。

4）基带传输、载带传输与宽带传输

☺ 基带传输：所谓基带传输就是直接将数字数据信号通过信道进行传输。基带传输不适用于远距离的数据传输。当传输距离较远时，需要进行调制。

☺ 载带传输：用基带信号调制载波后，在信道上传输调制后的载波信号，称为载带传输。

☺ 宽带传输：如果要在一条信道上同时传送多路信号，各路信号可以不同的载波频率区别，每路信号以载波频率为中心占据一定的频带宽度，整个信道的带宽为各路载波信号共享，实现多路信号同时传输，这就是宽带传输。

5）异步传输与同步传输

☺ 异步传输：信息以字符为单位进行传输，每个字符都具有自己的起始位和停止位，一个字符中的各个位是同步的，但字符与字符之间的时间间隔是不确定的。

☺ 同步传输：信息不是以字符而是以数据块为单位进行传输的。通信系统中有专门用来使发送装置和接收装置保持同步的时钟脉冲，使两者以同一频率连续工作，并且保持一定的相位关系。在这一组数据或一个报文之内不需要启停标志，可以获得较高的传输速率。

6）串行传输与并行传输

☺ 串行传输：串行传输是构成数据的各个二进制位依次在信道上进行传输的方式。

☺ 并行传输：并行传输是构成数据的各个二进制位同时在信道上进行传输的方式。串行与并行传输的示意图如图2-3所示。在集散控制系统中，数据通信网络几乎全部采用串行传输方式。

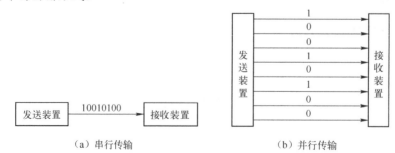

（a）串行传输　　　　　　　　　　（b）并行传输

图2-3　串行与并行传输的示意图

2.1.3　工业数据通信

1. 基带传输中数据的表示方式

基带传输中可用各种不同的方法来表示二进制数 0 和 1，即数字编码。

1）平衡与非平衡传输　平衡传输时，无论 0 还是 1 均有规定的传输格式；非平衡传输时，只有 1 被传输，而 0 则以在指定的时刻没有脉冲信号来表示。

2）归零与不归零传输　根据传输后是否返回零电平，信息传输可以分为归零传输和不归零传输。归零传输是指在每一位二进制信息传输之后均让信号返回零电平；不归零传输是指在每一位二进制信息传输之后均让信号保持原电平不变。

3）单极性与双极性传输　根据信号的极性，信息传输方式分为单极性传输和双极性传输两种。单极性传输是指脉冲信号的极性是单方向的，双极性传输是指脉冲信号有正和负两个方向。

下面介绍几种常用的数据表示方法，如图 2-4 所示。

☺ 平衡、归零、双极性：用正极性脉冲表示 1，用负极性脉冲表示 0，在相邻脉冲之间保留一定的空闲间隔。在空闲间隔期间信号归零，如图 2-4（a）所示。这种方法主要用于低速传输，其优点是可靠性较高。

☺ 平衡、归零、单极性：这种方法又称为曼彻斯特（Manchester）编码方法。在每一位中间都有一个跳变，这个跳变既作为时钟，又表示数据。从高到低的跳变表示 1，从低到高的跳变表示 0，如图 2-4（b）所示。由于这种方法把时钟信号和数据信号同时发送出去，简化了同步处理过程，因此许多数据通信网络采用这种表示方法。

☺ 平衡、不归零、单极性：如图 2-4（c）所示，它以高电平表示 1，低电平表示 0。这种方法主要用于速度较低的异步传输系统。

☺ 非平衡、归零、双极性：如图 2-4（d）所示，用正、负交替的脉冲信号表示 1，用无脉冲信号表示 0。由于脉冲总是交替变化的，所以它有助于发现传输错误，通常用于高速传输。

☺ 非平衡、归零、单极性：这种表示方法与上一种表示方法的区别在于，它只有正方向的脉冲而无负方向的脉冲，所以只要将前者的负极性脉冲改为正极性脉冲，就可得到后一种表达方法，如图 2-4（e）所示。

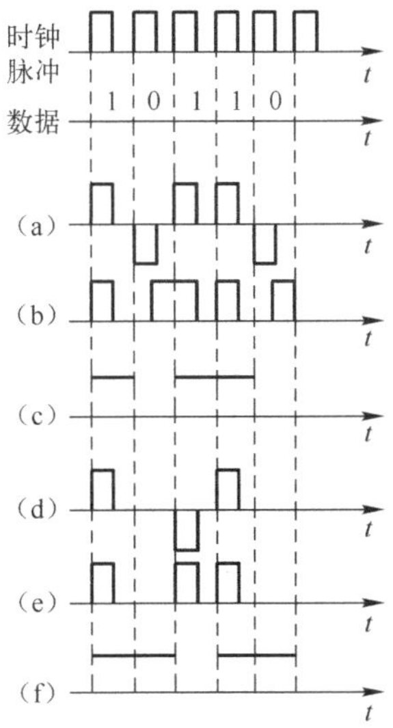

图 2-4　常用的数据表示方法

☺ 非平衡、不归零、单极性：这种方法的编码规则是每遇到一个 1 电平就翻转一次，所以又称为"跳 1 法"或 NRZ-1 编码法，如图 2-4（f）所示。这种方法主要用于磁带机等磁性记录设备，也可以用于数据通信系统。

2. 载带传输中的数据表示方法

载带传输是指用基带信号调制载波信号，然后传输调制信号的方法。载波信号是正弦

波信号，有三个描述参数，即振幅、频率和相位，所以相应地也有三种调制方式，即调幅

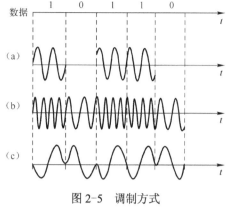

图 2-5　调制方式

方式、调频方式和调相方式。

1）调幅方式（Amplitude Modulation，AM）又称幅移键控法（Amplitude-Shift Keying，ASK）。它用调制信号的振幅变化来表示一个二进制数，例如，用高振幅表示 1，用低振幅表示 0，如图 2-5（a）所示。

2）调频方式（Frequency Modulation，FM）又称频移键控法（Frequency-Shift Keying，FSK）。它用调制信号的频率变化来表示一个二进制数，例如，用高频率表示 1，用低频率表示 0，如图 2-5（b）所示。

3）调相方式（Phase Modulation，PM）　又称相移键控法（Phase-Shift Keying，PSK）。它用调制信号的相位变化来表示二进制数，例如，用 0° 相位表示二进制的 0，用 180° 相位表示二进制的1，如图 2-5（c）所示。

2.1.4　数据交换方式

在数据通信系统中通常有三种数据交换方式：线路交换方式、报文交换方式和报文分组交换方式。其中报文分组交换方式又包含虚电路和数据报两种交换方式。

1）线路交换方式　线路交换方式是在需要通信的两个节点之间事先建立起一条实际的物理连接，然后再在这条实际的物理连接上交换数据，数据交换完成之后再拆除物理连接。因此，线路交换方式将通信过程分为三个阶段，即线路建立、数据通信和线路拆除。

2）报文交换方式　报文交换及下面要介绍的报文分组交换方式不需要事先建立实际的物理连接，而是由中间节点的存储转发功能来实现数据交换。因此，有时又将其称为存储转发方式。

报文交换方式交换的基本数据单位是一个完整的报文。这个报文是由要发送的数据加上目的地址、源地址和控制信息组成的。

报文在传输之前并无确定的传输路径，每当报文传到一个中间节点时，该节点就要根据目的地址来选择下一个传输路径，或者说下一个节点。

3）报文分组交换方式　报文分组交换方式交换的基本数据单位是一个报文分组。报文分组是一个完整的报文按顺序分割开来的比较短的数据组。由于报文分组比报文短，传输时比较灵活。特别是当传输出错需要重发时，它只需重发出错的报文分组，而不必像报文交换方式那样重发整个报文。其具体实现方法有以下两种。

☺ 虚电路方法。该方法在发送报文分组之前，需要先建立一条逻辑信道。这条逻辑信道并不像线路交换方式那样是一条真正的物理信道。因此，这条逻辑信道被称为虚电路。虚电路的建立过程是：首先，发送站发出一个"呼叫请求分组"，然后它按照某种路径选择原则，从一个节点传递到另一个节点，最后到达接收站。如果接收站已经做好接收准备，并接收这一逻辑信道，那么该站就做好路径标记，并发回一个"呼叫接收分组"，沿原路径返回发送站。这样就建立起一条逻辑信道，即虚电路。当报文分组在虚电路上传送时，因其内部附有路径标记，能够按照指定的虚电路传送，在中间节点上不必再进行路径选择。尽管如此，报文分组也不是立即转发，仍

需排队等待转发。

☺ 数据报方法。该方法把一个完整的报文分割成若干个报文分组，并为每个报文分组编好序号，以便确定它们的先后次序。报文分组又称数据报。发送站在发送时，把序号插入报文分组内。数据报方法与虚电路方法不同，它在发送之前并不需要建立逻辑连接，而是直接发送。数据报在每个中间节点都要处理路径选择问题，这一点与报文交换方式类似。然而，数据报经过中间节点存储、排队、路由和转发，可能会使同一报文的各个数据报沿着不同的路径、经过不同的时间到达接收站。这样，接收站所收到的数据报顺序就可能是杂乱无章的。因此，接收站必须按照数据报中的序号重新排序，以便恢复原来的顺序。

2.1.5　信道

信道是指发送装置和接收装置之间的信息传输通路，包括传输介质和有关的中间设备。

1．传输介质

在分散控制系统中，常用的传输介质有双绞线、同轴电缆和光缆。

1）双绞线　双绞线是由两个相互绝缘的导体扭绞而成的线对，在线对的外面常有金属箔组成的屏蔽层和专用的屏蔽线，如图 2-6（a）所示。

双绞线的成本比较低，但当传输距离比较远时，其传输速率受到限制，一般不超过 10Mbps。三种传输介质的传输特性如图 2-7 所示。

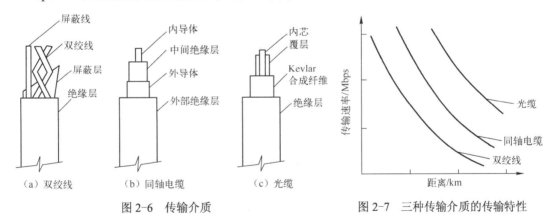

图 2-6　传输介质　　　　　　图 2-7　三种传输介质的传输特性

2）同轴电缆　同轴电缆的结构如图 2-6（b）所示。它是由内导体、中间绝缘层、外导体和外部绝缘层组成的。信号通过内导体和外导体传输。外导体总是接地的，起到了良好的屏蔽作用。有时为了增加机械强度和进一步提高抵抗磁场干扰的能力，还在最外边加上两层对绕的钢带。

同轴电缆的传输特性优于双绞线。在同样的传输距离下，其数据传输速率高于双绞线，这一点从图 2-7 中很容易看到。但同轴电缆的成本高于双绞线。

3）光缆　光缆的结构如图 2-6（c）所示。它的内芯是由二氧化硅拉制成的光导纤维，外面有一层玻璃或聚丙烯材料制成的覆层。由于内芯和覆层的折射率不同，以一定角度进入内芯的光线能够通过覆层折射回去，沿着内芯向前传播以减少信号的损失。在覆层的外面一般有一层被称为 Kevlar 的合成纤维，用以增加光缆的机械强度，直径为 100μm

的光纤能承受约 300N 的拉力。

光缆不仅具有良好的信息传输特性，而且具有良好的抗干扰性能，因为光缆中的信息是以光的形式传播的，所以电磁干扰对它几乎毫无影响。光缆的传输特性如图 2-7 所示。由图 2-7 可见，光缆可以在更大的传输距离上获得更高的传输速率。但是，在集散控制系统中，由于其他配套通信设备的限制，光缆的实际传输速率要远远低于理论传输速率。尽管如此，光缆在许多方面仍然比前两种传输介质具有明显的优越性，因此，光缆是一种很有前途的传输介质。光缆的主要缺点是分支比较困难。

4）无线传输　可以在自由空间利用电磁波发送和接收信号进行通信的传输方式就是无线传输。地球上的大气层为大部分无线传输提供了物理通道，即无线传输介质。无线传输所使用的频段很广，人们现在已经利用了好几个波段进行通信。紫外线和更高的波段目前还不能用于通信。无线通信的方法有无线电波、微波和红外线。

无线电波是指在自由空间（包括空气和真空）传播射频频段的电磁波。无线电波是一种能量的传播形式，电场和磁场在空间是相互垂直的，并都垂直于传播方向，在真空中的传播速度等于光速 300 000km/s。无线电波是一种全方位传播的电波，其传输形式有两种：一种是直接传播，即电波沿地表面向四周传播；另一种是靠大气层中电离层的反射进行传播。

微波是一种定向传播的电波，收发双方的天线必须相对应才能收发信息，即发送端的天线要对准接收端，接收端的天线要对准发送端。

2．连接方式

在分散控制系统中，过程控制站、运行员操作站、工程师工作站等都是通过通信网络连接在一起的，所以它们都必须通过这样或那样的方式与传输介质连接起来。以电信号传输信息的双绞线和同轴电缆，其连接方式比较简单；以光信号传输信息的光缆，其连接方式比较复杂。下面简单介绍几种传输介质的连接方式。

双绞线的连接特别简单，只要通过普通的接线端子即可把各种设备与通信网络连接起来。

同轴电缆的连接稍复杂，一般要通过专用的"T"形连接器进行连接。这种连接器类似于闭路电视中的连接器，构造比较简单，而且已经形成了一系列的标准，应用起来十分方便。

光缆的连接比较困难。图 2-8 所示是一个光缆连接器的电路图。光脉冲输入信号首先

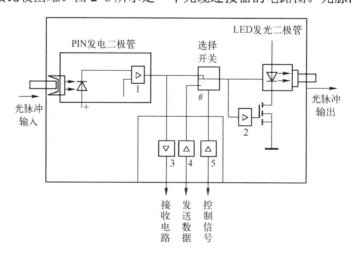

图 2-8　光缆连接器的电路图

经 PIN 发电二极管转换为低电平的电压信号，然后经放大器 1、2 放大再经过发光二极管（LED）转换为光脉冲信号输出。放大器 1 输出的信号还经过放大器 3 送往接收电路。当发送数据时，将选择开关切换到下面，通过放大器 4 发送数据。控制信号通过驱动器 5 控制选择开关的切换。

表 2-1 列举了三种传输介质的特点。

表 2-1　三种传输介质的特点

特　点　　介　质　项　目	双　绞　线	同　轴　电　缆	光　缆
传输线价格	较低	较高	较高
连接器件和支持电路的价格	低	较低	高
抗干扰能力	如采用屏蔽措施，则比较好	很好	特别好
标准化程度	高	较高	低
敷设	简单	稍复杂	简单
连接	同普通的导线一样简单	需要专用的连接器	需要很复杂的连接器件和连接工艺
适用的网络类型	环状或总线网络	总线或环状网络	主要用于环状网络
对环境的适应性	较好	较好	特别好，耐高温，适用于各种恶劣环境

2.1.6　差错控制

分散控制系统的通信网络是在条件比较恶劣的工业环境下工作的，因此，在信息传输过程中，各种各样的干扰都可能造成传输错误。这些错误轻则会使数据发生变化，重则会导致生产过程事故。因此，必须采取一定的措施来检测并纠正错误，把检错和纠错统称为差错控制。

1. 传输错误及可靠性指标

在通信网络上传输的信息是二进制信息，只有 0 和 1 两种状态，因此，传输错误或者是把 0 误传为 1，或者是把 1 误传为 0。根据错误的特征，可以将错误分为两类，一类称为突发错误，另一类称为随机错误。突发错误是由突发噪声引起的，其特征是误码连续成片出现。随机错误是由随机噪声引起的，其特征是误码与其前后的代码是否出错无关。实际传输线路中出现的传输错误，往往是突发错误和随机错误的综合。但由于一般信道的信噪比相当大，使噪声幅值减小，所引起的随机错误减少，因此突发错误是主要的传输错误。

在分散控制系统中，为了满足控制要求并充分利用信道的传输能力，传输速率一般为 0.5～100Mbps。传输速率越大，每一位二进制代码（又称码元）所占用的时间就越短，波形就越窄，抗干扰能力就越差，可靠性就越低。传输的可靠性通常用误码率表示，其定义式为

$$P_e = 出错的码元数/传输的总码元数 \qquad (2-1)$$

可见误码率越低，通信系统的可靠性越高。一般分散系统的误码率指标常常按年出现次数统计，一般为 0.01～4 次/年。

2．差错控制方法及分类

差错控制方法一般分为两类，一类是在传输信息中附加冗余度；另一类是在传输方法中附加冗余度。前者较为常用，基本原理就是在传输的信息中按照一定的规则附加一定数量的冗余位。有了冗余位，真正有用的代码数就会少于所能组合成的全部代码数。这样，当代码在传输过程中出现错误，并且接收到的代码与有用的代码不一致时，就发生了错误。下面详细举例说明。

假设要传输的信息是 0，在传输的过程中由于受到干扰而变成了 1，这在接收端是无法发现的，因为 0 和 1 都是合法的信息，如图 2-9 所示。

如图 2-10 所示（图中浅灰色表示冗余位，深灰色表示出错位），在要发送的信息后面附加一个冗余位，并规定发送 0 时，冗余位取 0，发送 1 时冗余位取 1。因此，在传输信息 0 时，所发送出去的信息就是 00。如果信息在传输过程中某一位出现错误，到达接收端的信息就会变成 01 或 10。因为 01 或 10 是无用的状态，或称非法信息，所以接收端即可发现错误，但无法确定是哪一位发生错误，因为第一位错误和第二位错误的可能性是相同的。如果干扰很严重，致使两位同时出错，00 变为 11，则接收端无法检查出这一错误，因为 11 是合法信息。

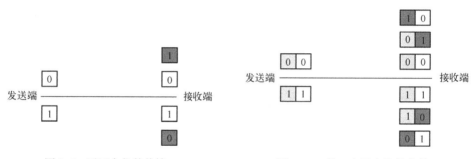

图 2-9　无冗余位的传输　　　　　　　图 2-10　带一个冗余位的传输

如图 2-11 所示，为了提高检错和纠错能力，可在此基础上再增加一个冗余位，并规定发送 0 时，冗余位取 00；发送 1 时，冗余位取 11。

在传输信息 0 时，所发送出去的信息就是 000。如果在传输过程中某位出错，到达接收端的信息就会变成 001、010 或者 100。因为这些状态都是非法状态，所以接收端即可发现传输错误。将这三种误码与正确状态 000 或 111 相比较可以发现，它们与 000 相比只有一位不同，而与 111 相比，则有两位不同。根据概率来看，错一位的可能性要比错两位的可能性大得多。因此，出现这三种情况时，可认为发送的信息是 000。同样的理由，当出现 011 或 110 时，可认为发送的信息是 111。这样，当传输过程中出现一位错误时，不但能够发现，而且能够纠正错误，因为按照上述纠错原则 011 会被判定为 111，它并不是真正传输出去的信息。在这种方法中，两位错误是无法纠正的。如果是三位同时出错，显然不但不能纠正，而且无法发现，因为 000 和 111 都是合法信息。

由以上讨论可见，冗余位数越多，检错和纠错能力越强，但信息的有效传输率越低。

下面介绍几个与信息冗余有关的基本概念。在数据传输过程中，信息总是成组处理的。设一组信息的字长是 k 位，则这组信息可以有 2^k 个状态。如果在信息后面按一定规则附加 r 个冗余位，则可组成长度为 $n=k+r$ 的二进制序列，称为码组。码组共有 2^n 个状态，

其中有 2^k 个是有用的状态，即合法信息，其余均是无用的冗余状态，即非法信息。每个状态称为一个码字，这些码字的集合称为分组码，记为 (n, k)。k 与 n 的比值称为编码率，用 R 表示。R 越大，有用信息所占的比重就越大，信息的传输效率越高，但信息的冗余度就越小，差错控制的能力就越弱。

从上面的例子可以看到，如果一个信息在传输过程中出错，变成另一个合法信息，是很难检查出来并加以纠正的。由此想到，如果让信息的合法状态之间有很大的差别，那么一种合法信息出错变成另一种合法信息的可能性就会大大减小。对于两个长度相同的二进制序列来说，它们之间的差别可以用两个序列之间对应位取值的不同来衡量。取值不同的值的个数称为汉明（Hamming）距离，用字母 d 表示。例如，在前面的例子中，设 $c_1=000$，$c_2=111$，这两个序列之间的汉明距离为 $d(c_1, c_2)=3$，其几何意义如图 2-12 所示，c_1 和 c_2 的汉明距离就是沿单位立方体的棱边从 000 到 111 的距离。在一个分组码中，码字之间的最小汉明距离是很重要的参数，最小汉明距离越大，则说明码字之间的差别越大，一个码字出错而变成另一个码字的可能性就越小。

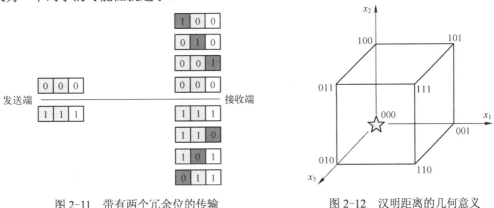

图 2-11　带有两个冗余位的传输　　　　　图 2-12　汉明距离的几何意义

发送端在信息码的后面按照一定的规则附加冗余位组成传输码组的过程称为编码，在接收端按相同规则检错和纠错的过程称为译码。编码和译码都是由硬件电路配合软件完成的。下面介绍常用的奇偶校验差错检验方法。

1）奇偶校验　奇偶校验是一种经常使用的比较简单的校验技术。所谓奇偶校验，就是在每个码组之内附加一个校验位，使得整个码组中的 1 的个数为奇数（奇校验）或偶数（偶校验），其规则可以表示为

$$奇校验\quad \sum_{i=1}^{k} x_i + x_c = 1 \tag{2-2}$$

$$偶校验\quad \sum_{i=1}^{k} x_i + x_c = 0 \tag{2-3}$$

式中，x_i 为数据位，x_c 为校验位。加法采用模 2 加规则，即 0+0=0，0+1=1，1+0=1，1+1=0。

2）垂直奇偶校验　假设发送端要发送单词 world，按 ASCII 编码，其代码与校验位置如表 2-2 所示，其中校验位是按偶校验的规则求出的。在发送端，校验位可以由如图 2-13（a）所示的电路形成。这种校验方法只能检查每一个字符中的奇数个错误。

表2-2　垂直奇偶校验码

位 ＼ 字符	w	o	r	l	d
x_1	1	1	0	0	0
x_2	1	1	1	0	0
x_3	1	1	0	1	1
x_4	0	1	0	1	1
x_5	1	0	1	0	0
x_6	1	1	1	1	1
x_7	1	1	1	1	1
x_c	0	0	0	0	1

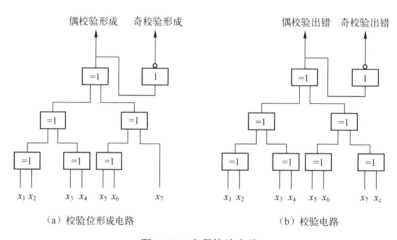

（a）校验位形成电路　　　　　（b）校验电路

图2-13　奇偶校验电路

检查时可根据所采用的是奇校验还是偶校验，按式（2-2）或式（2-3）进行。如图2-13（b）所示为接收端采用的校验电路。发送端按照奇或偶校验的原则编码后，以字符为单位发送，发送次序如表2-2中箭头方向所示，x_c表示校验位。接收端按照相同的原则检查收到的每个字符中"1"的个数，如果为奇校验，发送端发出的每个字符中"1"的个数为奇数，若接收端收到的字符中"1"的个数也为奇数，则传输正确，否则传输错误。如果采用奇校验，并且奇校验出错端为1，则说明出错；如果采用偶校验，并且偶校验出错端为1，则说明出错。

3）水平奇偶校验　仍以上面的 world 为例说明水平奇偶校验法。这次是对水平方向的码元进行模 2 加来确定冗余位，如表 2-3 所示。表中的校验位也是按偶校验规则得出的，在这种校验中，可以检测出组内各字符同一位中的奇数个错误，也可以检测出所有突发长度小于或等于 k 的突发错误。对于本例，$k=7$，发送次序如表 2-3 中箭头所示，即先传送第一个字符 w，然后是 o，最后是校验码 x_c。由于每一位校验码与该组中下一字符的对应位均有关系，因此其编码、译码电路比较复杂。

表 2-3　水平奇偶校验码

位 ＼ 字符	w	o	r	l	d	x_c
x_1	1	1	0	0	0	0
x_2	1	1	1	0	0	1
x_3	1	1	0	1	1	0
x_4	0	1	0	1	0	0
x_5	1	0	1	0	0	0
x_6	1	1	1	1	1	1
x_7	1	1	1	1	1	1

4）矩阵奇偶校验　在一组字符中，既进行垂直奇偶校验，又进行水平奇偶校验，这就是矩阵奇偶校验。矩阵奇偶校验具有较强的检错能力，它不但能发现某一行或某一列上的奇数个错误，而且还能发现突发长度小于或等于 $k+1$ 的突发错误。表 2-4 给出了按偶校验规则求出的矩阵奇偶校验码。

表 2-4　矩阵奇偶校验码

位 ＼ 字符	w	o	r	l	d	x_c
x_1	1	1	0	0	0	0
x_2	1	1	0	0	0	1
x_3	1	1	0	1	0	0
x_4	0	1	0	1	0	0
x_5	1	0	1	0	0	0
x_6	1	1	1	1	0	1
x_7	1	1	1	1	0	1
x_c	0	0	0	0	1	1

2.2　数据通信系统结构

通信网络在分散控制系统中起"桥梁"作用，执行分散控制的各个单元和各级人机接口要靠通信网络连成一体，这种在局部区域内实现设备互联的通信网络称为局域网（LAN）。它是一种高通信速率、低误码率、快速响应的局部网络。为了把集散控制系统中的各个组成部分连接在一起，常常需要把整个通信系统的功能分成若干个层次去实现，每一个层次就是一个通信子网，通信子网具有以下特征：

☺ 通信子网具有自己的地址结构。

☺ 通信子网相连可以采用自己的专用通信协议（协议将在后面介绍）。

☺ 一个通信子网可以通过接口与其他网络相连，实现不同网络上设备的相互通信。

一般情况下，分散控制系统的通信从底层到上层有以下四种：

☺ 现场设备和中央控制室设备之间的通信（即智能现场设备通过现场总线与中央控制

室中的现场总线网关、接口或控制器进行通信），基本控制单元内的 I/O 设备与处理器之间的通信（属于 I/O 总线通信）。

☺ 同一控制机柜中基本控制单元之间的通信（仅限于一个控制机柜中具有几个基本控制单元的 DCS 结构）。

☺ 不同过程控制站之间及与人机接口之间的通信（即运行员站与过程控制站、过程控制站与过程控制站之间的通信）。

☺ 人机接口之间的通信（通过在每个人机接口添加独立的网卡，形成独立的网络进行通信）。

2.2.1　通信系统的结构

如图 2-14 所示为通信系统的一种结构。在这种结构中，整个通信系统分为以下三级：

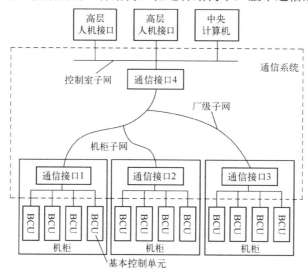

图 2-14　通信系统结构一

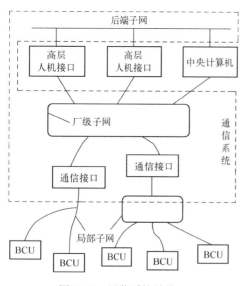

图 2-15　通信系统结构二

☺ 每个机柜中的机柜子网，实现机柜中各个基本控制单元之间的通信。

☺ 中央控制室内的控制室子网，实现高层设备之间的通信。

☺ 厂区范围内的厂级子网，实现控制室设备与现场设备之间的通信。

这种通信系统结构的缺点是不便于进行高层设备之间的高速通信，如从一个设备到另一个设备的数据库转储。另外，如果基本控制单元是大规模的多回路控制器，人机接口的通信量就很大，这种结构会造成高层通信接口的"拥挤"。如图 2-15 所示的通信系统结构就不存在以上问题，它由以下三部分组成。

☺ 局部子网：实现一个子系统内或一个机柜内各基本控制单元之间的通信。

☺ 厂级子网：把高层设备和局部子网连接起来。

☺ 后端子网：实现高层设备之间的高速数据传输，与过程控制不发生直接关系。

一般来说，多级通信网络的灵活性较强。在小规模的系统中，可以只采用底层的子网，需要时再增加高层网络。这种多层结构可以组成大规模的通信系统。多层结构的主要缺点是信息传输过程中要经过大量的接口，因此通信的延迟时间较长。另外，通信系统中的硬件较多，发生故障的机会增加，而且维修比较复杂。

2.2.2　通信网络的拓扑结构

通信网络的拓扑结构确定后，要考虑的就是每个通信子网的拓扑结构问题。所谓通信网络的拓扑结构，是指通信网络中各个节点或站相互联接的方法。拓扑结构决定了一对节点之间可以使用的数据通路或链路。在集散控制系统中应用较多的拓扑结构是星状结构、环状结构及总线结构，如图 2-16 所示。

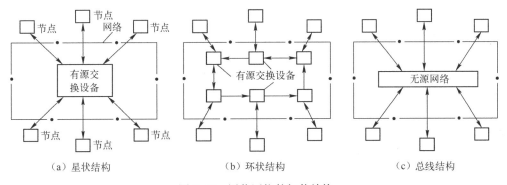

图 2-16　通信网络的拓扑结构

1）星状结构　在星状结构中，每个节点都通过一条链路连接到一个中央节点上。任何两个节点之间的通信都要经过中央节点。在中央节点中有一个"智能"开关装置来接通两个节点之间的通信路径。因此，中央节点的构造是比较复杂的，一旦发生故障，整个通信系统就要瘫痪。因此，这种系统的可靠性是比较低的，在分散控制系统中应用较少。

2）环状结构　在环状结构中，所有的节点都通过链路组成一个环。需要发送信息的节点将信息送到环上，信息在环上只能按某一确定的方向传输。当信息到达接收节点时，该节点识别信息中的目的地址，如果与自己的地址相同，就将信息取出，并加上确认标记，以便由发送节点清除。

由于传输是单方向的，所以不存在确定信息传输路径的问题，这可以简化链路的控制。当某一节点故障时，可以将该节点旁路，以保证信息畅通无阻。为了进一步提高可靠性，在某些分散控制系统中采用双环，或者在故障时支持双向传输。

3）总线结构　与星状和环状结构相比，总线结构采用的是一种完全不同的方法。这时的通信网络仅仅是一种传输介质，它既不像星状网络中的中央节点那样具有信息交换的功能，也不像环状网络中的节点那样具有信息中继的功能，所有的站都通过相应的硬件接口直接接到总线上。

由于所有的节点都共享一条公用的传输线路，所以每次只能由一个节点发送信息，信息由发送它的节点向两端扩散，这就如同广播电台发射的信号向空间扩散一样。所以，这种结构的网络又称为广播式网络。某节点发送信息之前，必须保证总线上没有其他信息正在传输。当这一条件满足时，它才能把信息送上总线。在有用信息之前有一个询问信息，询问信息中包含接收该信息的节点地址，总线上其他节点同时接收这些信息。当某个节点从询问信息中鉴别出接收地址与自己的地址相符时，这个节点便做好准备，接收后面传送的信息。

总线结构突出的特点是结构简单，便于扩充。

另外，由于网络是无源的，所以当采取冗余措施时并不增加系统的复杂性。总线结构对总线的电气性能要求很高，对总线的长度也有一定的限制，因此，它的通信距离不可能太长。

2.3 DCS 中的控制网络标准和协议

网络结构问题不仅涉及信息的传输路径，而且涉及链路的控制。对于一个特定的通信系统，为了实现安全可靠的通信，必须确定信息从源点到终点所要经过的路径，以及实现通信所要进行的操作。在计算机通信网络中，对数据传输过程进行管理的规则称为协议。

对于一个计算机通信网络来说，接到网络上的设备是各种各样的，这就需要建立一系列有关信息传递的控制、管理和转换的手段与方法，并要遵守彼此公认的一些规则，这就是网络协议的概念。这些协议在功能上应该是有层次的。为了便于实现网络的标准化，国际标准化组织 ISO 提出了开放系统互联（Open System Interconnection，OSI）参考模型，简称 ISO/OSI 参考模型。

2.3.1 协议的参考模型

ISO/OSI 参考模型将各种协议分为七层，自下而上依次为物理层、链路层、网络层、传输层、会话层、表示层和应用层，如图 2-17 所示。各层协议的主要作用如下。

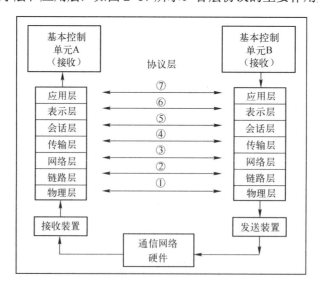

图 2-17 ISO/OSI 参考模型

1）物理层　物理层协议规定了通信介质、驱动电路和接收电路之间接口的电气特性和机械特性，如信号的表示方法、通信介质、传输速率、接插件的规格及使用规则等。

2）链路层　通信链路是由许多节点共享的。这层协议的作用是确定在某一时刻由哪一个节点控制链路，即链路使用权的分配。它的另一个作用是确定比特级的信息传输结构，也就是说，这一级规定了信息每一位和每个字节的格式，同时还确定了检错和纠错方式，以及每一帧信息的起始和停止标记的格式。帧是链路层传输信息的基本单位，由若干字节组成，除了信息本身外，它还包括表示帧开始与结束的标志段、地址段、控制段及校验段等。

3）网络层　在一个通信网络中，两个节点之间可能存在多条通信路径。网络层协议的主要功能就是处理信息的传输路径问题。在由多个子网组成的通信系统中，这层协议还负责处理一个子网与另一个子网之间的地址变换和路径选择。如果通信系统只由一个网络组成，节点之间只有唯一的一条路径，那么就不需要这层协议。

4）传输层　传输层协议的功能是确认两个节点之间的信息传输任务是否已经正确完成，其中包括信息的确认、误码的检测、信息的重发、信息的优先级调度等。

5）会话层　这层协议用来对两个节点之间的通信任务进行启动和停止调度。

6）表示层　这层协议的任务是进行信息格式的转换，它把通信系统所用的信息格式转换为其上一层，也就是应用层所需的信息格式。

7）应用层　严格地说，这一层不是通信协议结构中的内容，而是应用软件或固件中的一部分内容。它的作用是召唤低层协议为其服务。在高级语言程序中，它可能是向另一节点请求获得信息的语句，在功能块程序中从控制单元读取过程变量的输入功能块。

2.3.2　物理层协议

物理层协议涉及通信系统的驱动电路、接收电路与通信介质之间的接口问题。物理层协议主要包括以下内容。

☺ 接插件的类型及插针的数量和功能。

☺ 数字信号在通信介质上的编码方式，如电平的高低和 0、1 的表达方法。

☺ 确定与链路控制有关的硬件功能，如定义信号交换控制线或者测试线等。

从以上说明中可以看到，物理层协议的功能是与所选择的通信介质（双绞线、光缆）及信道结构（串行、并行）密切相关的。

下面是一些标准的物理层接口。

☺ RS-232C: RS-232C 是 1969 年由美国电子工业协会（EIA）修订的串行通信接口标准。它规定数据信号按负逻辑进行工作。−5～−15V 的低电平信号表示逻辑 1，+5～+15V 的高电平信号表示逻辑 0，采用 25 针的接插件，并且它规定了最高传输速率为 19.2Kbps、最大传输距离为 15m。RS-232C 标准主要用于只有 1 个发送器和 1 个接收器的通信线路，如计算机与显示终端或打印机之间的接口。

☺ RS-449: 为了进一步提高 RS-232C 的性能，特别是提高传输速率和传输距离，EIA 于 1977 年公布了 RS-449 标准，并且得到了 CCITT 和 ISO 的承认。RS-449 采用与 RS-232C 不同的信号表达方式，其抗干扰能力更强，传输速率达到 2.5Mbps，传输距离达到 300m。另外，它还允许在同一通信线路上连接多个接收器。

☺ RS-485: RS-485 扩展了 RS-449 的功能，它允许在一条通信线路上连接多个发送器和接收器（最多可以支持 32 个发送器和接收器），这个标准实现了多个设备的互联。其成本很低，传输速率和通信距离与 RS-449 在同一数量级。

应该指出，上述标准并没有规定所传输的信息格式和意义，只有更高层的协议才完成这一功能。

2.3.3 链路层协议

链路层协议主要完成两个功能：一是对链路的使用进行控制，二是组成具有确定格式的信息帧。下面讨论这两个功能，并举例说明其实现方法。

由于通信网络是由通信介质和与其连接的多个节点组成的，所以链路层协议必须提出一种决定如何使用链路的规则。实现网络层协议有许多种方法，某些方法只能用于特定的网络拓扑结构。表 2-5 列举了一些常用网络访问控制协议的优缺点。

表 2-5　常用网络访问控制协议的优缺点

网络访问控制协议	网　络　类　型	优　　点	缺　　点
时分多路访问	总线	结构简单	通信效率低，总线控制器需要冗余
查询式	总线或环状	结构简单，比 TDMA 法效率高，网络访问分配情况预先确定	网络控制器需要冗余，访问速度低
令牌式	总线或环状	网络访问分配情况可预先确定，无网络控制器，可以在大型总线网络中使用	当丢失令牌时，必须有重发令牌的措施
带有冲突检测的载波监听多路访问	总线	无网络控制器，实现比较简单	在长距离网络中效率下降，网络送取时间是随机、不确定的
扩展环状	环状	无网络控制器，能支持多路信息同时传输	只能用于环状网络

1）时分多路访问（Time Division Multiple Access，TDMA） 这种协议多用于总线网络。在网络中有一个总线控制器，负责把时钟脉冲送到网络中的每个节点上。每个节点有一个预先分配好的时间槽，在给定的时间槽里它可以发送信息。在某些系统中，时间槽的分配不是固定不变而是动态进行的。尽管这种方法很简单，但它不能实现节点对网络的快速访问，也不能有效地处理在短时间内涌出的大量信息。另外，这种方法需要总线控制器。如果不采取一定的冗余措施，总线控制器的故障就会造成整个通信系统的瘫痪。

2）查询（Polling）式 该协议既可用于总线网络，也可用于环状网络，与 TDMA 一样，也要有一个网络控制器。网络控制器按照一定的次序查询网络中的每个节点，看它们是否要求发送信息。如果节点不需要发送信息，网络控制器就转向下一个节点。由于不发送信息的节点基本上不占用时间，所以这种方法比 TDMA 的通信效率高。然而，它也存在着与 TDMA 同样的缺点，如访问速度慢、可靠性差等。

3）令牌（Token）式 该协议用于总线或环状网络。令牌是一个特定的信息，如用二进制序列 11111111 来表示。令牌按照预先确定的次序，从网络中的一个节点传到下一个节点，并且循环进行。只有获得令牌的节点才能发送信息。与前两种方法相比，令牌式的最大优点在于它不需要网络控制器，因此可靠性比较高。其主要问题是，当某一个节点故障或受到干扰时，会造成令牌丢失，所以必须采取一定的措施来及时发现令牌丢失，并且及时产生一个新的令牌，以保证通信系统的正常工作。令牌式是 IEEE802 局域网标准所规定的访问协议之一。

4）带有冲突检测的载波监听多路访问 该协议又称为 CSMA/CD（Carrier Sense Multiple Access/Collision Detection）法。这种方法用于总线网络，其工作原理类似于一个公用电话网络。打电话的人（相当于网络中的一个节点）首先听一听线路是否被其他用户占用。如果未被占用，他就可以开始讲话，而其他用户都处于受话状态。他们同时收到了讲话声音，但只有与讲话内容有关的人才将信息记录下来。如果有两个节点同时送出了信息，那么通过检测电路可以发现这种情况，这时两个节点都停止发送，随机等待一段时间后再重新发送。随机等待的目的是使每个节点的等待时间有所差别，以免在重发时再次发生碰撞。这种方法的优点是网络结构简单，容易实现，不需要网络控制器，并且允许节点迅速地访问通信网络。其缺点是当网络分布的区域较大时，通信效率会下降，原因是当网络区域太大时，信号传播所需要的时间增加了，确认是否有其他节点占用网络就需要更长的时间。另外，由于节点对网络的访问具有随机性，所以用这种方法无法确定两个节点之间进行通信时所需要的最大延迟时间。但是通过排队论分析和仿真试验，可以证明 CSMA/CD 方法的性能是非常好的，在以太网（Ethernet）通信系统中采用了 CSMA/CD 协议，在 IEEE 802 局部区域网络标准中也包括这个协议。

5）扩展环状（Ring Expansion）　该协议仅用于环状网络。当采用这种方法时，准备发送信息的节点不断监视着通过它的信息流，一旦发现信息流通过完毕，它就把要发送的信息送上网络，同时把随后进入该节点的信息存入缓冲器。当信息发送完毕后，再把缓冲器中暂存的信息发送出去。这种方法的特点是允许环状网络中的多个节点同时发送信息，因此提高了通信网络的利用率。

当用上述协议建立起对通信网络的控制权后，数据便可以以一串二进制代码的形式从一个节点传送到另一个节点，链路层协议定义了二进制代码的格式，使其能组成具有明确含义的信息。另外，数据链路层协议还规定了信息传送和接收过程中的某些操作，如前面所介绍的误码检测和纠正。大多数集散控制系统均采用标准的链路层协议，其中比较常用的有以下五种。

☺ BISYNC 二进制同步通信协议：由 IBM 公司开发的面向字符的链路层协议。

☺ DDCMP 数字数据通信协议：由数字设备公司 DEC 开发的面向字符的链路层协议。

☺ SDLC 同步数据链路控制协议：由 IBM 公司开发的面向比特的链路层协议。

☺ HDLC 高级数据链路控制协议：由 ISO 规定的面向比特的链路层协议。

☺ ADCCP 高级数据通信控制规程：由美国国家标准协会 ANSI 规定的面向比特的链路层协议。在当前的通信系统中广泛采用面向比特的协议，因为这种形式的协议可以更有效地利用通信介质。

后三种协议已经能够用专用的集成电路芯片实现，这样就简化了通信系统的结构。

2.3.4　网络层协议

网络层协议主要处理通信网络中的路径选择问题。另外，它还负责子网之间的地址变换。已有的一些标准协议（如 CCITT.25）可以支持网络层的通信，然而由于成本很高，结构复杂，所以在工业过程控制系统中一般不采用具有可选路径的通信网络。比较常用的是具有冗余的总线或环状网络，在这些网络中不存在通信路径的选择问题，因此网络层协议的作用只是在主通信线路故障时，让备用通信线路继续工作。

由于以上原因，大多数工业过程控制系统中网络层协议的主要作用是管理子网之间的接口。子网接口协议一般专门用于某一特定的通信系统。另外，网络层协议还负责管理那些与其他计算机系统连接时所需要的网间连接器。网络层协议把一些专用信息传送到低层协议中，即可实现上述功能。

2.3.5　传输层和会话层协议

在工业过程控制所用的通信系统中，为了简便，经常把传输层和会话层协议合并在一起。这两层协议确定了数据传输的启动方法和停止方法，以及实现数据传输所需要的其他信息。

1.　传输层

传输层的基本功能是从会话层接收数据，在必要时把它们划分为较小的单元传递给网络层，并确保到达对方的各段信息准确无误。这些任务都必须高效率地完成。

传输层在网络层的基础上再增添一层软件，使之能屏蔽掉各类通信子网的差异，向用户进程提供一个能满足其要求的服务。传输层具有一个不变的通用接口，用户进程只需要了解该接口，便可方便地在网络上使用网络资源并进行通信。

通常情况下，会话层每请求建立一个传输连接，传输层就为其创建一个独立的网络连接。如果传输连接需要较高的信息吞吐量，传输层也可以为之创建多个网络连接，让数据在这些网络连接上分流，以提高吞吐量。另一方面，如果创建或维持一个网络连接不合算，则传输层可以将几个传输连接复用到一个网络连接上，以降低费用。在任何情况下，都要求传输层能使多路复用对会话层透明。

传输层是真正的从源到目标"端到端"的层。也就是说，源端机上的某程序，利用报文头和控制报文与目标机上的类似程序进行对话。在传输层以下的各层中，协议是每台机器和它直接相邻的机器间的协议，而不是最终的源端机和目标机之间的协议，在它们中间可能还有多个路由器。

TCP 协议工作在本层，它提供可靠的基于连接的服务，在两个端点之间提供可靠的数据传送，并提供端到端的差错恢复与流量控制。

2.　会话层

会话层允许不同机器上的用户之间建立会话关系，即正式的连接。这种正式的连接使得信息的收发具有高可靠性。会话层的目的就是有效地组织和同步进行合作的会话服务用户之间的对话，并对它们之间的数据交换进行管理。

一种会话层服务是管理对话，它允许信息同时双向传输，或任意时刻只能单向传输。如果属于后者，则类似于单线铁路，会话层将记录此时该轮到哪一方了。另一种与会话有关的服务是令牌管理（Token Management），令牌可以在会话双方之间交换，只有持令牌的一方可以执行某种关键操作。

还有一种会话层服务是同步（Synchronization）。如果在平均每小时出现一次大故障的网络上，两台机器只进行一次 2h 的文件传输，试想会出现什么样的情况呢？每一次传输中途失败后，都不得不重新传送这个文件。当网络再次出现大故障时，可能又会半途而废。为解决这个问题，会话层提供了一种方法，即在数据中插入同步点。每次网络出现故障后，只需重传最后一个同步点以后的数据即可。TCP/IP 协议体系中没有专门的会话层，但在其传输层协议——TCP 协议中实现了本层部分功能。

3.　数据库的更新

在集散控制系统中，每个节点都有自己的微处理器，它可以独立地完成整个系统的一部分任务。为了使整个系统协调工作，每个节点都要输入一定的信息，这些信息有些来自节点本身，有些则来自系统中的其他节点。一般可以把通信系统的作用看成一种数据库更新，它不断地把其他节点的信息传输到需要这些信息的节点中去，相当于在整个系统中建立了一个为多个节点所共享的分布式数据库。更新数据库的功能是在传输层和会话层协议中实现的。下面简要介绍常用的三种更新数据库的方法。

☺　查询法：需要信息的节点周期性地查询其他节点，如果其他节点响应了查询，则开始进行数据交换。由其他节点返回的数据中包含了确认信号，它说明被查询的节点已经接收到了请求信号，并且正确地理解了信号的内容。

☺　广播法：类似于广播电台发送播音信号。含有信息的节点向系统中其他所有节点广播自己的信息，而不管其他节点是否需要这些信息。在某些系统中，信息的接收节点发出确认信号，也有些系统不发送确认信号。

☺　例外报告法：在这种方法中，节点内有一个信息预定表，这个表说明有哪些节点需要这个节点中的信息。当这个节点内的信息发生了一定量的（常常把这个量称为例外死区）变化时，它就按照预定表中的说明去更新其他节点的数据，一般收到信息的节点要发送确认信号。

查询法是在集散控制系统中用得比较多的协议，特别是用在具有网络控制器的通信系统中。但是查询法不能有效地利用通信系统的带宽，另外其响应速度也比较慢。广播法在这两方面比较优越，特别是不需确认的广播法。但是，广播法在信息传输的可靠性上存在一定的问题，因为它不能保证数据的接收者准确无误地收到所需的信息。实践证明，例外报告法是一种迅速而有效的数据传输方法。但例外报告法还需要在以下两个方面进行一些改进：首先，要求对同一个变量不产生过多的、没有必要的例外报告，以免增加通信网络的负担，这一点可通过限制两次例外报告之间的最小间隔时间来实现；其次，在预先选定的时间间隔内，即使信息的变化没有超过例外死区，也至少要发出一个例外报告，这样能够保证信息的实时性。

2.3.6　高层协议

所谓高层协议，是指表示层和应用层协议，它们用来实现低层协议与用户之间接口所需要的一些内部操作。高层协议的重要作用之一就是区别信息的类型，并确定它们在通信系统中的优先级。例如，它可以把通信系统传送的信息分为以下几级：

☺　同步信号。
☺　跳闸和保护信号。
☺　过程变量报警。
☺　运行员改变给定值或切换运行方式的指令。
☺　过程变量。
☺　组态和参数调整指令。
☺　记录和长期历史数据存储信息。

根据优先级顺序，高层协议可以对信息进行分类，并且把最高优先级的信息首先传输给较低层的协议。实现这一点的技术比较复杂，而且成本也较高。因此，为了使各种信息都能顺利地通过通信系统，并且不产生过多的时间延迟，通信系统中的实际通信量必须远远小于通信系统的极限通信能力，一般不超过其 50%。

2.3.7 网络设备

网络互联从通信参考模型的角度可分为几个层次：在物理层使用中继器（Repeater），通过复制位信号延伸网段长度；在数据链路层使用网桥（Bridge），在局域网之间存储或转发数据帧；在网络层使用路由器（Router），在不同网络间存储转发分组信号；在传输层及传输层以上，使用网关（Gateway）进行协议转换，提供更高层次的接口。因此，中继器、网桥、路由器和网关是不同层次的网络互联设备。

1. 中继器

中继器又称重发器。由于网络节点间存在一定的传输距离，网络中携带信息的信号在通过一个固定长度的距离后，会因衰减或噪声干扰而影响数据的完整性，影响接收节点正确地接收和辨认，因而经常需要运用中继器。中继器接收一条线路中的报文信号，将其进行整形放大、重新复制，并将新生成的复制信号转发至下一网段或其他介质段。这个新生成的信号将具有良好的波形。

中继器一般用于方波信号的传输，有电信号中继器和光信号中继器，它们对所通过的数据不做处理，主要作用在于延长电缆和光缆的传输距离。

每种网络都规定了一个网段所容许的最大长度。安装在线路上的中继器要在信号变得太弱或损坏之前将接收到的信号还原，重新生成原来的信号，并将更新过的信号放回线路上，使信号在更靠近目的地的地方开始二次传输，以延长信号的传输距离。安装中继器可使节点间的传输距离加长。中继器两端的数据速率、协议（数据链路层）和地址空间相同。中继器仅在网络的物理层起作用，它不以任何方式改变网络的功能。图 2-18 中通过中继器连接在一起的两个网段实际上是一个网段。如果节点 A 发送一个帧给节点 B，则所有节点（包括 C 和 D）都将有条件接收到这个帧，中继器并不能阻止发往节点 B 的帧到达节点 C 和 D。但有了中继器，节点 C 和 D 所接收到的帧将更加可靠。

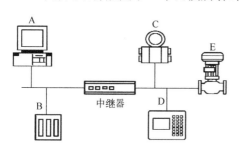

图 2-18　采用中继器延长网络

中继器不同于放大器，放大器从输入端读入旧信号，然后输出一个形状相同、放大的新信号。放大器的特点是实时、实形地放大信号，它包括输入信号的所有失真，而且把失真也放大了。也就是说，放大器不能分辨需要的信号和噪声，它对输入的所有信号都进行放大。而中继器则不同，它并不是放大信号，而是重新生成它。当接收到一个微弱或损坏的信号时，它将按照信号的原始长度一位一位地复制信号。因而中继器是一个再生器，而不是一个放大器。

中继器在传输线路上的位置是很重要的。中继器必须放置在任一位信号含义受到噪声影响之前。一般来说，小的噪声可以改变信号电压的准确值，但是不会影响对某一位是 0 还是 1 的辨认。如果让衰减了的信号传输得更远，则积累的噪声将会影响对该位的 0 和 1 的辨认，从而有可能完全改变信号的含义。这时原来的信号将出现无法纠正的差错。因而在传输线路上，中继器应放置在信号失去可读性之前。即在仍然可以辨认信号原有含义的地方放置中继器，利用它重新生成原来的信号，恢复信号的本来面目。

中继器使得网络可以跨越一个较大的距离。在中继器的两端，其数据速率、协议（数据链路层）和地址空间都相同。

2．网桥

网桥是存储转发设备，用来连接同一类型的局域网。网桥将数据帧送到数据链路层进行差错校验，再送到物理层，通过物理传输介质送到另一个子网或网段。它具备寻址与路径选择的功能，在接收到帧之后，要决定正确的路径将帧送到相应的目的站点。

网桥能够互联两个采用不同数据链路层协议、不同传输速率、不同传输介质的网络。

它要求两个互联网络在数据链路层以上采用相同或兼容的协议。网桥同时作用在物理层和数据链路层。它们用于网段之间的连接，也可以在两个相同类型的网段之间进行帧中继。网桥可以访问所有连接节点的物理地址，有选择性地过滤通过它的报文。当在一个网段中生成的报文要传送到另外一个网段中时，网桥开始苏醒，转发信号；而当一个报文在本身的网段中传输时，网桥则处于睡眠状态。当一个帧到达网桥时，网桥不仅重新生成信号，而且检查目的地址，将新生成的原信号复制件仅发送到这个地址所属的网段。每当网桥收到一个帧时，它读出帧中所包含的地址，同时将这个地址同包含所有节点的地址表相比较。当发现一个匹配的地址时，网桥将查找出这个节点属于哪个网段，然后将这个数据包传送到那个网段。

例如，图 2-19 中显示了两个通过网桥连接在一起的网段。节点 A 和节点 D 处于同一个网段中。当节点 A 送到节点 D 的数据包到达网桥时，这个数据包被阻止进入下面其他的网段中，而只在本中继网段内中继，被站点 D 接收。当由节点 A 产生的数据包要送到节点 G 时，网桥允许这个数据包跨越并中继到整个下面的网段，数据包将在那里被站点 G 接收，因此网桥能使总线负荷得以减小。

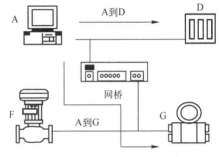

图 2-19　由网桥连接的网段

网桥在两个或两个以上的网段之间存储或转发数据帧时，它所连接的不同网段之间在介质、电气接口和数据速率上可以存在差异。网桥两端的协议和地址空间保持一致。

网桥比中继器更加智能。中继器不处理报文，它没有理解报文中任何内容的智能，它们只是简单地复制报文。而网桥可以知道两个相邻网段的地址。网桥与中继器的区别在于，网桥具有使不同网段之间的通信相互隔离的逻辑，或者说网桥是一种聪明的中继器，它只对包含预期接收者网段的信号包进行中继。这样，网桥起到了过滤信号包的作用，利用它可以控制网络拥塞，同时隔离出现问题的链路。但网桥在任何情况下都不修改包的结构或包的内容，因此只可以将网桥应用在使用相同协议的网段之间。为了在网段之间进行传输选择，网桥需要一个包含与它连接的所有节点地址的查找表，这个表指出各个节点属于哪个段。这个表是如何生成的及有多少个段连接到一个网桥上，决定了网桥的类型和费用。下面是三种类型的网桥。

1）简单网桥　简单网桥是最原始和最便宜的网桥。一个简单网桥连接两个网段，同时包含一个列出了所有位于两个网段的节点地址表。简单网桥的这个节点地址表必须完全通过手工输入。在一个简单网桥可以使用之前，操作员必须输入每个节点的地址。每当一个新的站点加入时，这个表必须更新。如果一个站点被删除了，那么出现的无效地址必须被删除。因此，包含在简单网桥中的逻辑是在通过或不通过之间变化的。对制造商来说这种配置简单并且便宜，但安装和维护简单网桥耗费时间，比较麻烦，比起它所节约的费用来说可能是得不偿失的。

2）学习网桥　它在实现网桥功能的同时，自己建立站点地址表。当一个学习网桥首次安装时，其地址表是空的。每当它遇到一个数据包时，它会同时查看源地址和目的地址。网桥通过查看目的地址决定将数据包送往何处。如果这个目的地址是它不认识的，它就将这个数据包中继到所有的网段中。

网桥使用源地址来建立地址表。当网桥读出源地址时，它记下这个数据包是从哪个网段来的，从而将这个地址和它所属的网段连接在一起。通过由每个节点发送的第一个数据包，网桥可以得知该站点所属的网段。例如，如果图 2-19 中的网桥是一个学习网桥，那么当站点 A 发送数据包到站点 G 时，网桥得知从 A 来的包属于上面的网段。在此之后，每当网桥遇到地址为 A 的数据包时，它就知道应该将它中继到上面的网段中。最终，网桥将获得一个完整的节点地址和各自所属网段的表，并将这个表存储在其内存中。

在地址表建立后网桥仍然会继续上述过程，使学习网桥不断自我更新。假定图中节点 A 和节点 G 相互交换了位置，这样就会导致存储的所有节点地址的信息发生错误。但由于网桥仍然在检查所收到数据包的源地址，它会注意到现在站点 A 发出的数据包来自下面的网段，而站点 G 发出的数据包来自上面的网段，因此网桥可以根据这个信息更新它的表。当然具有这种自动更新功能的学习网桥会比简单网桥昂贵，但对大多数应用来说，这种为增强功能、提供方便的花费是值得的。

3）多点网桥　一个多点网桥可以是简单网桥，也可以是学习网桥。它可以连接两个以上相同类型的网段。

3．路由器

路由器工作在物理层、数据链路层和网络层，它比中继器和网桥更加复杂。在路由器所包含的地址之间可能存在若干路径，路由器可以为某次特定的传输选择一条最好的路径。

报文传送的目的网络和目的地址一般存在于报文的某个位置。当报文进入时，路由器读取报文中的目的地址，然后把这个报文转发到对应的网段中。它会取消没有目的地址的报文的传输。对存在多个子网络或网段的网络系统，路由器是很重要的部分。

路由器可以在多个互联设备之间中继数据包。它们对来自某个网络的数据包确定路线，发送到互联网络中任何可能的目的网络中。图 2-20 显示了一个由五个网络组成的互联网络。当网络节点发送一个数据包到邻近网络时，数据包将会先传送到连接处的路由器中；然

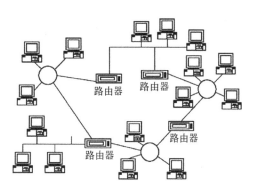

图 2-20　互联网络中的路由器

后通过这个路由器把它转发到目的网络中。如果在发送和接收网络之间没有一个路由器直接将它们连接起来，则发送端的路由器将把这个数据包通过和它相连的网络，送往通向最终目的地路径上的下一个路由器，那个路由器将会把这个数据包传递到路径中的下一个路由器。如此这般，最后到达最终目的地。

路由器如同网络中的一个节点那样工作，但是大多数节点仅仅是一个网络的成员，而路由器同时连接到两个或更多的网络中，并同时拥有它们所有的地址。路由器从所连接的节点上接收数据包，同时将它们传送到第二个连接的网络中。当一个接收数据包的目的节点位于这个路由器所不连接的网络中时，路由器有能力决定哪一个连接网络是这个数据包最好的下一个中继点。一旦路由器识别出一个数据包所走的最佳路径，它将通过合适的网络把数据包传递给下一个路由器。下一个路由器再检查目的地址，找出它所认为的最佳路径，然后将该数据包送往目的地址，或送往所选路径中的下一个路由器。

路由器是在具有独立地址空间、数据速率和介质的网段间存储转发信号的设备。路由器连接的所有网段，其协议是保持一致的。

4. 网关

网关又称网间协议变换器，用以实现采用不同通信协议的网络之间，包括使用不同网络操作系统的网络之间的互联。由于它在技术上与它所连接的两个网络的具体协议有关，因而用于不同网络间转换连接的网关是不同的。

一个普通的网关可用于连接两个不同的总线或网络，由网关进行协议转换，提供更高层次的接口。网关允许在具有不同协议和报文组的两个网络之间传输数据。在报文从一个网段到另一个网段的传送中，网关提供了一种把报文重新封装形成新的报文组的方式。

网关需要完成报文的接收、翻译与发送。它使用两个微处理器和两套各自独立的芯片组。每个微处理器都知道自己本地的总线语言，在两个微处理器之间设置一个基本的翻译器。I/O 数据通过微处理器，在网段之间来回传递数据。在工业数据通信中网关最显著的应用就是把一个现场设备的信号送往另一类不同协议或更高一层的网络。例如，把 ASI 网段的数据通过网关送往 PROFIBUS-DP 网段。

 总结

本章主要讨论分布式控制系统的通信网络系统，主要内容包括：

（1）网络和数据通信的基本概念。介绍了通信网络系统的组成，以及通信网络系统中的术语和基本概念。

（2）工业数据通信的基本知识。介绍了数据通信的编码方式、工作方式、电气特性及传输介质。

（3）集散控制系统中的控制网络标准和协议。介绍了计算机网络层次模型、网络协议及网络设备的相关知识。

思考与练习

（1）异步传输与同步传输有什么区别？

（2）数据通信系统中数据交换的方式有哪几种？

（3）分散控制系统常用的传输介质有哪些？其传输特性各是什么？

（4）通信系统中差错控制指的是什么？常用的差错控制方法可分为几类？

（5）什么叫编码率？它与传输效率、差错控制能力有何关系？

（6）分散控制系统的通信网络有哪几种结构形式？

（7）什么是通信网络协议？常见的有哪几种？

（8）ISO/OSI 开放系统互联参考模型中的七层协议名称是什么？

第3章 DCS 的过程控制站

过程控制站（Process Station，PS）是分散控制系统中实现过程控制的重要设备，用于执行工业过程控制应用程序，实现现场数据的采集及控制指令的下达。过程控制站可以起到反馈控制、逻辑控制、顺序控制和批量控制的作用，实现现场信号的输入与处理、实时控制与输出。根据控制方式的不同，过程控制站可以分为直接数字控制站、顺序控制站和批量控制站。其中，直接数字控制站主要用于生产过程中连续量（又称模拟量，如温度、压力、流量）等的控制；顺序控制站主要用于生产过程中离散量（又称开关量，如电动机的启停、阀门的开关等）的控制；批量控制站既可以实现连续量的控制，又可以实现离散量的控制。目前大多数分散控制系统中的过程控制站均能同时实现连续控制、顺序控制和逻辑控制功能，因此，在没有必要加以区别时，统称为过程控制站。

3.1 DCS 的体系结构

自 1975 年 Honeywell 公司推出第一套 DCS 以来，世界上有几十家自动化公司推出了上百种 DCS。虽然这些系统各不相同，但在体系结构方面却大同小异，只是采用了不同的计算机、不同的网络或不同的设备。由于 DCS 的现场控制站是系统的核心，因此各个厂家都把系统设计的重点放在这里，从主处理器、I/O 模块的设计，内部总线的选择到外形和机械结构的设计，都各具特色。但是，最大差异还是软件的设计和网络的设计，不同的设计使这些系统在功能、易用性及可维护性上产生了相当大的差异。本章主要说明 DCS 过程控制站的体系结构。

1. DCS 的基本构成

一个最基本的 DCS 应包括四个大的组成部分：至少一台现场控制站、至少一台操作员站和一台工程师站（也可利用一台操作员站兼作工程师站）及一个系统网络。还可包括完成某些专门功能的站、扩充生产管理和信息处理功能的信息网络，以及实现现场仪表、执行机构数字化的现场总线网络。典型的 DCS 体系结构如图 3-1 所示。

1）现场控制站

（1）功能：现场控制站是 DCS 的核心，完成系统主要的控制功能。系统的性能、可靠性等重要指标也都要依赖现场控制站。

（2）配置：现场控制站的硬件一般都采用专门的工业级计算机系统，其中除了计算机系统所必需的运算器（即主 CPU）、存储器外，还包括现场测量单元、执行单元的输入/输出设备，即过程量 I/O 或现场 I/O。

（3）各元件功能：在现场控制站内部，主 CPU 和内存等用于数据的处理、计算和存储的部分称为逻辑部分，而现场 I/O 则称为现场部分，这两个部分是需要严格隔离的，以防止现场的各种信号，包括干扰信号对计算机的处理产生不利的影响。现场控制站内的逻辑部分和现场部分的连接，一般采用与工业计算机相匹配的内部并行总线，如 Multibus、VME、STD、ISA、PCI04、PCI 和 Compact PCI 等。

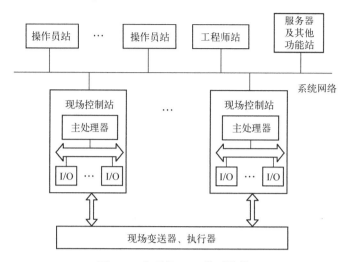

图 3-1　典型的 DCS 体系结构

（4）并行总线和串行总线。

☺ 并行总线：结构比较复杂，用其连接逻辑部分和现场部分很难实现有效的隔离，成本较高，很难方便地实现扩充。因此，现场控制站内的逻辑部分和现场 I/O 之间的连接方式转向了串行总线。

☺ 串行总线：其优点是结构简单，成本低，很容易实现隔离，而且容易扩充，可以实现远距离的 I/O 模块连接。目前直接使用现场总线产品连接现场 I/O 模块和主处理模块已很普遍，如 CAN、PROFIBUS、DeviceNet、LonWorks 及 FF 等。一般在快速控制系统（控制周期最快可达 50ms）中，应该采用较高速的现场总线；而在控制速度要求不是很高的系统中，可采用较低速的现场总线，这样可以适当降低系统的造价。

2）操作员站

（1）功能：操作员站主要完成人机界面的功能，一般采用桌面型通用计算机系统。

（2）配置：其配置与常规的桌面系统相同，但要求有大尺寸的显示器（CRT 或液晶屏）和性能好的图形处理器。有些系统还要求每台操作员站都使用多屏幕，以拓宽操作员的观察范围。为了提高画面的显示速度，一般都在操作员站上配置较大的内存。

3）工程师站

（1）功能：工程师站是 DCS 中的一个特殊功能站，其主要作用是对 DCS 进行应用组态。

（2）组态：如何定义一个具体的系统完成什么样的控制，控制的输入/输出量是什么，控制回路的算法如何，在控制计算中选取什么样的参数，在系统中设置哪些人机界面来实现人对系统的管理与监控，还有诸如报警、报表及历史数据记录等各个方面功能的定义，所有这些都是组态所要完成的工作。只有完成了正确的组态，一个通用的 DCS 才能成为一个针对具体控制应用的可运行系统。

☺ 离线组态：组态工作是在系统运行之前进行的，或者说是离线进行的，一旦组态完成，系统就具备了运行能力。当系统在线运行时，工程师站可起到对 DCS 本身的运行状态进行监视的作用。它能及时发现系统出现的异常，并及时进行处置。

☺ 在线组态：在 DCS 在线运行中，也允许进行组态，并对系统的一些定义进行修改和添加，这种操作称为在线组态。同样，在线组态也是工程师站的一项重要功能。

4）服务器及其他功能站　服务器的主要功能就是完成监督控制。在现代的 DCS 结构中，除了现场控制站和操作员站以外，还有许多执行特定功能的功能站，如专门记录历史数据的历史站，进行高级控制运算功能的高级计算站，进行生产管理的管理站等。这些站也都通过网络实现与其他各站的连接，形成一个功能完备的复杂的控制系统。

5）系统网络　系统网络是连接系统各个站的桥梁。由于 DCS 是由各种不同功能的站组成的，这些站之间必须实现有效的数据传输，以实现系统总体的功能，因此系统网络的实时性、可靠性和数据通信能力关系到整个系统的性能，特别是网络的通信规约，关系到网络通信的效率和系统功能的实现，因此都是由各个 DCS 厂家专门精心设计的。以太网逐步成为事实上的工业标准，越来越多的 DCS 厂家直接采用以太网作为系统网络。

6）现场总线网络

（1）现场总线的作用：早期的 DCS 在现场检测和控制执行方面仍采用了模拟式仪表的变送单元和执行单元，当现场总线出现以后，这两部分也被数字化，因此 DCS 成了一种全数字化的系统。以往在采用模拟式变送单元和执行单元时，系统与现场之间是通过模拟信号线连接的，而当实现全数字化后，系统与现场之间的连接也将通过计算机数字通信网络，即通过现场总线实现连接，这彻底改变了整个控制系统的面貌。

图 3-2 是现场总线技术进入 DCS 后的系统体系结构，它将现场总线引到现场，实现了现场 I/O 和现场总线仪表与现场控制站主处理器的连接。

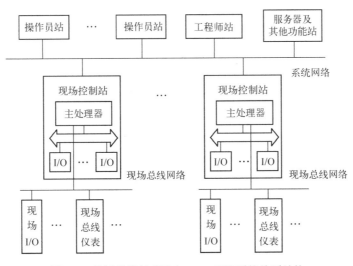

图 3-2　现场总线技术进入 DCS 后的系统体系结构

（2）DCS 体系结构的变化如下。

☺ 现场信号线的接线方式将从 1:1 的模拟信号线连接变为 1:n 的数字网络连接，现场与主控制室之间的接出线数量将大大减少，而可以传递的信息量却大大增加。

☺ 现场控制站中的大部分设备将安装在现场，分散安装、分散调试、分散运行和分散维护，因此安装、调试、运行和维护的方式也将不同，这必然需要一套全新的方法和工具。

☺ 回路控制的实现方式也会改变。由于现场 I/O 和现场总线仪表的智能化，它们已经具备了回路控制计算的能力，这便有可能将回路控制的功能由现场控制站下放到现场 I/O 或现场总线仪表来完成，实现更加彻底的分散。

（3）传统的仪表控制和现场总线仪表的区别：在传统的单元式组合仪表的控制方式中，传统的仪表控制由一个控制仪表实现一个回路的控制，这和现场总线仪表的方式是一样的，而本质的不同是传统仪表的控制采用的是模拟技术，而现场总线仪表采用的是数字技术。另外，还有一个本质的不同在于传统仪表不具备网络通信能力，其数据无法与其他设备共享，也不能直接连接到计算机管理系统和更高层的信息系统，而现场总线仪表则可以轻易地实现这些功能。

7）高层管理网络　目前 DCS 已从单纯的低层控制功能发展到了更高层次的数据采集、监督控制、生产管理等全厂范围的控制管理系统。DCS 更应该被看成一个计算机控制管理系统，其中包含了全厂自动化的丰富内涵。

几乎所有的厂家都在原 DCS 的基础上增加了服务器，这种具有系统服务器的结构，在网络层次上增加了管理网络层，主要是为了完成综合监控和管理功能。在这层网络上传送的主要是管理信息和生产调度指挥信息，图 3-3 给出了这种系统结构。这样的系统实际上就是一个将控制功能和管理功能结合在一起的大型信息系统。

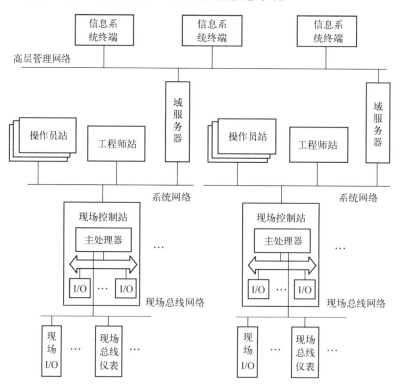

图 3-3　综合监控自动化系统

2．DCS 的软件构成

☺ 按照硬件划分：软件的基本划分也是按照硬件的划分形成的，主要有现场控制站软件、操作员站软件和工程师站软件，同时还有运行于各个站的网络软件，作为各个站上功能软件之间的桥梁。

☺ 按照软件运行的时机和环境划分：可将 DCS 软件划分为在线的运行软件和离线的应用开发工具软件（即组态软件）两大类，其中现场控制站软件、操作员站软件、各种功能站上的软件及工程师站上在线的系统状态监视软件等都是运行软件；而工程师站软件（除在线的系统状态监视软件外）则属于离线软件。

1）现场控制站软件　现场控制站软件最主要的功能是完成对现场的直接控制，包括回路控制、逻辑控制、顺序控制和混合控制等多种类型的控制。为了实现这些基本功能，在现场控制站中应该包含以下主要的软件。

☺ 现场 I/O 驱动软件：其功能是完成过程量的 I/O。其动作包括对过程 I/O 设备实施驱动，使其能够具体完成 I/O 工作。

☺ 对输入的过程量进行预处理的软件：如转换工程量、统一计量单位、剔除各种因现场设备和过程 I/O 设备引起的干扰和不良数据、对输入数据进行线性化补偿及规范化处理等，总之就是要尽量真实地用数字还原现场值并为下一步的计算做好准备。

☺ 实时采集现场数据并存储在现场控制站内的本地数据库中的软件：这些数据既可作为原始数据参与控制计算，也可通过计算或处理成为中间变量，并在以后参与控制计算。所有本地数据库的数据（包括原始数据和中间变量）均可成为人机界面、报警、报表、历史、趋势及综合分析等监控功能的输入数据。

☺ 控制计算软件：根据控制算法和检测数据、相关参数进行计算，得到实施控制的量。

☺ 通过现场 I/O 驱动软件：将控制量输出到现场。

☺ 相关数据库软件：为了实现现场控制站的功能，在现场控制站中建立与本站的物理 I/O 和控制相关的本地数据库。

2）操作员站软件　操作员站软件的主要功能是人机界面的处理，即 HMI 的处理，其中包括图形画面的显示、对操作员操作命令的解释与执行、对现场数据和状态的监视及异常报警、历史数据的存档和报表处理等。为了上述功能的实现，操作员站软件主要由以下八个部分组成。

☺ 图形处理软件：该软件根据由组态软件生成的图形文件进行静态画面（又称背景画面）和动态数据的显示及周期性地进行数据更新。

☺ 操作命令处理软件：其中包括对键盘操作、鼠标操作、画面热点操作的各种命令方式的解释与处理。

☺ 历史数据和实时数据的趋势曲线显示软件。

☺ 报警信息及事件信息的显示、记录与处理软件。

☺ 历史数据的记录与存储、转储及存档软件。

☺ 报表软件。

☺ 系统运行日志的形成、显示、打印、存储与记录软件。

☺ 相关数据库：为了支持上述操作员站软件功能的实现，需要在操作员站上建立一个全局的实时数据库，这个数据库集中了各个现场控制站所包含的实时数据及由这些原始数据经运算处理所得到的中间变量。该全局的实时数据库被存储在每个操作员站的内存中，而且每个操作员站的实时数据库是完全相同的副本，因此每个操作员站可以完成相同的功能，形成一种可互相替代的冗余结构。当然各个操作员站也可以根据运行的需要，通过软件人为地定义其完成不同的功能，而成为一种分工的形态。

3）工程师站软件　工程师站软件最主要的部分是离线状态的组态软件，这是一组软件工具，在工程师站上要做的组态定义主要包括以下 10 个方面。

☺ 系统硬件配置定义，包括系统中各类站的数量、每个站的网络参数、各个现场 I/O 站的 I/O 量配置（如各种 I/O 模块的数量、是否冗余、与主控单元的连接方式等）及各个站的功能定义等。

☺ 实时数据库的定义，包括现场物理 I/O 点的定义（该点对应的物理 I/O 位置、工程量转换的参数、对该点进行的数字滤波、不良点剔除及死区等处理）及中间变量点的定义。

☺ 历史数据库的定义，包括要进入历史数据库的实时数据、历史数据存储的周期、各个数据在历史数据库中保存的时间及对历史库进行转储（即将数据转存到磁带、光盘等可移动介质上）的周期等。

☺ 历史数据和实时数据的趋势显示、列表及打印输出等定义。

☺ 控制算法的定义，其中包括确定控制目标、控制方法、控制周期，以及定义与控制相关的控制变量、控制参数等。

☺ 人机界面的定义，包括操作功能（操作员可以进行哪些操作、如何进行操作等）、现场模拟图的显示（包括背景画面和实时刷新的动态数据）及各类运行数据显示的定义等。

☺ 报警定义，包括报警产生的条件定义、报警方式的定义、报警处理的定义（如对报警信息的保存、报警的确认、报警的清除等操作）及报警列表的种类与尺寸定义等。

☺ 系统运行日志的定义，包括各种现场事件的认定、记录方式及各种操作的记录等。

☺ 报表定义，包括报表的种类、数量、报表格式、报表的数据来源及在报表中各个数据项的运算处理等。

☺ 事件顺序记录和事故追忆等特殊报告的定义。

4）各种专用功能的节点及其相应的软件　在新一代较大规模的 DCS 中，针对不同功能设置了多个专用的功能节点，如为了解决大数据量的全局数据库的实时数据处理、存储和数据请求服务，设置了服务器；为了处理大量的报表和历史数据，设置了专门的历史站等。这样的结构有效地分散了各种处理的负荷，使各种功能能够顺利实现，在每种专用的功能节点上都要运行相应的功能软件。而所有这些节点也同样使用网络通信软件实现与其他节点的信息沟通和运行协调。

5）DCS 软件结构的演变和发展　由于软件技术的不断发展和进步，以硬件的划分决定软件体系结构的系统设计已逐步让位于以软件的功能层次决定软件体系结构的系统设计。从软件的功能层次看，系统可分为以下三个层次。

☺ 直接控制层软件：完成系统的直接控制功能。

☺ 监督控制层软件：完成系统的监督控制和人机界面功能。

☺ 高级管理层软件：完成系统的高层生产调度管理功能。

按照上述的三个功能层次，系统将具有直接控制、监督控制和高级管理三个层次的数据库。这些数据库将分布在不同的节点上，因此需要通过各个节点之间的网络通信软件将各个层次的数据库联系在一起，并提供数据内涵逐级丰富的网络支持。因此，可以说一个 DCS 的软件体系结构主要决定于数据库的组织方式和各个功能节点之间的网络通信方式，这两个要素的不同，决定了各种 DCS 的软件体系结构，也造成了各种 DCS 的特点、性能及使用等诸多方面的不同。

3．DCS 的网络结构

1）DCS 的网络拓扑结构

（1）网络拓扑结构分为总线、环状和星状这三种基本形态。而实际上，对系统设计有实际意义的只有两种，一种是共享传输介质而不需要中央节点的网络，如总线网络和环状网络；另一种是独占传输介质而需要中央节点的网络，如星状网络。

（2）网络拓扑结构的选择。共享传输介质会产生资源竞争的问题，这将降低网络传输的性能，并且需要较复杂的资源占用裁决机制；而中央节点的存在又会产生可靠性问题，因此在选择系统的网络结构时，需要根据实际应用的需求进行合理的取舍。当然最理想的网络结构是既可独占传输介质，又不需要中央节点的结构形式。

（3）裁决机制。在共享传输介质类的网络中，常用的资源占用裁决机制有两种，一种是确定的传输时间分配机制，另一种是随机的碰撞检测和规避机制。在确定的传输时间分配机制中，主要采用两种方法进行时间的分配，一种是采用令牌（Token）传递来规定每个节点的传输时间；另一种是根据每个节点的标识号分配时间槽（Time Slot），各个节点只在自己的时间槽内传输数据，这种方法要求网络内各个节点必须进行严格的时间同步，以保证时间槽的准确性。随机碰撞检测和规避机制的最典型例子就是以太网。

2）DCS 的网络软件　各个软件构成了 DCS 软件的主体，但它们分别运行在各个节点上，要使这些节点连接成为一个完整的系统，使各个部分的软件作为一个整体协调运行，还必须依靠网络通信软件。网络通信软件担负着在系统各个节点之间沟通信息、协调运行的重要任务，因此其可靠性、运行效率、信息传输的及时性等都对系统的整体性能至关重要。在网络软件之中，最关键的是网络协议，这里指的是高层网络协议，即应用层协议。由于网络协议设计的好坏直接影响系统的性能，因此各个厂家都花费了大量的时间进行精心的设计，并且每个厂家都有自己的专利技术。

 3.2　过程控制站的结构

过程控制站位于系统的底层，用于实现各种现场物理信号的输入和处理，实现各种实时控制的运算和输出等功能。过程控制站由功能组件、现场电源、各种端子接线板、机柜及相应机械结构组成，其中核心部分是功能组件。以和利时 MACS 的 FM 系列为例，其硬件系统体系结构如图 3-4 所示，主要由主控制器、电源模块、I/O 模块、端子模块及机柜等组成。

MACS 的 FM 系列是基于现场总线技术的主控制器及分布式 I/O 系统，每个 I/O 模块具有独立的现场总线通信节点，具有先进、可靠和易用三个特点。

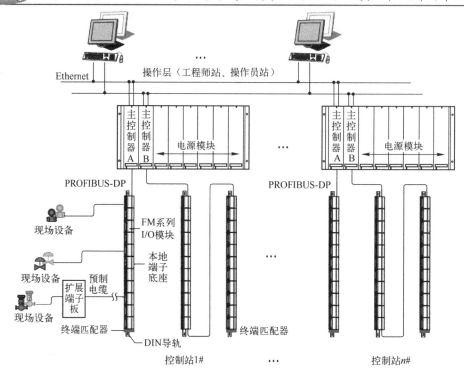

图 3-4　FM 系列硬件系统体系结构

1．硬件组成结构

1）主控制器　置于主控机笼内部的冗余主控制器是整个 FM 系列硬件系统的控制单元，采用双机冗余配置，内部具有硬件构成的冗余切换电路和故障自检电路，是实施各种控制策略的平台，也是系统网络和控制网络之间的枢纽。主控制器采用嵌入式无风扇设计，超低功耗运行（7.5W@24V DC），用于执行各种实时任务（算法、I/O 管理等）的调度、运算。内置微内核实时多任务操作系统，提供快速的扫描周期和开放的结构，将网络通信、数据处理、连续控制、离散控制、顺序控制和批量处理等有机地结合起来，形成稳定、可靠和低耗的先进控制系统。

2）I/O 模块　FM 系列硬件系统的智能 I/O 模块由置于主控机笼和扩展机笼内部的 I/O 模块及对应端子模块共同构成。I/O 模块通过端子底座与现场信号线缆连接，用于完成现场数据的采集、处理与驱动，实现现场数据的数字化。每个 I/O 单元通过 PROFIBUS-DP 现场总线与主控单元建立通信。主控制器和 I/O 模块均支持带电插拔功能。

3）电源模块　FM 系列硬件产品中的系统电源模块是 AC/DC 转换设备，采用开关电源技术，实现 AC 220V 到 DC 24V 和/或 DC 48V 的转换，为主控制器和 I/O 模块等现场设备提供电源。系统电源模块既可以独立使用，也可以冗余配置。

4）通信网络　系统网（SNET）是连接工程师站/操作员站和现场控制站等节点的实时通信网络，用于工程师站/操作员站和主控单元之间的双向数据传输。采用工业以太网冗余配置，可快速构建星状或环状拓扑结构的高速冗余的安全网络，符合 IEEE802.3 及 IEEE802.3u 标准，基于 TCP/IP 与实时工业以太网协议，通信速率 10/100Mbps 自适应，传输介质为带有 RJ-45 连接器的 5 类非屏蔽双绞线。

控制网（CNET）是现场控制站的内部网络，实现控制机柜内的各个 I/O 模块和主控单元之间的互联和信息传送，采用 PROFIBUS-DP 现场总线与各个 I/O 模块及智能设备连接，实时、快速、高效地完成过程或现场通信任务，符合 IEC61158 国际标准（国标：JB/T 10308.3—2001/欧标：EN50170），最大通信速率为 500Kbps，传输介质为屏蔽双绞线。

系统网络和控制网络分别完成相对独立的数据采集和设备控制等功能，有效地隔离工业自动化系统和 IT 系统。

2．机械结构

1）控制机柜的外观尺寸　FM 系列硬件产品中的控制机柜为框式结构，前后开门，左右侧板可拆卸。机柜前后门下方设计有通风孔、防尘罩，机柜顶部装有排风单元，前门内侧设有文件架，机柜顶部装有 4 个吊环。机柜底座与机柜主体之间为橡胶绝缘。机柜底座有 4 个 M12 的地脚螺钉孔。图 3-5 所示为现场控制机柜的外形结构及安装尺寸图示。

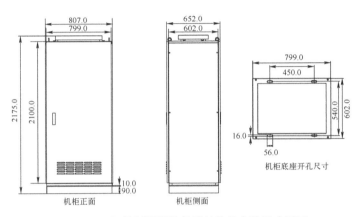

图 3-5　现场控制机柜的外形结构及安装尺寸图示

2）控制机柜的布局　控制机柜既可以独立安装，也可以密集安装。密集安装时（即多柜并柜安装）应去掉中间柜的两边侧板，只保留外侧两个控制机柜的左右侧板，并用固定侧板的螺栓（M8）将相邻两柜的机架连接起来。

控制机柜的正、反面可各安装 3 列导轨，每列最多可有 11 个模块，正面最多可有 33 个安装位，背面最多可有 33 个安装位，一共最多可以安装 66 个 I/O 模块（终端匹配器占用两个安装位，DP 重复器占用 1 个安装位，如有热电偶补偿模块也需占用 1 个安装位）。图 3-6 所示为 FM 系列硬件设备的总装示意图。

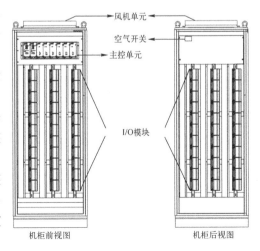

图 3-6　FM 系列硬件设备的总装示意图

3）主控机笼的组成结构 主控单元组件安装在机柜上部，它包括 1 对冗余主控模块、2～6 块系统电源模块及 1 个配套主控机笼。图 3-7 所示为主控机笼的结构示意图。

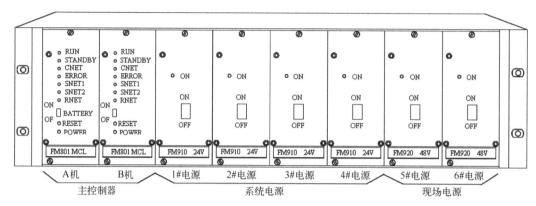

图 3-7　主控机笼的结构示意图

3.3　基本控制单元

基本控制单元（Basic Control Unit，BCU）是分散控制系统中直接控制生产过程的那一部分硬件和软件的统称。基本控制单元的工作过程是：基本控制单元接收来自现场传感器或变送器的过程变量，按照一定的策略计算出所需要的控制量，并把这些控制量传送到生产过程中，再通过执行机构调整被控变量（如温度、压力、液位等）。BCU 在控制功能上可以同时实现连续控制和顺序控制，具有几十个到上百个模拟量输入通道、模拟量输出通道、开关量输入通道和开关量输出通道，可以控制具有一定规模的生产过程。BCU 的结构可以分为以下三种。

☺ 单回路型 BCU，这种结构一般只用来控制一个回路或一台电动机。

☺ 功能分离型，这种结构把连续控制功能和顺序控制功能分开，分别由两种不同的 BCU 来完成，合理地利用硬件和软件资源。缺点是对 BCU 之间的接口提出了更高的要求。两种 BCU 之间就需要通过通信系统交换大量的信息，不但会降低系统的可靠性，而且会增加通信系统的负担和开销。在可靠性要求比较高的情况下，手动后备不能满足要求，一般要采用冗余技术。

☺ 多回路型 BCU 有很强的控制能力，可以运行几百个连续控制功能块和上千个顺序控制功能块。多回路型 BCU 支持高级语言，容易实现优化控制，但是，必须采用冗余措施，有时不只是 CPU 要冗余，甚至 I/O 部件也要冗余。

3.3.1　基本控制单元硬件

1. 处理器模件

处理器模件有时也称为控制器模件或主控制器模件（见图 3-8），是完成过程控制的核心模件，它完成用户所设计的各种控制策略。控制策略以组态文件的形式存储于非易失性存储器（NVRAM）中。由于有后备电池的支持，在系统失电的情况下，组态数据也不会丢失。鉴于处理器模件的重要性，大多数分散控制系统中的处理器模件都是冗余设置的。也就是同时设置两个或多个处理器模件，一个工作，另一个（或几个）备用。工作的处理器模件与备用的处理器模件具有相同的组态。当主处理器模件工作时，备用的处理器模件不断监视着主处理器模件，一旦主处理器模件发生故障，备用处理器模件就会自动接替控制任务，保证生产过程的安全。图 3-9 所示为主控制器原理框图。

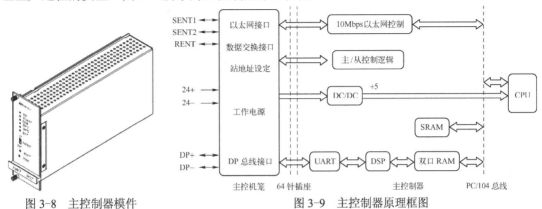

图 3-8　主控制器模件　　　　　　　　图 3-9　主控制器原理框图

控制网络（CNET）通过 PROFIBUS-DP 总线实现对现场控制站内 I/O 模块的数据采集、处理、运算及交换；系统网络（SNET）通过冗余工业以太网接口把现场控制站的所有数据上传到系统服务器，同时，工程师/操作员站的组态指令也通过系统网络下传到主控单元。数据交换网络（RNET）用于主/从控制器间的数据备份。静态数据存储器（SRAM）用于保存实时数据，并且带有电池保护。

主控制器模块（FM801/FM803）前面板外观如图 3-10 所示。其特性如下所述。

☺ 嵌入式 x86 兼容处理器。
☺ 1MB SRAM，支持掉电保护。
☺ Flash 固态盘。
☺ 主备双模冗余配置。
☺ 双冗余工业以太网接口。
☺ 内置 PROFIBUS-DP 主站接口。
☺ 支持热插拔。
☺ 机笼导轨安装。

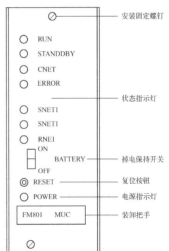

图 3-10　主控制器模块
（FM801/FM803）前面板外观

2．电源（FM910/FM920）

FM 系列硬件产品中的系统电源模块是 AC/DC 转换设备，采用开关电源技术，实现 AC 220V 到 DC 24V 和/或 DC 48V 的转换，为主控制器和 I/O 模块等现场设备提供电源，典型的电源模块原理框图如图 3-11 所示。同时，系统电源模块配合多路电源分配模板，可为 DI 模块提供 DC 24V/48V 查询电源。系统电源模块既可以独立使用，也可以冗余配置。

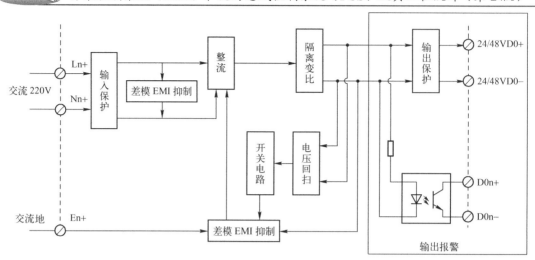

图 3-11 电源模块原理框图

☺ 特性（见表 3-1）。

    ⊠ 输入电压：AC 220V。

    ⊠ 输出电压：DC 24V（FM910）/48V（FM920）。

    ⊠ 额定功率：180W@MAX。

    ⊠ 支持均流冗余。

    ⊠ 输出保护。

    ⊠ 电源报警输出。

    ⊠ 机笼导轨安装。

表 3-1 产品型号及其参数

产品型号	产品名称	输入电压	输出电压	额定功率
FM910	DC 24V 电源	AC 220V （-15%～+10%）	DC 24V ±5%	180W@MAX
FM920	DC 48V 电源	50±1 Hz		150W@MAX
FM931	DI 查询电源分配板	DC 24V ±5% DC 48V ±5%	DC 24V ±5% DC 48V ±5%	—

☺ 使用说明：电源模块的前面板外观如图 3-12 所示。

☺ 状态指示灯：电源模块加电时，面板的状态指示灯（ON）显示当前的工作状态。指示灯亮，表示 DC 24V/48V 输出正常；指示灯灭或异常，表示电源输出为零或电源输出异常。

☺ 并联冗余：为提高系统的可靠性，电源模块可以两台冗余配置，并联运行，以降低由电源而引起的故障。在 1+1 方式下，可实现电源供电的无扰切换及在线更换。

☺ 并联均流：电源模块并联运行时，其中任何一块电源模块故障或停止输出，并不影响系统的电源输出，其他电源模块重新均分负载，实现电源供电的无扰切换及在线更换。

☺ 电源分配模板：FM931 是将 1 路直流电压输入分配成 16 路直流电压输出的电源分配端子模板，其外观如图 3-13 所示。

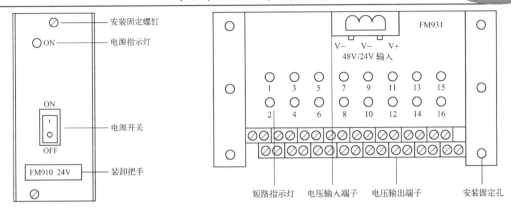

図 3-12　电源模块的前面板外观　　　　图 3-13　FM931 外观图示

输出通道具有短路保护和指示灯提示功能。灯亮（红色）表示对应通道故障。

电源分配端子模板用螺钉固定在主控机笼（FM301）的背板上，将 FM910/FM920 提供的 1 路 DC 24V/48V 查询电源分配成 16 路 DC 24V/48V 供给现场 24V/48V DI 模块（如 FM161D、FM161D-48 等，以下说明均以 FM161D 为例）。其工作原理图如图 3-14 所示。

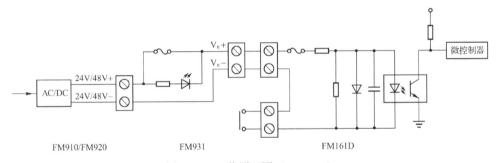

图 3-14　工作原理图（$n=1\sim16$）

接线示意图如图 3-15 所示，48V/24V 电压输入端子"V+"、"V-"、"V-"接并联冗余电源模块的输出端；电压输出端子"$n+$"、"$n-$"端（$n=1\sim16$）分别接 DI 模块查询电压输入端的正、负端。

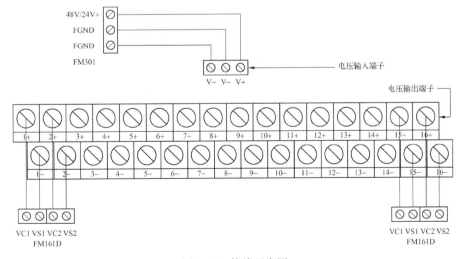

图 3-15　接线示意图

3．PROFIBUS-DP 总线及设备

现场总线是应用在现场、智能化测量控制设备之间实现双向串行多接点数字通信的系统，是开放式的底层控制网络。PROFIBUS 是比较有影响的现场总线技术之一，符合 IEC61158 国际标准（欧标：EN50170 /国标：JB/T 10308.3—2001）。

PROFIBUS 根据应用特点分为 PROFIBUS-DP、PROFIBUS-FMS、PROFIBUS-PA 三种协议。PROFIBUS-DP 是经过优化的高速通信连接，专为自动控制系统和设备级分散 I/O 之间通信而设计。

1）PROFIBUS 的基本特性　PROFIBUS 可使分散式数字化控制器从现场底层到车间级网络化，该系统分为主站和从站。主站决定总线的数据通信，当主站得到总线控制权时，没有外界请求也可以主动发送信息。从站没有总线控制权，仅对接收到的信息给予确认或当主站发出请求时向它发送信息。

PROFIBUS-DP 的传输方式采用 RS-485 传输技术，传输介质采用屏蔽双绞线。网络拓扑为总线结构，传输速率可选用 9.6Kbps～12Mbps，一旦设备投运，每条链路上的全部设备需设定为同一传输速率。

2）PROFIBUS 的基本参数

☺ 传输技术：RS-485 双绞线电缆或光缆，波特率为 9.6Kbps～12Mbps。

☺ 总线存取：各主站间进行令牌传送，主站与从站间进行数据传送；支持单主和多主系统；主-从设备，总线上最多站点数为 126 个。

☺ 通信：点对点（用户数据发送）或广播（控制指令）；循环主-从用户数据传送和非循环主-主数据传送。

3）PROFIBUS-DP 在 FM 系列硬件系统中的应用　在 FM 系列硬件系统中，主控制器为 PROFIBUS-DP 主站，I/O 模块为 PROFIBUS-DP 从站。主/从站及它们之间的连接件构成了完整的 PROFIBUS-DP 总线网络。在保证系统正确、快速工作的前提下，网络配置（包括主/从站数量、传输速率、传输距离等）的优化可大大提高系统的稳定性。

4）站点数目　目前 FM 系列硬件系统每个控制站推荐的最大配置为：第 1 段（终端匹配器+2 主站+22 从站+重复器）+第 2 段（23 从站+重复器）+第 3 段（23 从站+重复器）+第 4 段（23 从站+终端匹配器）。

5）通信速率　FM 系列硬件系统的 PROFIBUS-DP 总线支持 9.6Kbps、19.2Kbps、31.25Kbps、45.45Kbps、93.75Kbps、500Kbps 的传输速率。

6）传输介质　FM 系列硬件系统的网络传输技术采用 RS-485 双绞线电缆或者光纤。PROFIBUS-DP 双绞线电缆的传输介质可以选择形式 A 和形式 B 两种导线，A 为屏蔽双绞线，B 为普通双绞线。不同的介质、不同的波特率，信号可传输的距离是不同的。

4．I/O 模块

1）8 通道模拟量输入模块（FM148A/FM148E/FM148R）　FM148 系列 AI 模块的工作原理图如图 3-16 所示。其特性如下所述。

☺ 8 通道电流/电压输入。

☺ 冗余电流/电压输入（FM148R）。

☺ 通道间隔离（FM148E）。

☺ 二线制/四线制接线（FM148A/R）。

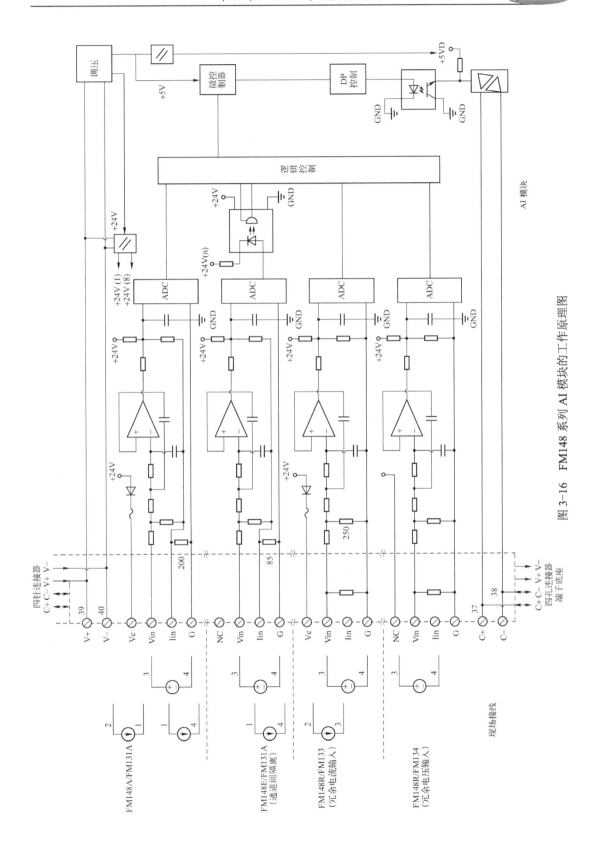

图 3-16　FM148 系列 AI 模块的工作原理图

☺ 内置 PROFIBUS-DP 从站接口。

☺ 电流过载保护，DC 24V 反向保护。

☺ 硬件看门狗。

☺ 支持热插拔。

☺ 实时状态显示。

　　V+、V−分别表示模块 DC 24V 供电电源的正、负端；C+、C−分别表示通信的正、负信号；Vc 表示外供电电源+24V 输出端；G 表示系统地；Vin 表示电压信号输入端；Iin 表示电流信号输入端；NC 表示未用端子。

☺ 工程应用：模块端子信号的接线，要求每路信号采用两根导线（屏蔽电缆）接到配套底座的端子上。针对不同类型的信号和供电情况，有三种端子接线方式，即电压信号的接线、二线制电流信号的接线及四线制电流信号的接线。具体如图 3-17 所示。

　　在 DCS 的运用中，为防止多点接地引起信号测量不正常，有二线制电流信号输入的模块，避免接入其他类型（四线制电流或电压型）的 AI 信号。对于其他有源设备的 AI 信号，应注意使同一处设备的信号尽量集中在一个模块上。

2）8 通道热电偶模拟量输入模块（FM147A）

☺ 特性。

　　↪ 8 通道热电偶或毫伏信号输入。

　　↪ 支持断偶检测。

　　↪ 软件滤波。

　　↪ 内置 PROFIBUS-DP 从站接口。

　　↪ 信号通道过压保护，DC 24V 反向保护。

　　↪ 硬件看门狗。

　　↪ 支持热插拔。

　　↪ 实时状态显示。

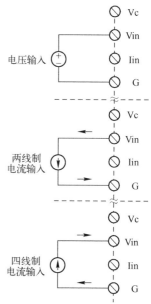

图 3-17　端子接线示意图

☺ 概述：TC 模块与其相配的端子底座相连，用于处理从现场来的热电偶毫伏电压和毫伏电压输入信号。

　　FM147A 模块与 J、K、N、E、S、B、R、T 型热电偶一次测温元器件相连，可以处理工业现场的温度信号。由于其测量信号范围可达−5mV，因此可以采样一定范围的负温度。

　　FM147A 模块的工作原理图如图 3-18 所示。

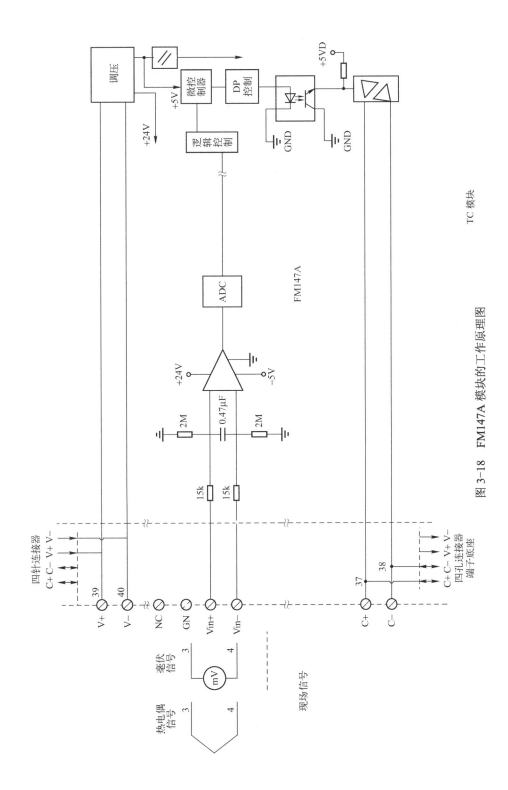

图 3-18　FM147A 模块的工作原理图

V+、V-分别表示模块 DC 24V 供电电源的正、负端；C+、C-分别表示通信的正、负信号；Vin+、Vin-分别表示现场热电偶毫伏信号输入的正、负端；GN 表示供电电源的地；NC 表示未用端子。

☺ 工程应用：模块端子信号的接线，要求每路信号采用两根导线（屏蔽电缆）接到配套底座的端子上。针对不同类型的信号，有两种屏蔽导线，即屏蔽补偿导线、普通屏蔽导线。具体接线如图 3-19所示。

3）6/8 通道模拟量输出模块（FM151A/FM152） 其特性如下所述。

☺ 6/8 通道 4～20mA 电流输出。

☺ 冗余电流输出（FM152）。

☺ 内置 PROFIBUS-DP 从站接口。

☺ 电流过载保护，DC 24V 反向保护。

☺ 硬件看门狗。

☺ 支持热插拔。

☺ 实时状态显示。

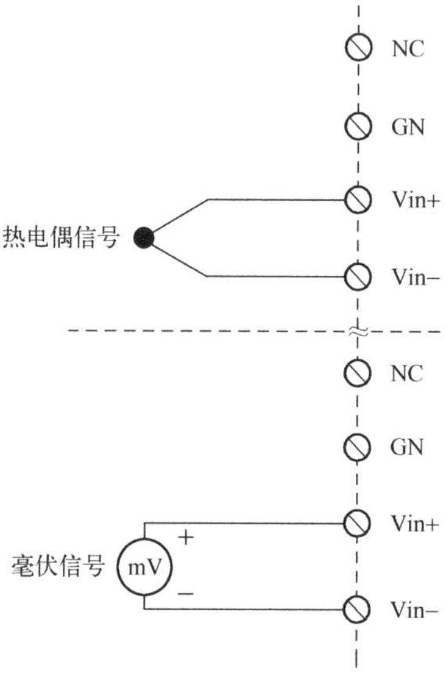

FM151A 模块为非冗余 AO 模块，FM152 模块可与配

图 3-19　端子接线图示

套端子底座 FM132 构成主备冗余输出模式。当 PROFIBUS-DP 主站信号传来时，如果该模块为主，则相应通道导通，电流信号输出至现场；如果该模块为从，则相应通道保持关断，不输出电流信号。

对于 FM151A 模块，当现场负载电阻大于等于 250Ω 时，可同时接 8 路输出；当现场负载电阻远小于 250Ω 时，由于发热限制，建议每个模块只接 6 路输出。

模块的工作电源为 DC 24V。AO 模块的工作原理图如图 3-20 所示。

V+、V-分别表示模块 DC 24V 供电电源的正、负端；C+、C-分别表示通信的正、负信号；Iout+、Iout-分别表示电流信号输出的正、负端；NC 表示未用端子。

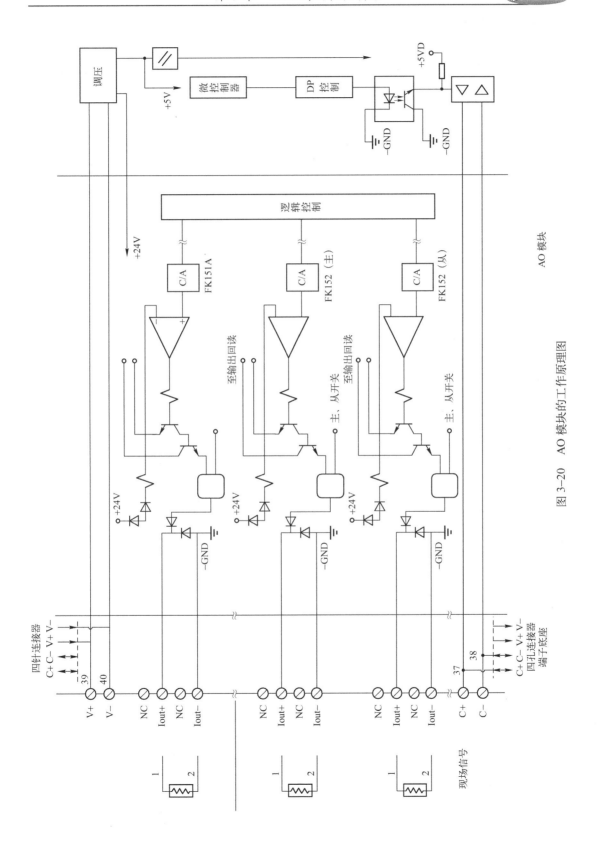

图 3-20　AO 模块的工作原理图

4）16 通道开关量输入模块（FM161D/FM161D-48/FM161D-SOE/FM161D-48-SOE、FM161E-SOE/FM161E-48-SOE） 其特性如下所述。

☺ 16 通道触点型开关量/SOE4 型信号输入。

☺ 硬件去抖。

☺ 支持共地型干接点信号输入。

☺ 内置 PROFIBUS-DP 从站接口。

☺ 通道过压保护，DC 24V 反向保护。

☺ 硬件看门狗。

☺ 支持热插拔。

☺ 实时状态显示。

DI 模块提供 DC 24V 和 DC 48V 两种查询电源，查询电源由单独的电源提供。模块的工作电源为 DC 24V。DI 模块的工作原理图如图 3-21 所示。

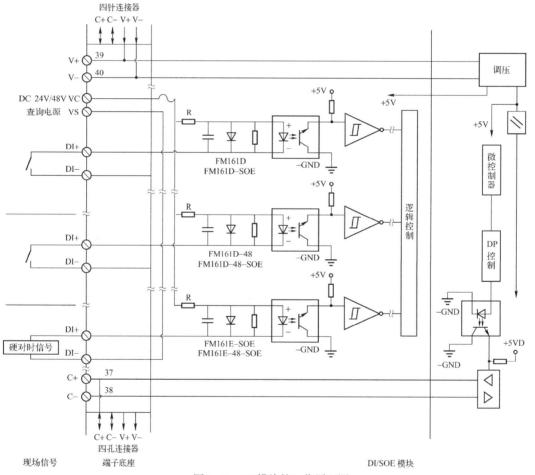

图 3-21　DI 模块的工作原理图

　　V+、V-分别表示模块 DC 24V 供电电源的正、负端；C+、C-分别表示通信的正、负信号；DI+、DI-分别表示开关量/SOE 信号输入接点的正、负端；VC、VS 分别表示 DC 24V/48V 查询电源的正、负端（下同）。

☺ 工程应用：模块端子信号的接线，要求每路信号采用两根或一根导线（非屏蔽电缆）接到配套底座的端子上。针对不同的现场要求，有两种接线方式，即双线接法、单线接法。DI 模块具体接线示意图如图 3-22 所示。

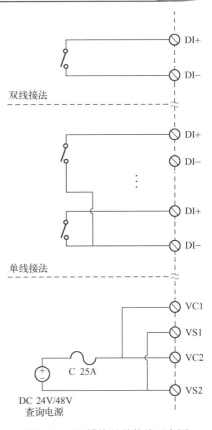

图 3-22　DI 模块具体接线示意图

 说明

为保证与现场设备的隔离性，DC 24V/48V 查询电源要求用相对于模块工作电源独立的外接查询电源，严禁把 DI 模块的工作电源作为查询电源。查询电源的接线端子是 VC1、VS1、VC2、VS2。

5）8 通道脉冲输入模块（FM162）　其特性如下所述。

☺ 8 通道脉冲信号输入。

☺ 支持计数、测频功能。

☺ 内置 PROFIBUS-DP 从站接口。

☺ 通道过压保护，DC 24V 反向保护。

☺ 硬件看门狗。

☺ 支持热插拔。

☺ 实时状态显示。

PI 模块用于处理从控制现场送来的脉冲输入信号。

PI 模块的测频和计数功能可根据用户的不同需求进行组态，每一通道既可设置为测频功能，也可设置为计数功能，并且允许在同一 PI 模块中既有测频通道又有计数通道。模块的工作电源为 DC 24V。PI 模块的工作原理图如图 3-23 所示。

 说明

V+、V-分别表示模块 DC 24V 供电电源的正、负端；C+、C-分别表示通信的正、负信号；FQ+、FQ-分别表示脉冲输入信号的正、负端。

☺ 工程应用：模块端子信号的接线，要求每路信号采用两根导线（屏蔽双绞电缆）接到配套底座的端子上。针对现场信号的不同，有三种接线方式，即差分脉冲信号接法、单端脉冲信号接法及干接点信号接法。

对于干接点信号，需外加电源、电阻来生成脉冲信号。如果外加电源为 48V，R1 应选用阻值为 22kΩ 的电阻；如果外加电源为 24V，则 R1 应选用阻值为 10kΩ 的电阻。

PI 模块具体接线示意图如图 3-24 所示（V+为给模块供电的 DC 24V 电源，V-为给模块供电电源的地）。

6）16 通道开关量输出模块（FM171/FM171B）

☺ 特性。

🗲 16 通道开关量输出。

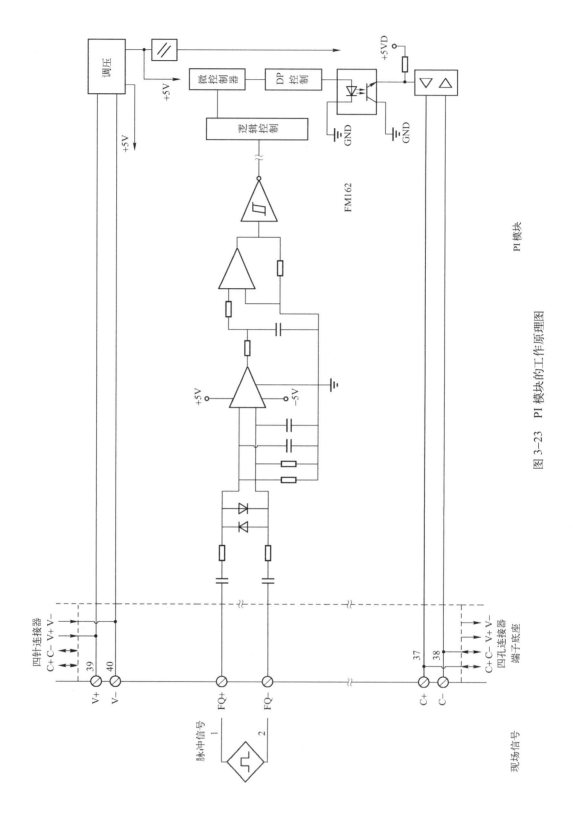

图 3-23 PI 模块的工作原理图

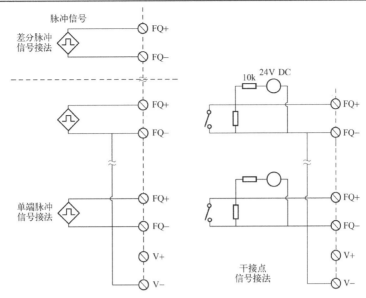

图 3-24   PI 模块具体接线示意图

      继电器输出（FM171）。

      晶体管输出（FM171B）。

      内置 PROFIBUS-DP 从站接口。

      DC 24V 反向保护。

      硬件看门狗。

      支持热插拔。

      实时状态显示。

☺ 概述：DO 模块主要和专用端子底座装配，并与外接端子板配合使用。DO 模块的工作电源为 DC 24V。DO 模块的工作原理图如图 3-25 所示。

说明

    V+、V−分别表示模块 DC 24V 供电电源的正、负端；C+、C−分别表示通信的正、负信号；DO+、DO−分别表示开关量输出常开接点的正、负端；Vcc 表示与 FM171B 连接的中间继电器 DC 24V 工作电源的正端（DO+与 Vcc 在模块内部是短接的）。

☺ 工程应用：模块端子信号的接线，要求每路信号采用两根导线（非屏蔽电缆）接到配套底座的端子上。DO 模块具体接线示意图如图 3-26 所示。

5. 特殊功能模块（汽轮机 DEH 伺服单元 FM146A）

1）概述　汽轮机数字电液调节系统即 Digital Electro-Hydraulic Control System。线性可变差动传感器（Linear Variable Differential Transducer）是一种直线行程传感器。

    FM146A 模块与专用底座 FB196 配套使用，构成完整的 DEH 电液伺服单元；与液压部套（伺服阀、油动机滑阀、油动机活塞、油动机行程反馈 LVDT7 等）配合，组成给定电压与油动机行程的伺服随动系统，实现对油动机的控制。DEH 电液伺服单元外观示意图如图 3-27 所示。

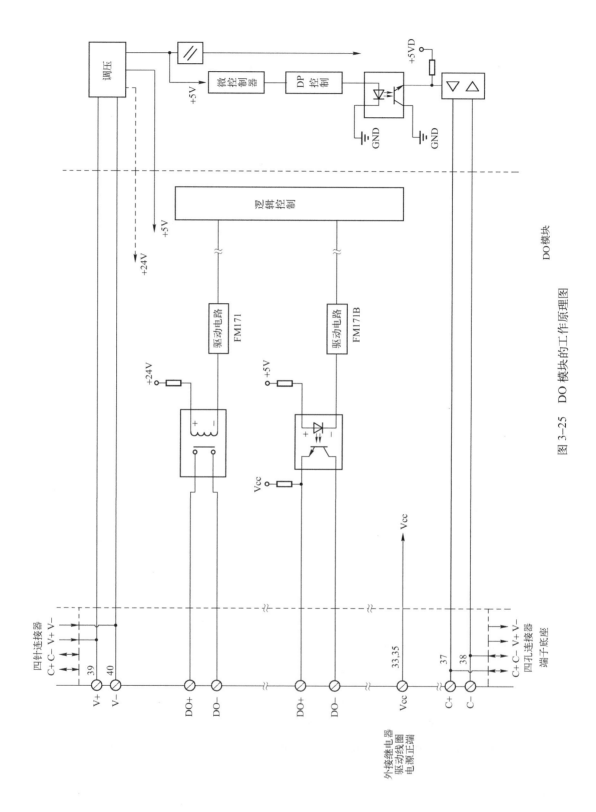

图 3-25　DO 模块的工作原理图

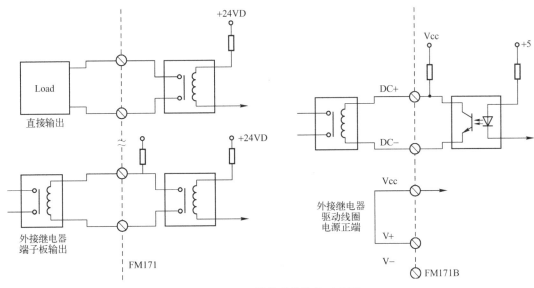

图 3-26　DO 模块具体接线示意图

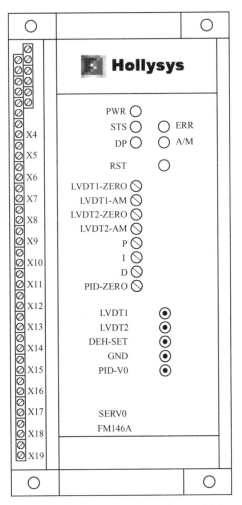

图 3-27　DEH 电液伺服单元外观示意图

2）功能　DEH 电液伺服单元与液压部套配合，将阀位给定信号转换为与之对应的油动机行程，从而改变汽轮机的进气量。参见如图 3-28 所示的 DEH 伺服单元功能框图。

3）工作原理　本模块有两种工作方式：自动和手动。

在自动方式下，利用 PROFIBUS-DP 通信接口电路，FM146A 模块获得 PROFIBUS-DP 主站下发的油动机阀位给定信号（一个模出信号）。手动给定值及给定返回信号跟踪此信号。此信号再经整定数据修正后从 CPU 串口输出，并转换为相应的给定电压。

在手动方式下，FM146A 模块接收直接从操作盘传来的手动增、减信号，改变手动给定值及给定返回信号，此信号再经整定数据修正后从 CPU 串口输出，并转换为相应的给定电压。主控单元的阀位给定信号通过给定返回信号跟踪手动给定值。

DEH 伺服单元的原理框图如图 3-29 所示。

4）启动逻辑说明　FM146A 模块以手动状态为初始状态。模块加电后，首先采集启动前的 LVDT 的值，然后将 LVDT 高选值作为手动输出值输出。当与主站建立起通信后，FM146A 模块首先上传手动状态和手动输出值，主站判断出伺服单元处于手动状态后，应将 DEH 阀位给定值跟踪到手动输出值，并下发给 FM146A。伺服单元将收到的主站下发的 DEH 阀位给定值与手动输出值比较，当阀位给定值与手动输出值之差在 0.2V 以内时，本单元将自动切换为自动状态。

说明
　此启动逻辑保证本单元上电后不会使油动机的位置发生跳变。

5）调节器说明　根据伺服系统动、静态调节特性的需要，通过伺服单元内模板上的跳线设置，可设置为含有主调节器的单环调节系统或含有主副调节器的双环调节系统。主调节器可设置为比例方式或比例积分方式。外环主反馈采用高选后的 LVDT 电压信号。副调节器可设置为比例方式或比例积分方式。内环反馈可采用高选后的 LVDT 电压信号，也可采用直流 LVDT 通道来的脉动油压信号或油动机滑阀行程信号。通过选择调节器形式、反馈信号类型及调整调节器参数，使伺服系统响应迅速稳定。

必要时，可通过伺服单元的开入信号使积分电容上的电压清零。如在 OPC 快关电磁阀动作期间，可利用此功能防止积分饱和，以便使伺服系统快速恢复正常控制。

6）输出方式说明　通过伺服单元内模板上的跳线设置，可以选择恒压型输出或恒流型输出。所谓恒压型输出，是指输出电压不随负载电阻的变化而变化；而恒流型输出，是指输出电流不随负载电阻的变化而变化。

7）手动/自动切换说明　FM146A 模块自动方式与手动方式之间的相互切换为无扰切换，可保证油动机不会因切换而跳动。

FM146A 模块处于自动方式时，手动给定值自动跟踪主站下发的阀位给定值。只有当手动给定值与主站下发的阀位给定值相差小于 0.2V 时，才能由自动方式切换为手动方式。

FM146A 模块处于手动方式时，主站下发的阀位给定值跟踪手动给定值。只有当主站下发的阀位给定值与手动给定值相差小于 0.2V 时，才能由手动方式切换为自动方式。

由自动方式切换为手动方式的触发条件包括：

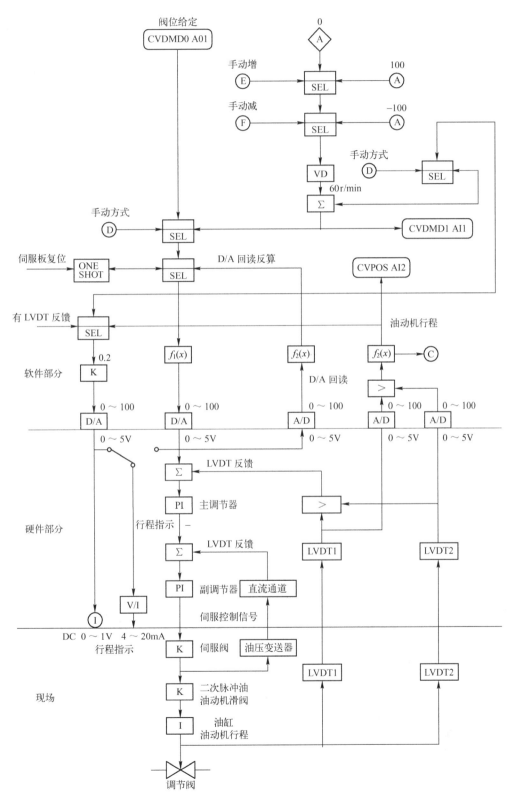

图 3-28　DEH 伺服单元功能框图

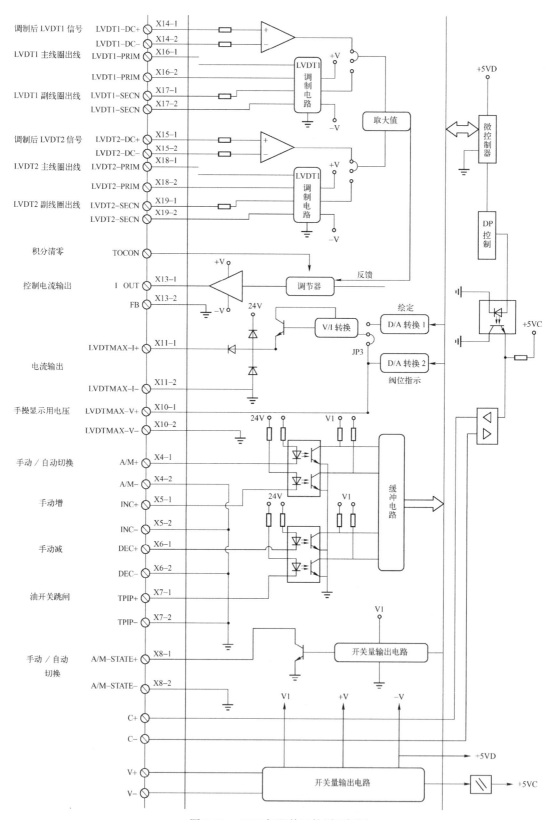

图 3-29　DEH 伺服单元的原理框图

☺ FM146A 模块与主控单元之间的 DP 通信中断，在 20s 内没有收到主站的信息，同时满足无扰切换条件，则伺服单元由自动方式切换为手动方式。

☺ 在满足无扰切换的条件下，按下手操盘的手动/自动切换按钮，伺服单元可切换为手动方式。

由手动方式切换为自动方式的触发条件包括：

☺ 一旦 FM146A 模块与主控单元之间的 DP 通信恢复，即 FM146A 收到主站的信息，若满足无扰切换条件，则伺服单元立即恢复为自动方式。

☺ 在 DP 通信正常且满足无扰切换的条件下，松开手操盘的手动/自动切换按钮后，伺服单元即可由手动方式切换为自动方式。

　　在发电机脱网状态下，即 FM146A 模块相应的开入信号（油开关跳信号）闭合时，按手操盘的手动/自动切换按钮无效。只有在发电机并网状态下，按手操盘的手动/自动切换按钮才能切换为手动方式。

8）LVDT 自动调零调幅说明　　自动调零调幅功能通常需要与上位机组态内容配合完成。操作站设计一个自动调零调幅按钮，用于完成 LVDT 自动调零调幅功能。另外设计一个 LVDT 调整失败指示灯，用于显示自动调零调幅功能是否完成，平时该灯是灭的，只有当 LVDT 自动调零调幅功能运行所得结果不符合要求时，该指示灯才会点亮 2s，之后自动熄灭，以提示本次 LVDT 自动调零调幅操作失败。

进行调零调幅时，按自动调零调幅按钮后，由上位机发给伺服单元一个自动整定指令信号，当伺服单元收到此信号后，便开始自动调零调幅。由上位机改变阀位给定值从 0～100 变化，使油动机运动到全关位和全开位。伺服单元记住 LVDT 全关、全开电压后，即可修正给定电压和油动机行程模入值，使 0 对应油动机全关电压，100 对应油动机全开电压。

首先，伺服单元等待控制阀位给定值减小到 0 或增大到 100。

当伺服单元发现控制阀位给定值减小到 0 后，开始自动调零功能。5s 后，暂时记录下此时油动机行程 LVDT 反馈电压的零位值，并在 1s 后退出自动调零功能，置自动调零功能完成标志，然后将此状态上传给上位机。

当伺服单元发现控制阀位给定值增大到 100 后，开始自动调幅功能。5s 后，暂时记录下此时的幅位值，并在 1s 后退出自动调幅功能，置自动调幅功能完成标志，并将此状态上传给上位机。

零位值和幅位值均采集完后，上位机便会清除自动整定指令，退出自动调零调幅功能。伺服单元在退出自动调零调幅功能时，将判断 LVDT 零位值和 LVDT 幅位值是否分别同时满足 0.2<零位值<1.5 和 3.5<幅位值<4.8。如果满足，则记录 LVDT 全关值（LVDT 零位值）和 LVDT 全开值（LVDT 幅位值）；否则此次自动调零调幅失败，且 LVDT 全关值和 LVDT 全开值保持原来数值不变。

自动调零调幅的整定结果也可以由操作员通过上位机直接修改。此功能对于油压反馈型伺服系统很有用。首先设置两个模出值 LVDT 零位值为 0，LVDT 幅度值为 100，置手动修改整定值指令为1。改变阀位给定值使油动机刚好全关，记录伺服单元的油动机行程全关位模入值；再改变阀位给定值使油动机刚好全开，记录伺服单元的油动机行程全开位模入值。分别将两个模出值 LVDT 零位值置为全关位模入值，LVDT 幅度值置为全开位模入值。最后将手动修改整定值指令置为0。油动机行程全关位模入值应在4～30范围内，且油动机行程全开位模入值应在70～96范围内。

　　自动调零调幅一旦成功，则整定结果将保存到伺服单元内的存储芯片内。当伺服单元复位或掉电后重新启动时，整定结果会被重新读入，而不会丢失。

9）主站与伺服单元通信的信号说明

☺ 主站模拟量输出信号。

　　➢ AO 通道1：阀位给定信号。该通道信号用于控制 DEH 阀位给定电压的大小。该信号数值大小范围为0～100。

　　➢ AO 通道2：LVDT 零位值。该通道用于修改 LVDT 整定结果——LVDT 零位值，该数值大小范围为0～100。

　　➢ AO 通道3：LVDT 幅度值。该通道用于修改 LVDT 整定结果——LVDT 幅度值，该数值大小范围为0～100。

☺ 主站模拟量输入信号。

　　➢ AI 通道1：两路 LVDT 中的当前高选值。该通道用于显示两路 LVDT 中的最大值的大小，该数值大小范围为0～100。

　　➢ AI 通道2：阀位给定返回值。该通道用于手动/自动无扰切换。在手动方式时，通知主站伺服单元手动给定值，以便伺服单元主站的阀位给定值可以跟踪 DEH 阀位给定值的手动值，该数值大小范围为0～100。

　　➢ AI 通道3：LVDT 的零位值。该通道用于显示 LVDT 的零位值的大小，该数值大小范围为0～100。

　　➢ AI 通道4：LVDT 的幅位值。该通道用于显示 LVDT 的幅位值的大小，该数值大小范围为0～100。

☺ 主站开关量输出信号。

　　➢ DO 通道1：手动/自动切换指令，该通道备用。

　　➢ DO 通道2：LVDT 自动调零调幅功能启动指令。该通道用于启动指令伺服单元 LVDT 自动调零调幅功能。1表示启动，0表示停止。

　　➢ DO 通道3：手动修改 LVDT 自动调零调幅指令。该通道用于上位机修改伺服单元 LVDT 自动调零调幅。1表示启动，0表示停止。

☺ 主站开关输入信号。

　　➢ DI 通道1：手动/自动方式。该通道用于显示伺服单元是处于手动方式还是自动方式。1表示手动方式，0表示自动方式。

　　➢ DI 通道2：油开关跳。该通道用于显示油开关跳的状态。1表示并网状态，0表示解列状态。

↳ DI 通道 3：LVDT 零位采集完成标志。该通道用于表示 LVDT 零位采集是否完成。1 表示已完成，0 表示没完成或没开始。

↳ DI 通道 4：LVDT 幅位采集完成标志。该通道用于表示 LVDT 幅位采集是否完成。1 表示已完成，0 表示没完成或没开始。

↳ DI 通道 5：LVDT 自动调零调幅功能失败标志。该通道用于表示 LVDT 自动调零调幅功能是否失败。1 表示失败，0 表示已成功完成或没开始。

10）报警信号

↳ Alarm 通道 1：1 表示有报警信号，0 表示无报警信号。

↳ Alarm 通道 2：LVDT1 和 LVDT2 偏差大报警。该状态位用于监视两路 LVDT 调制解调后的电压值之间的偏差大小。当两路 LVDT 调制解调后的电压值之间的偏差过大（超过 0.5V）时，该状态位为 1，否则为 0。

↳ Alarm 通道 3：控制回路故障报警。该状态位用于监视阀位给定电压值与两路 LVDT 调制解调且高选后的电压值之间的偏差大小。当此偏差过大（超过 0.5V）时，该状态位为 1，否则为 0。

↳ Alarm 通道 4：控制给定值输出故障报警。该状态位用于监视阀位给定值与该给定值经 D/A 转换后电压值之间的偏差大小。当此偏差过大（超过 0.5V）时，该状态位为 1，否则为 0。

11）使用说明　DEH 伺服单元示意图如图 3-30 所示。

（1）状态指示灯说明：FM146A 前面板上部有 5 个状态指示灯（PWR、STS、ERR、DP 和 A/M）。当模块加电时，状态指示灯显示当前的工作和通信状态。具体状态及含义如表 3-2 所示。

表 3-2　伺服单元指示灯含义说明

名　称	颜　色	含　义
PWR	绿	当伺服单元上电后，此灯点亮；掉电后，此灯灭
STS	绿	当伺服单元通信建立后，此灯点亮；通信不通时，此灯闪烁
DP	黄	当通信接通后，此灯点亮；通信不通时，此灯灭
ERR	红	当系统出现 LVDT1 和 LVDT2 偏差大报警或控制回路故障报警时，此灯点亮；否则此灯灭
A/M	绿	当系统处于手动工作方式时，此灯点亮；当系统处于自动工作方式时，此灯灭

（2）伺服单元电位器说明：伺服单元可调电位器具体含义如表 3-3 所示。

表 3-3　伺服单元可调电位器含义说明

LVDT1-ZERO	用于调整直流 LVDT1 输入信号的零位。顺时针调节，LVDT1 电压减小
LVDT1-AM	用于调整直流 LVDT1 输入信号的幅度。顺时针调节，放大倍数减小
LVDT2-ZERO	用于调整直流 LVDT2 输入信号的零位。顺时针调节，LVDT2 电压减小
LVDT2-AM	用于调整直流 LVDT2 输入信号的幅度。顺时针调节，放大倍数减小
P	用于调整主调节器比例系数。顺时针调节，放大倍数增加
I	用于调整主调节器积分时间。顺时针调节，积分时间减小
D	用于调整内环调节器参数。顺时针调节，比例减小
PID-ZERO	用于调整输出信号偏置大小。顺时针调节，调零电压增加

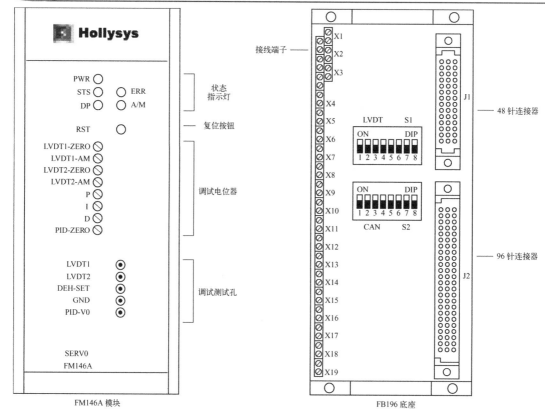

图 3-30　DEH 伺服单元示意图

（3）伺服单元调试测试孔说明：伺服单元调试测试孔的具体含义如表 3-4 所示。

表 3-4　伺服单元调试测试孔含义说明

LVDT1	LVDT1 调制解调电路输出直流电压信号
LVDT2	LVDT2 调制解调电路输出直流电压信号
DEH-SET	阀位给定电压
GND	电源地
PID-V0	输出调零电压

（4）底座端子说明：FM146A 与现场的联系信号全部通过 FB196 的侧面双层端子输入/输出。伺服单元底板端子信号定义如表 3-5 所示。

表 3-5　伺服单元底板端子信号定义

序号	定　义	备　注	序号	定　义	备　注
X1-1	NC	未定义	X2-2	DP+	DP 通信+
X1-2	NC	未定义	X2-3	DP−	DP 通信−
X1-3	NC	未定义	X2-4	DP−	DP 通信−
X1-4	NC	未定义	X3-1	F+24 V	现场电源+24 V
X2-1	DP+	DP 通信+	X3-2	F+24 V	现场电源+24 V

序号	定　义	备　注	序号	定　义	备　注
X3-3	FGND	现场电源地	X11-2	LVDTMAX_I-	用于手操显示的 4～20mA 输出-或是直接控制阀位的 4～20mA 输出-
X3-4	FGND	现场电源地	X12-1	NC	未定义
X4-1	A/M+	手动/自动切+	X12-2	NC	未定义
X4-2	A/M	手动/自动切-	X13-1	IOUT	控制电流输出+
X5-1	INC+	手动增+	X13-2	FB	控制电流输出-
X5-2	INC	手动增-	X14-1	LVDT1_DC+	LVDT1 直流电压信号+
X6-1	DEC+	手动减+	X14-2	LVDT1_DC-	LVDT1 直流电压信号-
X6-2	DEC	手动减-	X15-1	LVDT2_DC+	LVDT2 直流电压信号+
X7-1	TRIP+	油开关跳+	X15-2	LVDT2_DC-	LVDT2 直流电压信号-
X7-2	TRIP-	油开关跳-	X16-1	LVDT1_PRIM+	LVDT1 主线圈信号+
X8-1	A/M_state+	手动/自动方式+	X16-2	LVDT1_PRIM-	LVDT1 主线圈信号-
X8-2	A/M_state-	手动/自动方式-	X17-1	LVDT1_SECN+	LVDT1 副线圈信号+
X9-1	NC2+	未定义	X17-2	LVDT1_SECN-	LVDT1 副线圈信号-
X9-2	TOCON	积分电容清零	X18-1	LVDT2_PRIM+	LVDT2 主线圈信号+
X10-1	LVDTMAX_V+	用于手操显示的 0～1V 输出+	X18-2	LVDT2_PRIM-	LVDT2 主线圈信号-
X10-2	LVDTMAX_V	用于手操显示的 0～1V 输出-	X19-1	LVDT2_SECN+	LVDT2 副线圈信号+
X11-1	LVDTMAX_I+	用于手操显示的 4～20mA 输出+或是直接控制阀位的 4～20mA 输出+	X19-2	LVDT2_SECN-	LVDT2 副线圈信号-

（5）模块跳线设置：FM146A 模块内设有 24 个跳线器，伺服单元跳线设置说明如表 3-6 所示。

表 3-6　伺服单元跳线设置说明

序　号	设　置　功　能
JP1	输出偏置调零功能选择（短接，启用调零功能*；断开，无调零功能）
JP2	看门狗功能选择（短接，启用看门狗功能*；断开，无看门狗功能）
JP3	4～20mA 输出信号选择（1-2 短接，表示 LVDT 信号；2-3 短接，表示阀位给定信号*）
JP4、JP6、JP7	输出信号类型选择： 短接 JP4，断开 JP6、JP7，为电流输出*； 短接 JP6，断开 JP4、JP7，为恒压输出； 短接 JP7，断开 JP4、JP6，为比例积分、恒压输出，用于内环调节器
JP5	输出信号反向功能选择： 1-2 短接，输出为正电压时开油动机； 2-3 短接，输出为负电压时开油动机*（与 FM146 模块兼容）
JP8、JP9、JP10	积分时间参数选择： 短接 JP8，断开 JP9、JP10，积分时间在 1020～11220ms 范围内可调； 短接 JP9，断开 JP8、JP10，积分时间在 150～1650ms 范围内可调*； 短接 JP10，断开 JP8、JP9，积分时间在 20～220ms 范围内可调
JP11	比例功能选择（短接，启用比例功能*；断开，无比例功能）
JP12	积分功能选择（短接，启用积分功能；断开，无积分功能*）
JP13	用主回路相同的反馈信号作为局部反馈（短接，启用此局部反馈功能；断开，无此局部反馈功能*）
JP14、JP15、JP18	用直流通道输入信号作为内环局部反馈： 短接 JP14，引入第 2 路直流通道输入信号，断开，不引入第 2 路*； 短接 JP15，引入第 1 路直流通道输入信号，断开，不引入第 1 路*； 短接 JP18，引入第 1 路直流通道输入信号，断开，不引入第 1 路*
JP16、JP17	用直流通道输入信号作为外环主反馈（交流 LVDT 信号仅作指示用）： 短接 JP16，引入第 2 路直流通道输入信号；断开，不引入第 2 路*； 短接 JP17，引入第 1 路直流通道输入信号；断开，不引入第 1 路*

续表

序　号	设　置　功　能
JP19	第1路直流通道输入信号类型选择： 短接，为电流型输入*； 断开，为电压型输入
JP20	第2路直流通道输入信号类型选择： 短接，为电流型输入*； 断开，为电压型输入
JP21	LVDT2电压选择： 1-2短接，直流通道输入信号； 2-3短接，交流通道输入信号*
JP22	LVDT1电压选择： 1-2短接，直流通道输入信号； 2-3短接，交流通道输入信号*
JP23	第1路直流通道输入信号类型选择： 短接，单端信号*； 断开，双端信号
JP24	第2路直流通道输入信号类型选择： 短接，单端信号*； 断开，双端信号

注：*表示跳线首选方式。

FM146A跳线器的默认值。

JP2短接，其余两针跳线器全部短接；三针跳线器1、2脚短接。此为FM146A的出厂配置，可以根据实际需求决定跳线器实际的短接方式。

（6）底座拨码开关的配置：

☺ 拨码开关S1可设置LVDT1和LVDT2的调制解调后输出电压幅度（ON表示连通；OFF表示不连通）。

☞ Bit1～4：设置LVDT1的调制解调后输出电压幅度。

1	2	3	4
10kΩ	15kΩ	20kΩ	30kΩ

1、2、3、4所对应的电阻为并联关系，可几个拨码同时为ON，则总阻值为几个电阻的并联值（例如，将1和3拨为ON，则总的相应阻值为6.667kΩ）。电阻值越小，LVDT1调制解调后输出的电压幅度则越小。

☞ Bit5～8：设置LVDT2的调制解调后输出电压幅度。

5	6	7	8
10kΩ	15kΩ	20kΩ	30kΩ

5、6、7、8所对应的电阻为并联关系，可几个拨码同时为ON，则总阻值为几个电阻的并联值（例如，将5和8拨为ON，则总的相应阻值为7.5kΩ）。电阻值越小，LVDT2调制解调后输出的电压幅度则越小。

☺ 拨码开关 S2 用于设置 DP 通信的站号和伺服单元有无 LVDT 反馈。

　🔖 Bit1～5：站号 0～32。

　🔖 Bit6～7：备用。

　🔖 Bit8：表示本单元有无 LVDT 反馈，ON 表示有，OFF 表示无，通常设置为 ON。

（7）LVDT 的安装：将两个 LVDT 次级线圈串联，同名端相连，使两个次级线圈感应电压相减。交换初级线圈两端，使 LVDT 电压变化方向与油动机所驱动的阀门一致。移动 LVDT 芯杆，在面板上测量 LVDT 电压值。当此电压为 DC 2.5V 时，记录下此时 LVDT 芯杆的位置，即 LVDT 线性范围中点。设法将 LVDT 线性范围中点位置固定在油动机 50% 的位置上，使油动机在全关、全开的全行程均在 LVDT 的线性范围内。

（8）DDV 阀的安装：为了使伺服单元能采用恒流输出方式，应在 DDV 阀的控制信号输入端 D、E 间并一个电阻，以使伺服单元输出的控制电流能返回形成电流负反馈。但对于 761 型 MOOG 阀不需要此电阻。

若短接 JP5 的 2-3，应交换 DDV 阀控制信号输入端 D、E，使伺服单元输出的控制信号电压为负时，阀门开大；为正时，阀门关小。

若短接 JP5 的 1-2，应交换 DDV 阀控制信号输入端 D、E，使伺服单元输出的控制信号电压为正时，阀门开大；为负时，阀门关小。

调整伺服单元的主副调节器参数，或必要时加入油压反馈、油动机滑阀反馈，使伺服系统没有自激振荡且阶跃响应迅速平稳，响应时间最好在 1～2s 内。

（9）伺服单元接线说明：伺服单元接线示意图如图 3-31 所示。

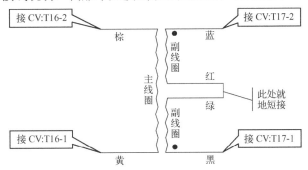

注：每一个 LVDT 需单独用一根双绞屏蔽 4 或 6 芯电缆，不可与其他信号或其他 LVDT 混用，如经过高温区还应用耐高温电缆。

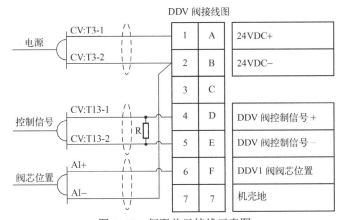

图 3-31　伺服单元接线示意图

（10）技术指标：如表 3-7 所示。

表 3-7　技术指标

产品型号 FM146A	
电　源	
工作电压	DC 24V±5％
功率消耗（Max）	15W@ DC 24V
通　信	
通信协议	PROFIBUS-DP 现场总线协议
通信速率	500Kbps、93.75Kbps、45.45Kbps、31.25Kbps、19.2Kbps、9.6Kbps
通信与系统隔离	500Vrms
模拟量输入特性	
输入通道	2 路 LVDT 交流信号，初级 AC 3.5V /1.7kHz，次级 AC 0～4V 2 路直流电压或电流信号，DC 0～10V 或 4～20mA
位移检测精度	2‰
模拟量输出特性	
输出通道	1 路阀位控制信号，−100～+100mA 或 DC −10～+10V 1 路手操盘阀位显示信号，DC 0～1V 对应 0%～100% 1 路直接控制阀位的给定信号，4～20mA
输出电压精度	2‰
开关量输入特性	
输入通道	5 路（切手动、手动增、手动减、油开关跳、积分清零）
信号类型	干接点
信号查询电压	DC 24V
开关量输出特性	
输出通道	1 路驱动操作盘手动按钮指示灯
输出信号类型	晶体管触点，最大驱动电流 300mA@ DC 5V
工 作 环 境	
工作温度	0～45℃
工作湿度	5%～90%相对湿度，不凝结
存储温度	−15～65℃
存储湿度	5%～95%相对湿度，不凝结
物 理 特 性	
外形尺寸	134mm×195.58mm×133.35mm（宽×高×深）
安装方式	与 FB196 端子底座配合安装（防护等级：IP40）

3.3.2　基本控制单元软件

由于基本控制单元采用了以微处理机为基础的控制技术，其硬件只能把信号输入计算机或把信号从计算机中输出，并为程序的执行提供环境，因此，要实现复杂的控制功能，必须有软件的支持。基本控制单元的控制和计算功能是由程序储存器中的程序，以及工作存储器中的参数决定的。在 BCU 中存储的程序和参数都是以二进制形式存在的，这和其他任何一种计算机装置都相同。然而，用户并不希望直接同二进制数打交道，因此，必须有一种合适的语言使用户能够方便地描述 BCU 所要完成的控制和计算功能，这就是基本控制单元的语言。

1．编程语言的种类

在分散控制系统的发展过程中，基本控制单元的编程语言也在不断地发展和完善。早期的分散控制系统采用填表式语言，后来又出现了批处理语言。这两种语言均属于面向问题的语言；随着计算机图形化编程技术的发展，又出现了功能块和梯形图语言。目前，分散控制系统大多采用这两种图形化编程语言。由于各 DCS 厂家推出的系统均使用自己的图形化编程语言，1979 年国际电工委员会 IEC 成立了 TC65 委员会，开始制定从硬件、安装、试验、编程到通信等各方面的标准，标准号为 1131。这个标准的第 3 部分，即 IEC1131-3 就是有关标准化编程的部分。IEC1131-3 一共制定了五种编程方法，其中有三种为图形化编程方法，它们是功能块图 FBD（Function Block Diagram）、梯形图 LD（Ladder Diagram）、顺序功能图 SFC（Sequential Function Chart）；另外两种为文本化编程语言，它们是指令表 IL（Instruction List）和结构化文本 ST（Structured Text）。除此之外，在许多分散控制系统中还支持面向问题的语言 POL（Problem Oriented Language）和通用的高级语言，如 BASIC、FORTRAN 和 C 的编程，用户可以利用这些高级语言来实现一些特殊的控制算法。下面分别讨论这几种语言。

2．图形化编程语言

1）功能块图　功能块图（FBD）是一种图形化的控制编程语言，它通过调用函数和功能块来实现编程。

功能块是一种预先编好程序的软件模块，用户确定它的参数，并且通过组态将其连接在一起。每一个功能块完成一种或几种基本控制功能，如 PID 控制、开方运算、乘除运算等。功能块很像常规控制系统中的单元仪表或模件仪表，所以有的分散控制系统中把功能块称为"内部仪表"，只不过这些内部仪表的功能是由软件实现的，每个内部仪表对应 ROM 中的一段程序，而不是一个真正的"硬件仪表"。

（1）功能块的基本描述。在不同的分散控制系统中，功能块的描述方法不同，但一般可以归纳为以下几个要点。一个矩形框表达一个功能块，功能块的输入、输出信号用有向线段来表示；矩形框内的符号代表功能块所实现的功能。

要在系统中确定一个功能块的连接关系和控制功能，必须定义以下三类参数。

☺ 功能码：功能码用来说明功能块所完成的功能，每一种功能块具有唯一的一个功能码。功能码实际上代表功能块的"名字"，就像学号代表学生的名字一样。功能码是由厂家确定的，每一种功能块的功能码是什么，可查阅厂家提供的功能码清单。

☺ 块地址：块地址并不是指一个功能块所对应程序的首地址，而是指一个功能块的运算输出结果的存入地址。需要说明的是，有些功能块的输出可能不止一个，因此，这类功能块可能占用一个以上的块地址。大多数功能块的块地址是在用户组态时确定的。

☺ 输入说明表和参数说明表：每个功能块都要有一个输入说明表和参数说明表。输入说明表指出该功能块的输入数据来自何处，参数说明表说明该功能块进行运算时所需要的参数值。在有些分散控制系统中，输入说明表和参数说明表放在一起，统称说明表。例如，一个乘法功能块实现以下运算功能

$$y = Kx_1x_2$$

式中，x_1 和 x_2 分别为乘数和被乘数，K 为比例系数。其输入说明表必须有两项，分别说明 x_1 和 x_2 来自何处；其参数说明表有一项，说明 K 应取何值。只有这些数据确定之后，才能实现功能块所要完成的功能。

输入说明表和参数说明表中的数据一般可分为布尔型、整数型和实数型三类。布尔型数据只有 0 和 1 两个取值；整数型数据是在一定取值范围之内的实数，如 0～255 之间的正整数、−32 768～+32 769 之间的整数等；实数型数据是在一定取值之内的实数，它可以是整数，也可以是小数，一般采用指数计数法。

综上所述、功能码、块地址和说明表定义了一个功能块所实现的作用，所以也把它们称为功能块的三个要素。在这三个要素中，说明表指示出要处理的数据来自什么地方和按照什么参数去进行处理；功能码说明要进行什么样的处理；块地址说明处理所得到的结果存放在什么地方。有了这三类参数，就可以把许多功能块按照需要连接在一起，组成一个完整的控制系统。

（2）功能块应用实例。

【实例 3-1】单回路控制系统组成原理框图如图 3-32 所示，如果采用常规仪表组成单回路控制系统，则由变送器、执行器、调节器、操作器等仪表设备组成。如果采用分散控制系统的基本控制单元来实现单回路控制，则只需要选用适当的功能块，通过组态把它们连接在一起。具体步骤如下。

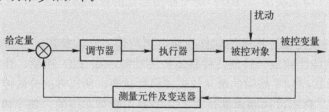

图 3-32　单回路控制系统组成原理框图

（1）根据控制系统的功能要求选择适当的功能块。为了实现控制功能，需要选用一个 PID 控制功能块完成所需要的控制作用。为了保证生产过程的安全，还需要设置一个手动/自动（M/A）操作站，以便当系统故障时可以手动控制生产过程。另外，为了把测量信号输入系统，并把控制信号送到生产过程中，还需要设置模拟量输入和模拟量输出功能块（AI 和 AO）。

（2）把所选用的各种功能块按照系统功能要求连接起来，单回路控制系统组态如图 3-33 所示。

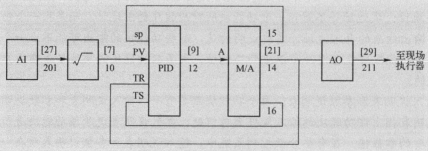

图 3-33　单回路控制系统组态

（3）系统会为每个功能块输出端自动添上功能码（冠以方括号）和块地址，有的功能块具有一个以上的输出端，这些输出端的地址一般是连续的。块地址是可以手动修改的，DCS 控制系统会按块地址先后顺序进行功能块的运算。所以，在设置块地址时，应按系统功能的逻辑先后顺序进行。例如，对于控制回路运算，逻辑上应先获取输入数据，然后根据输入数据进行 PID 运算，最后输出运算结果，即在进行块地址的设置时，输入块的地址最小，PID 功能块的地址次之，输出块的地址最大。

（4）根据每个功能块的输入信号来源填写输入说明表，根据控制和运算要求填写参数说明表。利用不同的组态工具进行组态时，这一步骤的具体情况会有所不同。有些分散控制系统采用具有计算机辅助设计 CAD 功能的工程设计工作站，只要在显示器上以作图方式将功能块连接在一起，就自动形成了输入说明表，所以并不需要填写这部分内容。但参数说明表无论在什么情况下都是需要的，一般当采用低层人机接口进行组态时，上述步骤是不可缺少的。

【实例 3-2】 下面给出 PID 控制锅炉连排水位控制系统组态实例，如图 3-34 所示。

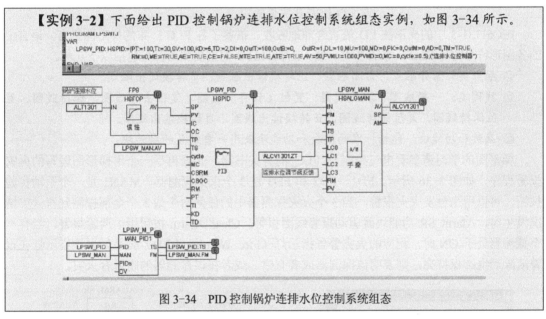

图 3-34　PID 控制锅炉连排水位控制系统组态

（3）功能块的执行过程。在基本控制单元中，功能块是在运行管理程序的指挥和控制下执行的，应用比较的方法按时间片顺序执行。一般把每个扫描周期划分为几毫秒到几十毫秒的时间片，分配给要执行的功能块。功能块的执行过程如下。

① 将要执行的功能块程序，如 PID 算法功能块、乘法功能块等，从 ROM 调入 RAM 的工作区。

② 将与功能块有关的参数，如比例带、积分时间、微分时间等，调入工作区。

③ 将与功能块有关的输入数据调入工作区，这些数据可能来自生产过程，也可能来自其他功能块的输出。

④ 执行功能块所定义的处理功能，得到计算结果。

⑤ 把计算结果存放在预定的位置，或者输出到生产过程中。

⑥ 执行下一个功能块。

前面介绍的功能块的三个要素，是和功能块程序的执行过程密切相关的。功能码实际上反映了功能块在程序库中的位置。当需要执行一个功能块时，是根据功能码将其调入工作区的。同样，参数和输入数据是根据该功能块的参数说明表和输入说明表调入工作区的，而运算结果则根据块地址存放在相应的存储单元中。

功能块一般不分优先级，而是按照一定的顺序执行。执行的顺序取决于功能块在组态时的编号，这个编号又称块号。在有些系统中，块号是单独编排的；而在另外一些系统中，块号就用该块第一个输出信号的块地址表示。

2）　梯形图　梯形图（LD）是 IEC61131-3 三种图形化编程语言的一种，是使用最多的 PLC 编程语言，来源于美国，最初用于表示继电器逻辑，简单易懂，很容易被电气人员掌握。后来，随着 PLC 硬件技术的发展，梯形图编程功能越来越强大，现在梯形图在 DCS 中也得到了广泛应用。一个简单的梯形图程序如图 3-35 所示。

图 3-35　梯形图程序

这是一个电动机正、反转控制电路，I 代表开关量输入点，Q 代表开关量输出点。

IEC61131-3 中的梯形图 LD 语言合理地吸收、借鉴了各 PLC 厂家的梯形图语言，语言中的各图形符号与各 PLC 厂家的基本一致。IEC61131-3 的主要图形符号包括以下几种。

☺ 触点类：常开触点、常闭触点、正转换读出触点、负转换读出触点。

☺ 线圈类：一般线圈、取反线圈、置位（锁存）线圈、复位去锁线圈、保持线圈、置位保持线圈、复位保持线圈、正转换读出线圈、负转换读出线圈。

☺ 函数和功能块：包括标准的函数和功能块及用户自定义的功能块。

梯形图的学习请参看电气控制及 PLC 的有关书籍，此处再举一个用梯形图编写的火灾报警程序，如图 3-36 所示。FD1、FD2 和 FD3 是 3 个火灾探测器。MAN1 是一个手动实验按钮，可以用来触发火灾报警。当 3 个火灾探测器中的任何两个或 3 个全部探测到有火灾情况发生时，Alarm_SR 功能块就驱动报警线圈报警。Clear Alarm 按钮用于清除报警。当有一个探测器处于 ON 时，相应的火灾警告指示灯（Fire Warning LED）亮。如果该指示灯在报警清除后继续保持亮，则表明该探测器或者有错，或者在该探测器的附近有火灾。

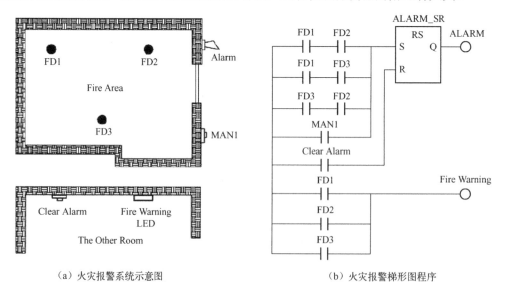

（a）火灾报警系统示意图　　　　　　（b）火灾报警梯形图程序

图 3-36　火灾报警系统

3）顺序功能图　顺序功能图（SFC）是 IEC61131-3 三种图形化语言中的一种，是一种强大的描述控制程序的顺序行为特征的图形化语言，可对复杂的过程或操作由顶到底地进行辅助开发。SFC 允许一个复杂的问题逐层地分解为步和较小的能够被详细分析的顺序。

（1）顺序功能图的基本概念。顺序功能图可以由步、有向连线和过渡的集合描述。

如图 3-37（a）所示为单序列控制顺序功能图，它反映了 SFC 的主要特征。

☺ 步：步用矩形框表示，描述被控系统的每一特殊状态。SFC 中每一步的名字应当是唯一的并且应当在 SFC 中仅出现一次。一个步可以是激活的，也可以是休止的，只有当步处于激活状态时，与之相应的动作（Action）才会被执行，至于一个步是否处于激活状态，则取决于上一步及过渡。每一步是用一个或多个动作来描述的。动作包含了在步被执行时应当发生的一些行为的描述，动作用一个附加在步上的矩形框来表示。每一动作可以用 IEC 的任一语言如 ST、FBD、LD 或 IL 来编写。每一动作有一个限定（Qualifier），用来确定动作什么时候执行。标准还定义了一系列限定器，精确地定义了一个特定与步相关的动作什么时候执行。每一动作还有一个指示器变量，该变量仅仅用于注释。

☺ 有向连线：有向连线表示功能图的状态转化路线，每一步是通过有向连线连接的。

☺ 过渡：过渡表示从一个步到另一个步的转化，这种转化并非任意的，只有当满足一定的转化条件时，转化才能发生。转化条件可以用 ST、LD 或 FBD 来描述。转化定义可以用 ST、IL、LD 或 FBD 来描述。过渡用一条横线表示，可以对过渡进行编号。

（2）顺序功能图的几种主要形式。按照结构的不同，顺序功能图可分为单序列控制、选择序列控制、并发序列控制和混合结构序列，如图 3-37 所示。

（3）顺序功能图的程序执行。顺序功能图程序的执行应遵循相应的规则，每一程序组织单元（POU）与一任务（Task）相对应，任务负责周期性地执行程序组织单元内的 IEC 程序。顺序功能图内的动作也是以同样周期被执行的。

（4）顺序功能图编程举例。如图 3-38 所示为两种液体混合加热装置示意图，H、I、L 为液位传感器，液体到达时输出信号；F1、F2、F3 为电磁阀；R 为加热器。控制要求如下。

① 起始状态时，容器空，H=I=L=0，电磁阀关闭，F1= F2=F3=0。

② 按下启动按钮后，加液体 A 到 I 位置。

③ 液体 A 到 I 高度后，关闭 F1，打开 F2 加液体 B 到 H。

④ 关闭 F2，打开加热器 R 加热 50s。

⑤ 打开 F3 放出混合加热后的液体，到 L 时关闭 F3。

⑥ 回到起始状态等待下一个流程。

分析上述过程，整个装置按给定规律操作，为单一顺序结构形式，画出系统的顺序功能图，如图 3-39 所示。

3．文本化编程语言

1）结构化文本　结构化文本（ST）是一种高级的文本语言，表面上与 Pascal 语言很相似，但它是一个专门为工业控制应用开发的编程语言，具有很强的编程能力，用于对变量赋值、回调功能和功能块、创建表达式、编写条件语句和迭代程序等。结构化文本语言易读易理解，特别是用有实际意义的标识符、批注来注释时，更是这样。

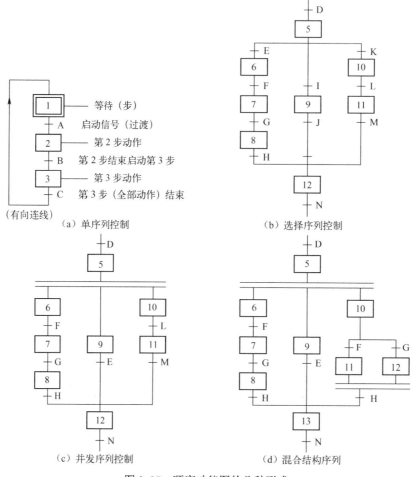

图 3-37　顺序功能图的几种形式

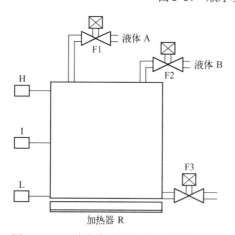

图 3-38　两种液体混合加热装置示意图

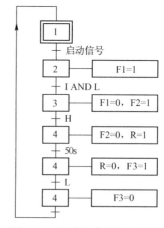

图 3-39　混合加热顺序功能图

（1）操作符。结构化文本定义了一系列操作符用于实现算术和逻辑运算，如逻辑运算符 AND、XOR、OR；算术运算符 $<$、$>$、$\leqslant$、$\geqslant$、$=$、$\neq$、$+$、$-$、$*$、$/$。此外，还定义了这些操作符的优先级。如下是操作符运算的两个例子。

```
Start: = Oilpress AND Stream AND Pump
V: = K*(-W*T)
```

（2）赋值语句。结构化文本程序既支持很简单的赋值语句，如 X:=Y，也支持很复杂的数组或结构赋值，如：

```
Profile[3]:=10.3+SQRT((Rate+2.0))
Alarm.TimeOn:=RCT1.CDT
```

（3）在程序中调用功能块。在结构化文本程序中可以直接调用功能块。功能块在被调用以前，输入参数被分配为默认值；在调用后，输入参数保留为最后一次调用的值。功能块调用格式如下。

```
Function Block Instance(
Input Parameter1:=Value Expression1,
Input Parameter2:=Value Expression2 …);
```

其中，Value Expression1,…,Value Expression$N$ 是符合功能块数据类型的输入变量；Input Parameter1,…,Input Parameter$N$ 是功能块的输入参数；Function Block Instance 是要调用的功能块。

（4）结构化文本程序中的条件语句。条件语句的功能是当某一条件满足时执行相应的选择语句。结构化文本有如下的条件语句。

☺ IF…THEN…ELSE 条件语句：该选择语句依据不同的条件分别执行相应 THEN 及 ELSE 语句。该条件语句可以嵌套在另一条件语句中，以实现更复杂的条件语句。该条件语句格式如下。

```
IF < boolean expression =true>THEN
<statements1>
ELSE
<statements2>
END_IF;
```

"boolean expression" 可以是 "true" 或 "false"，根据 "true" 或 "false" 的情况，程序执行相应的 statements1 或 statements2 语句。

☺ CASE 条件语句：该选择语句的执行方向取决于 CASE 语句的条件，并有一返回值。实例见最后的应用举例。该条件语句格式如下。

```
CASE<var1>OF
< integer selector value1> : < statements1…>
< integer selector value2> : < statements2…>
…
ELSE
< statements …>
END_CASE
```

"integer selector" 可以是一个数值，根据数值的不同执行相应的 statements1 或 statements2 等语句。

（5）结构化文本程序中的迭代语句。迭代语句适用于需要一条或多条语句重复执行许多次的情况，迭代语句的执行取决于某一变量或条件的状态。应用迭代语句应避免迭代死循环的情况。

FOR…DO

该迭代格式语句允许程序依据某一整型变量迭代。该迭代格式语句格式如下。

FOR < initialize iteration variable >
TO < final value expression >
　　　BY< increment expression > DO
END_FOR

"initialize iteration variable" 是迭代开始的计数值，"final value expression" 是迭代结束的计数值。迭代从 "initialize iteration variable" 开始，每迭代一次，计数值增加 "increment expression"，计数值增加到 "final value expression"，迭代结束。

结构化文本程序中还有其他的迭代语句，如 WHILE … DO、REPEAT … UNTIL 等，迭代原理与 FOR…DO 格式基本相同。此外，结构化文本的迭代语句中还有 EXIT、RETURN 两种格式，分别用于程序的返回和退出。

（6）编程实例。本程序是一个用结构化文本程序编写功能块的例子。该实例描述的是如何用功能块控制箱体中的流体，箱体可以通过阀门被注满和倒空，如图 3-40 所示，箱体的质量由一个称重单元监视。功能块通过比较两个输入值 Full Weight 和 Empty Weight 以确定箱体是满的还是空的。

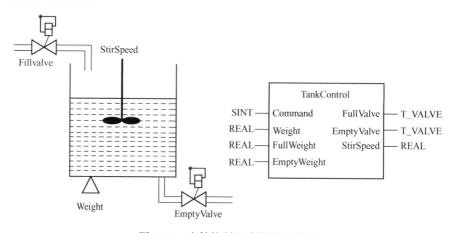

图 3-40　水箱控制及功能块示意图

该功能块提供了一个 "Command" 输入，该输入有四种状态：给箱体加水、保持不变、启动、清空箱体。实现该功能块算法的结构化文本程序如下。

```
TYPE_T_STATE:(FULL,NOT_FULL,EMPTIED); (*箱体状态*)
END_TYPE;
TYPE_T_VALVE:(OPEN,SHUT); (*阀门状态*)
END_TYPE;
FUNCTION_BLOCK TankControl; (*功能块*)
VAR_IN (*输入状态变量*)
```

```
Command:SINT;
Weight:REAL;
FullWeight:REAL;
EmptyWeight:REAL;
END_VAR
VAR_OUT (*输出状态变量*)
FullValve:T_VALVE:=SHUT;
EmptyValve:T_VALVE:=SHUT;
StirSpeed:REAL:=0.0;
END_VAR
VAR (*过程变量*)
Stat:=T_STATE:=EMPTYIED;
END_VAR
```

2）指令表　IEC61131-3 的指令表（IL）语言是一种低级语言，与汇编语言很相似，是在借鉴、吸收世界范围内 PLC 厂商的指令表语言的基础上形成的一种标准语言，可以用来描述功能、功能块和程序的行为，还可以在顺序功能图中描述动作和转变的行为，现在仍广泛应用于 PLC 的编程中。

（1）指令表语言结构。指令表语言是由一系列指令组成的语言。每条指令从新的一行开始，指令由操作符和紧随其后的操作数组成，操作数是指在 IEC61131-3 的"公共元素"中定义的变量和常量。有些操作符可带若干个操作数，这时各个操作数用逗号隔开。指令前可加标号，后面跟冒号，在操作数之后可加注释。

IL 是所谓面向累加器（Accu）的语言，即每条指令使用或改变当前 Accu 的内容。IEC61131-3 将这一 Accu 标记为"结果"。通常，指令总是以操作数 LD（"装入 Accu 命令"）开始的。

（2）指令表操作符。IEC61131-3 指令表包括四类操作符，即一般操作符、比较操作符、跳转操作符和调用操作符。

☺ 一般操作符：指在程序中经常会用到的操作符。

　　ᖆ 装入指令：LD N 等。

　　ᖆ 逻辑指令：AND N（与指令）、OR N（或指令）、XOR N（异或指令）等。

　　ᖆ 算术指令：ADD（加指令）、SUB（减指令）、MUL（乘指令）、DIV（除指令）、MOD（取模指令）等。

☺ 比较操作符：GT（大于）、GE（大于等于）、EQ（等于）、NE（不等于）、LE（小于等于）、LT（小于）等。

☺ 跳转及调用操作符：JMP C,N（跳转操作符）、CALL C,N（调用操作符）等。

（3）指令表编程实例。用指令表程序定义功能，计算平面上两点的移动距离，如图 3-41 所示。

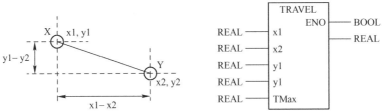

图 3-41　用指令表编写功能块实例

用结构化文本描述的两点间距离的计算公式为

Travel_distance :=SQRT[(x1−x2)*(x1−x2)+(y1−y2)*(y1−y2)]

如果定义 TMax 是 X、Y 两点间的最大距离，当计算值小于 TMax 时，说明计算正确；当计算值大于 TMax 时，说明 X、Y 两点间的距离超出了最大距离，在此情况下，功能是没有输出的。用指令表编写的该功能的函数 TRAVEL()如下：

```
            FUNCTION TRAVEL：REAL
VAR_INPUT
x1,x2,y1,y2：REAL (*点 X,Y 坐标*)
TMax：REAL (*最大移动距离*)
END_VAR
VAR
Temp：REAL；  (*中间值*)
END_VAR
LD y1
SUB y2 (*计算 y2-y1*)
ST Temp (*将 y2-y1 值存入 Temp *)
MUL Temp (*计算(y2-y1)的平方*)
ADD x1
SUB x2 (*计算(x1-x2)*)
ST Temp (*将(x1-x2)值存入 Temp *)
MUL Temp (*计算(x1-x2)的平方*)
ADD TEMP (*将两平方值相加*)
CAL SQRT (*调平方根函数*)
ST TRAVEL (*设定计算结果*)
GT TMax (*比 TMax 大吗？*)
JMPC ERR (*是，转到 ERR 执行*)
S ENO (*设定 ENO *)
ERR:
            RET (*错误返回，ENO 不输出*)
```

3.3.3 基本控制单元的可靠性措施

BCU 是 DCS 中的核心环节，要求其必须具有高度的可靠性，即使在故障情况下，也应能保证生产过程的安全。因此，良好的 DCS 必须具有高的可靠性。实际过程中，主要有以下措施来保证具有高可靠性，包括手动后备、冗余、在线诊断、输出保护。

1. 手动后备

在常规控制系统中，手动操作早已是一种应用十分普遍的后备方法。当控制系统故障时，运行员通过手动操作器或操作开关手动控制生产过程。在分散控制系统中，同样可以采用这种方法，习惯上把手动操作设备称为手动操作站。当 BCU 故障时，系统就转换为运行员手动控制，控制输出被反馈到手动操作站和运算部分，以便在自动时，手动输出可以跟踪自动输出；在手动时，自动输出可以跟踪手动输出，实现双向无扰切换。手动操作站与基本控制单元之间的通信是通过总线进行的。

要求：跟踪系统状态，实现无扰切换。

（1）方案一：如图 3-42 所示，方案一用于多回路的基本控制单元。在这种控制单元中，CPU 通过 I/O 总线与许多 I/O 模件连接起来。由于这种方案可以用一个手动操作站为几个输出回路提供备用操作手段，所以它是一种比较经济的方案。

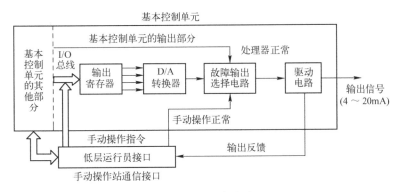

图 3-42　手动后备方案一

这种方案存在一定的缺点，因为 I/O 总线与最后的输出部件之间含有比较多的环节，这些环节中的任何一个发生故障，都会导致手动操作不能进行。

如果 I/O 总线故障，则会使 BCU 中所有的控制回路都不能手动控制输出。

（2）方案二：与前一个方案相似。

如图 3-43 所示，输出信号是通过一个增/减计数器产生的，因而手动操作信号也必须采取发出增/减信号的方式来控制输出。每一个手动操作站只控制一个回路，所以其可靠性要优于前一种方案。

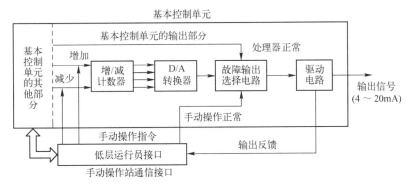

图 3-43　手动后备方案二

缺点是手动输出回路包含较多硬件。

（3）方案三：工作原理与前两种方案完全不同。

如图 3-44 所示，手动操作站与基本控制单元的输出电路完全分开，两者之间仅用通信接口相连。通信接口负责传送 BCU 需要保存的信息及手动操作站需要了解的信息（如控制方式、控制输出、过程变量），以便实现无扰切换。

基本控制单元的输出电路和手动操作站的输出电路都可以产生电流输出信号。外部只由一个无源器件（二极管开关电路）来选择两个输出，手动操作站发出一个切换指令选择输出信号。

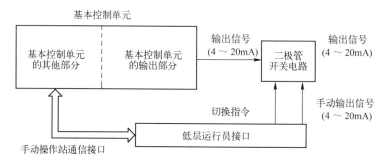

图 3-44　手动后备方案三

图 3-44 中没有表示过程输入变量。这个输入变量同时送到基本控制单元和手动操作站，所以在手动操作时，仍然可以通过操作站观察被控参数的变化情况。

方案三具有许多优点：

☺ 手动操作器具有电流输出能力。其他两种方案必须依靠基本控制单元中的电流驱动器，一旦它发生故障，自动控制功能和手动控制功能将同时发生故障。

☺ 输出切换电路是由无源器件组成的电路，减小了输出通道中发生故障的可能性。

☺ 换 BCU 模件非常方便，因为手动操作站可以保持输出信号。

具有手动后备的开关量系统如图 3-45 所示。

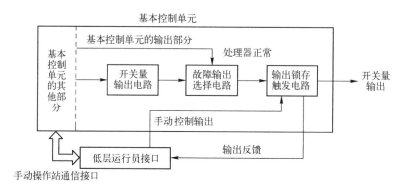

图 3-45　具有手动后备的开关量系统

在分散控制系统中，冗余技术应用十分广泛。通信总线、通信接口、I/O 模件、电源等均可以采用冗余技术。这里只讨论基本控制单元的冗余问题。冗余通常指通过多重备份来增强系统的可靠性。

2. 冗余

（1）处理器模件冗余：双处理器备用，其他部分不备用，如图 3-46 所示。

处理器模件冗余是一种部分冗余措施，对基本控制单元中的其他部分则不采取冗余措施，这种冗余方式一般用在控制回路比较多的基本控制单元中，因为在这种情况下，CPU故障会影响所有的回路。I/O 电路不采用冗余措施，因为它故障时只影响少数几个回路。

在某一时刻，只有一个 CPU 处于工作状态。它采集输入信号进行控制运算，产生控制输出。用户可以通过优先权仲裁器设置哪一个 CPU 为主 CPU，哪一个 CPU 为备用 CPU。在系统启动之后，优先权仲裁器不断监视主 CPU 的工作情况。如果主 CPU 发生故障，优先权仲裁器就把工作权转移给备用的 CPU。在工作期间，备用 CPU 通过优先权仲裁器设置主CPU 的状态，不断更新自己的存储器。尽管两个 CPU 都接到通信网络上，但只有主 CPU通过通信网络发送和接收信息。

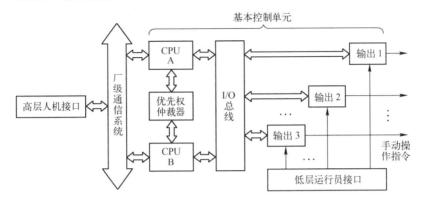

图 3-46 处理器模件冗余

（2）1:1 冗余：CPU 冗余，同时输出通道也冗余；双机热备，不需要手动控制器，如图 3-47 所示。

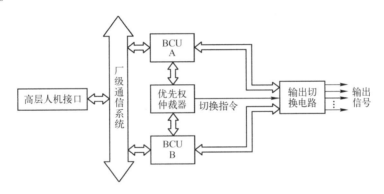

图 3-47 1:1 冗余

采用另一个完整的基本控制单元作为备用，所以称为 1:1 冗余。CPU 是冗余的，同时所有的输出通道也是冗余的。一般不需要手动操作站。

（3）N:1 冗余：1 个备用，同时响应多个 BCU。

1:1 冗余是一种造价很高的方案，而如图 3-48 所示的 N:1 冗余则是一种比较经济的方案。

在这种方案中，一个 BCU 同时作为 N 个 BCU 的后备。仲裁器用来监视主 BCU 的工作情况。当主 BCU 发生故障时，启动备用 BCU。

（4）多重冗余：可靠性要求极高。

多重冗余方案是非常复杂又非常昂贵的方案，如图 3-49 所示。大多数的生产过程不采用这种方案，但在要求高度安全可靠的系统中，它是一种很有效的冗余措施。例如，在大型锅炉炉膛安全监控系统（FSSS）中，有时就采用具有三重冗余的基本控制单元。此外，多重冗余在核电站中也有应用。

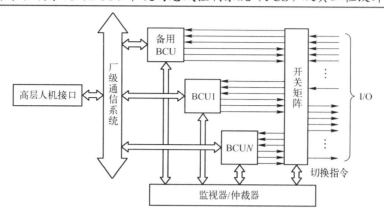

图 3-48　$N:1$ 冗余

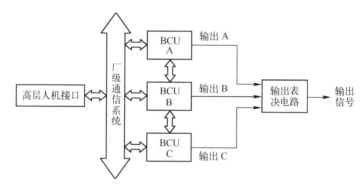

图 3-49　多重冗余

3. 在线诊断

BCU 微处理器实现在线诊断，在指令系统中有各种自诊断程序。根据功能作用和执行时间，诊断程序可分为：

☺ 输入诊断。

☺ 组态诊断。

☺ 内存诊断。

☺ 输出诊断。

☺ 联合诊断。

☺ 电源系统诊断。

☺ 启动过程诊断。

☺ 工作过程诊断。

☺ 周期性诊断等。

诊断程序发现故障时，BCU 必须采取一定的保护措施。

4. 输出保护

输出信号紊乱影响最大，保护原则如下。

☺ 尽量减少每个 D/A 转换器所控制的输出通道数。目前单路模拟量、开关量输出在故障时进入安全状态。

☺ 电源独立。

☺ 输出反馈，检测 BCU，为手动提供数据，实现无扰切换。

☺ 减少输出电路硬件、线路数量，优化设计。

模拟量输出采取措施如下。

☺ 每个输出通道配备单独的 D/A 转换器。

☺ 设置监视时钟，监视故障启动和故障驱动电路。

☺ 采用光电隔离，实现 BCU 基本电路与输出电路的隔离。

开关量输出采取措施如下。

☺ 设置监视时钟，监视故障启动和故障驱动电路。

☺ 采用光电隔离，实现 BCU 基本电路与输出电路的隔离。

☺ 设置故障输出选择电路。

3.4　和利时 MACS 的 K 系列

和利时 MACS 的 K 系列是大型 DCS，充分吸取国际工业电子技术和工业控制技术的最新成果，严格遵循国际先进的工业标准，综合体现了离散过程和连续过程自动化的要求，在装备自动化和过程自动化两方面都可以应对自如。

HOLLiAS MACS-K 是和利时公司面向过程自动化应用的大型分布式控制系统，采用全冗余、多重隔离等可靠性设计技术，并吸取了安全系统的设计理念，从而保证系统的长期稳定运行。

K 系列大型 DCS 具有可靠性高、功能丰富、性能优异、集成度高、扩展性好、体积小巧、易于使用等特点，可为不同工业领域提供个性化的解决方案，可广泛应用于冶金、建材、轻工、交通、电力、石化、汽车、矿井、水处理、食品加工等多种行业。

K 系列大型 DCS 产品既体现了标准化、集成化、开放化、控制速度快、结构简单的特点，又综合了控制功能强大、冗余、热插拔、强调高可靠不停机使用的要求。

3.4.1　系统结构

和利时 MACS 的 K 系列 DCS 的系统网络架构图如图 3-50 所示，从上至下由管理网（MNET）、系统网（SNET）、控制网（CNET）三层构成。

管理网为可选网络层，用于和厂级生产管理系统如 MES、第三方管理软件等进行通信，并可通过 Internet 实现安全的信息发布、数据的高级管理和共享。

1．硬件设计

HOLLiAS MACS-K 硬件采用模块化结构、DIN35 标准导轨安装，可以适应各种尺寸类型的机柜。机柜正、反面结构图如图 3-51 所示。

K 系列的硬件设备（背板、主控单元、I/O 单元、机笼、电源、端子板等）集中安装在机柜中，各部分之间通过专用电缆、导线连接。

通常，在机柜正面的开槽中安装背板，在导轨上安装 I/O 单元；在机柜背面的开槽中安装电源模块，在导轨上安装 I/O 单元和端子板。每列导轨最多安装 10 个 I/O 单元，标准端子板的高度为 200mm，冗余端子的高度为 300mm。

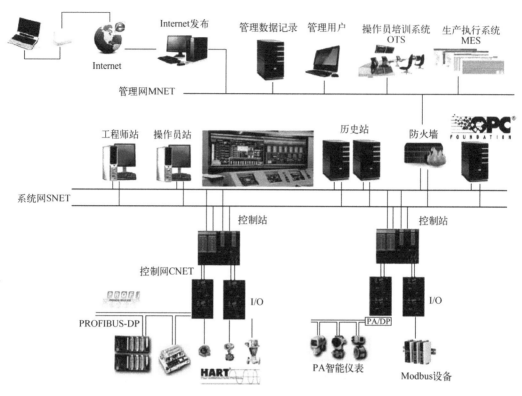

图 3-50　K 系列的系统网络架构图

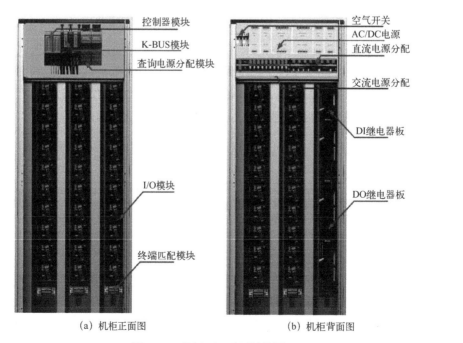

（a）机柜正面图　　　　　　　　　　　（b）机柜背面图

图 3-51　机柜正、反面结构图

2．硬件组成结构

1）主控制器　K-CU01 是 K 系列硬件的控制器模块，是系统的核心控制部件，主要工作是收集 I/O 模块上报的现场数据，根据组态的控制方案完成对现场设备的控制，同时负责提供数据到上层操作员站显示。

控制器基本功能块主要包括系统网通信模块、核心处理器、协处理器（I/O-BUS 主站 MCU）、现场通信数据链路层、现场通信物理层，以及外围一些辅助功能模块。

K-CU01 控制器模块支持两路冗余多功能总线和从站 I/O 模块进行通信，支持两路冗余以太网和上位机进行通信，实时上传过程数据及诊断数据。可以在线下安装和更新工程，且不会影响现场控制。

K-CU01 控制器模块支持双冗余配置使用。当冗余配置时，其中一个控制器出现故障，则该控制器会自动将本机工作状态设置为从机，并上报故障信息；若作为主机出现故障，则主从切换；若作为从机出现故障，则保持该状态。

2）I/O 模块　K 系列完整的模块单元由一个 I/O 模块、一个模块底座和两根多功能总线构成。I/O 模块插在模块底座上，模块底座的接线端子负责接入现场仪表信号，I/O 模块负责将模拟信号转换为数字信号，最后通过冗余的多功能总线传送给主控单元，总线同时提供冗余的系统电源和现场电源。K 系列硬件模块采用 A、B 两根冗余多功能总线电缆连接每个 I/O 模块，提供双现场电源总线、双系统电源总线、双 I/O-BUS 总线。

3）电源模块　K 系列的 24V DC 系统电源模块独立于安装，可以灵活选配。除用于为 K 系列模块本身供电外，还提供给现场设备供电的现场电源、查询电源（辅助电源）。K 系列模块还采用现场电源和系统电源分开隔离供电。同仪表相连的电路采用现场电源供电，数字电路和通信电路采用系统电源供电，因此现场干扰不会影响数字电路和通信。

4）通信网络　HOLLiAS MACS-K 基于工业以太网和 PROFIBUS-DP 现场总线构架，集成基于 HART 标准协议的 AMS 对现场智能设备进行统一管理，并且可以轻松集成 SIS、PLC、MES、ERP 等系统，使现场智能仪表设备、控制系统、企业资源管理系统之间的信息无缝传送，实现工厂智能化、管控一体化。

系统网连接工程师站、操作员站、历史站和控制站等系统节点，支持 P-TO-P（对等网）、C/S（客户机/服务器）、P-TO-P 和 C/S（混合）三种网络结构，可快速构建星形、环形或总线形拓扑结构的高速冗余网络，符合 IEEE802.3 及 IEEE802.3u 标准，100/1000Mbps 自适应。

控制网用于控制站的主控制器与各 I/O 模块及智能设备的连接，支持星形和总线形结构，符合 IEC61158（国标：JB/T 10308.3—2001，欧标：EN50170），确保现场级通信的实时、稳定、快速。

3.4.2　主要硬件特性

1．基本控制单元

K-CU01 控制器模块可以兼容和利时 K 系列、FM 系列、SM 系列三种 I/O 模块。两块控制器模块和两块 I/O-BUS 模块安装在 4 槽主控底座 K-CUT01 上，就构成了一个基本的控制器单元。

通过主控底座的主控背板，完成两个控制器模块之间的冗余连接，控制器模块通过 I/O-BUS 模块扩展可以连接最多 100 个 I/O 模块。

通过选用不同的 I/O-BUS 模块，控制总线拓扑结构可构成星形和总线形；同时支持远程 I/O 机柜。主控单元安装位置示意图如图 3-52 所示。

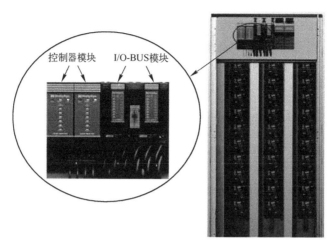

图 3-52　主控单元安装位置示意图

主控单元采用"模块+底座"组合的结构，安装在机柜中，支持导轨和平板安装方式。

如图 3-53 所示，主控单元由一对冗余控制器模块、一对 I/O-BUS 模块和 1 个 4 槽底座构成。控制器面板上有状态指示灯，下盖上有掉电保护电池，可更换。

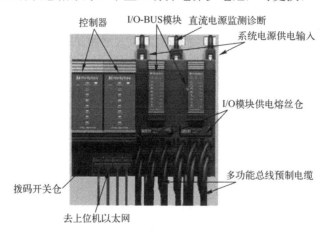

图 3-53　主控单元结构示意图

底座作为控制器与其他外部部件的连接接口，具备供电、电源检测、连接多功能总线、连接上层系统网、连接时钟同步信号、设置 I/O-BUS 地址、主站 IP 地址、域地址等功能。

控制器模块的多功能总线是通过 I/O-BUS 模块（K-BUS02 或 K-BUS03）扩展后，再同 I/O 模块连接的。

每个分支可以连接 10 个 I/O 模块，机柜内共有 6 个 I/O 分支，最多共可连接 10×6=60 个 I/O 模块，支持级联扩展，一对控制器最多可连接 100 个 I/O 模块。控制总线结构示意图如图 3-54 所示。

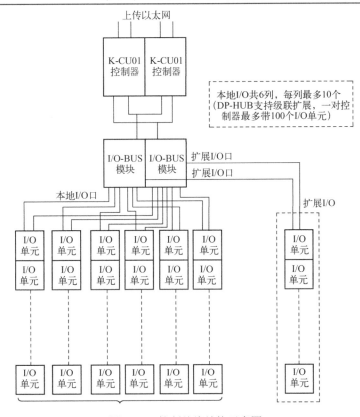

图 3-54　控制总线结构示意图

K-CU01 主控制器技术指标如表 3-8 所示。

表 3-8　K-CU01 主控制器技术指标

系 统 电 源	
输入电压范围	（24±2.4）V DC
最大功耗	6W
基 本 指 标	
热插拔	支持
模块冗余	支持，主从热备冗余，冗余切换时间≤50ms
运 算 速 度	
CPU	工业级 PowerPC，400MHz，32 位
存 储 器	
NOR FLASH	16MB
NAND FLSAH	128MB
DDR2 SDRAM	128MB
掉电保持 SRAM	1MB
掉 电 保 护	
工作方式	后备电池保持
掉电后数据保持时间	大于 2 年

续表

掉 电 保 护	
电池寿命	大于 5 年，可在线更换
系 统 网	
以太网	100Mbps
工作方式	双网冗余
控制网	
总线协议	PROFIBUS-DP
协议版本	DPV1
工作方式	双网冗余
通信速率	187.5Kbps、500Kbps、1.5Mbps，波特率自适应
诊 断 信 息	
本机 DP 收发器故障诊断	支持
时钟诊断	支持
电源工作故障诊断	支持
温度状态诊断	支持
掉电保护诊断	支持
掉电保护电池容量不足	支持
主从冗余连接状态诊断	支持
系统网连接状态诊断	支持
物 理 特 性	
安装方式	背板插槽安装
防护等级	IP20
外形尺寸（宽×高×深）	57.2mm×160mm×165mm
质量	450g

2．电源模块（SM910 24V DC/120W）

1）基本特征

输入电压：115V/230V AC，切换开关选择。

输出电压：24V DC。

额定功率：120W。

支持 1＋1 冗余。

开关频率 55kHz。

输出短路/过载保护。

输出过压保护。

输出超温保护。

输出状态查询和 LED 指示灯。

输入/输出/外壳隔离。

电源单元外观如图 3-55 所示。

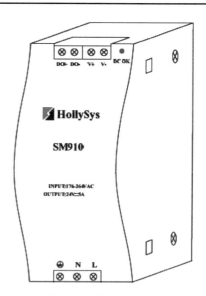

图 3-55　电源单元外观

SM910 实现交流 110V/220V AC 到直流 24V DC 的转换，输入与输出隔离，输出额定功率 120W。

SM910 具有过载保护功能，当输出功率超过 105%～150%的额定功率时限流输出，过载消除后自动恢复。输出短路时，伴有蜂鸣报警。

具有过压保护功能，当输出电压超过 120%～140%的额定电压时电源关闭输出，过压消除后，重新上电恢复输出。

具有超温保护功能，当环境温度超过（90±5）℃时电源关闭输出，温度下降后自动恢复。

SM910 具有输出状态查询功能。电源输出正常时状态开关导通，否则截止，为远程诊断电源工作状态提供接口。

SM910 采用模块化设计，标准 DIN 导轨安装，整体结构为铝质材料，抗震、抗干扰能力强。

2）工作原理　电源模块工作原理如图 3-56 所示，SM910 电源模块输入 110V/220V AC，经过 EMI 抑制、整流滤波、隔离变压后输出 24V DC。

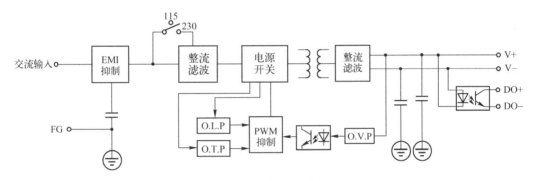

图 3-56　电源模块工作原理

SM910 电源模块的交流输入部分包括 EMI 滤波、整流滤波等电路，抑制电网上传来的电磁干扰，保证交流输入不受电磁污染。处理过的交流信号经变压器进行电压变换，再次整流、滤波，最后输出 24V DC。超温保护、限流保护、过压保护电路和 PWM 控制电路监测电源工作情况并控制输出。

报警输出电路由光电耦合器件实现，电源输出正常时，光电耦合器导通，同时点亮指示灯；输出不正常时（欠压、过压、过载、短路等），光电耦合器截止，同时指示灯熄灭。

3. I/O 模块

1）数字量输入模块　K 系列硬件 16 通道数字量输入模块，可以按 1：1 进行冗余配置使用，配合端子板能够采集多种类型的数字量信号。

对于 24V/48V DC 的数字量输入信号，可直接连接到模块底座的接线端子上；对于 220V 交、直流输入信号或者有隔离要求的数字量输入信号，则需要连接专用继电器端子板。

DI 模块具备强大的过压保护功能，查询电源端子误接±60V DC、输入通道误接 220V AC 或±60V DC，都不会损坏。

DI 模块具备完善的硬件通道诊断功能，面板设计有丰富的 LED 指示灯，除可显示查询电源、故障、通信信息外，每个通道也有指示灯，可以方便指示各通道的开关状态和诊断信息。

2）数字量输出模块 K 系列硬件 16 通道 24V DC 数字量输出模块安装在 K-DOT01 底座上，通过 DB37 电缆与继电器端子板相连，输出 16 路继电器开关量信号驱动现场设备。DO 模块按 1∶1 配置时具备冗余功能。

DO 模块不直接驱动现场设备，与继电器端子板配置使用。24V DC 数字量输出信号经端子板隔离和转换后，可以驱动 110V/220V 交流负载，也可以驱动 24V/48V 直流负载。支持多种 DO 输出类型：常开或常闭、干触点或湿触点，湿触点需要外接辅助电源并通过跳线选择。

继电器端子板安装有保险，湿触点输出容量为 0.5A/通道，干触点最大输出容量为 4A/通道。当外接负载 24V/48V DC、110V/220V AC 大于 5A 或 110V/220V DC 大于 1A 时，可采用端子板再外扩大电流继电器方式。

DO 模块每个输出通道单独进行故障输出组态，可在主控模块通信中断或发生通道输出故障时，保持上一拍数据或输出预设安全值，以适应不同的现场需求。

K 系列完整的 DO 模块单元由一个 I/O 模块、一个模块底座、一个继电器端子板和两根多功能总线构成。I/O 模块插在模块底座上，模块底座的 DB37 插座连接到继电器端子板，端子板上的接线端子负责连接现场控制设备。

3）模拟量输入模块 K 系列硬件 8 通道模拟量通道隔离输入模块可以测量 0～22.7mA 电流输入信号（默认出厂量程 4～20mA），以及热电阻、热电偶和毫伏输入信号。

K-AI01 可以接二线制仪表或四线制仪表，每通道预留 4 个接线端子，无须跳线就可以设置为配电或不配电工作方式。连接安全栅时，支持跨机柜接线方式。同时，具备强大的过流、过压保护功能，通道误接±30V DC 和过电流都不会损坏模块。另外，配合增强型底座还可以做到现场误接 220V AC 不损坏。

K-RTD01 是 8 通道热电阻通道输入模块，支持 Pt10、Pt100、Cu10、Cu50、Cu100、BA1、BA2、G53 等热电阻信号和 1～500Ω 信号，支持两线制、三线制、四线制 RTD 接线，组态选择。组态量程 Pt100 为-200～850℃，Cu50 为-50～150℃，最大阻值测量范围为 1～500Ω。

K-TC01 模块是 8 通道热电偶与毫伏输入模块，既可以测量热电偶信号，又可以测量现场毫伏信号。支持 J、S、E、K、R、B、N、T 型热电偶和 mV 信号，组态最大测温范围为-270～1372℃，最大电压测量范围为-150～150mV。

每个 K-TC01 模块均内置一个冷端补偿热敏电阻 Pt100，在底座的端子内不占用输入通道，无须对外连接测温元件，冷端温度补偿范围为-20～60℃。

K-TC01 模块具备强大的过压保护功能，误接±10V DC 不会损坏。AI 模块具备强大的通道故障硬件诊断功能。面板设计有丰富的 LED 指示灯，除可显示模块电源、故障、通信信息外，每个通道也有指示灯，可以方便指示各通道的断线、短路、超量程等信息。

每个通道可设置不同的滤波参数以适应不同的干扰现场。配合主控制器的不同运算周期，可以根据工艺需要组成可快可慢的控制回路。

AI 模块可按 1∶1 配置时具备冗余功能，冗余与非冗余使用同样型号的模块，冗余配置选择冗余底座。

两个模块安装在冗余底座的两个 I/O 插槽中，构成冗余电流型 AI 单元。两个冗余模块先建立通信的分配为活动模块，另一个为备用模块。上电后，可根据两个模块指示灯的不同显示状态，区分活动模块和备用模块。

正常工作时，活动模块采集、处理并上传输入通道的现场信号，通道指示灯显示当前通道状态；备用模块保持自检和等待状态，通道指示灯灭。

当活动模块检测到本模块故障或信号通道故障时，冗余开关进行切换，原来的活动模块降为备用模块，备用模块会升为活动模块接替工作。

4）带 HART 模拟量输入模块　K-AIH01 为 K 系列 8 通道模拟量通道隔离输入模块，支持 PROFIBUS、HART 协议。模块采用螺钉固定在端子底座上，通过 64 针欧式连接器与配套的端子底座连接，通过冗余 I/O-BUS 总线与主站（控制器）通信和提供冗余电源供电，实现现场 8 路 4～20mA 电流信号的采集，并与现场 HART 智能执行器进行通信，以实现现场仪表设备的参数设置、诊断和维护等功能。

K-AIH01 模块支持冗余配置，支持带电热插拔，外壳采用 G3 防腐等级。模块与端子底座依据配套防混淆识别定位，有效防止错位对模块造成电气损伤。

K-AIH01 模块配套端子底座上可以接二线制或四线制仪表。对于外接二线制仪表，采用端子供电的方式；对于外接四线制仪表，采用 DCS 电源供电的方式。每个通道都预留 4 个接线端子，无须跳线设置，当需要对通道连接安全栅时，采用跨机柜接线方式。

K-AIH01 模块单元由配套模块底座和两根多功能总线构成。模块插在专用底座上，专用底座的接线端子负责接入现场仪表信号，I/O 模块负责将模拟信号转换为数字信号，最后通过冗余的多功能总线送给主控单元，总线同时提供冗余的系统电源和现场电源。

5）模拟量输出模块　K-AO01 为 K 系列硬件 8 通道模拟量通道隔离输出模块，最大输出范围为 0～22.7mA 模拟信号（默认出厂量程为 4～20mA）。

K-AO01 可按 1∶1 冗余配置使用，实现冗余 AO 输出，最大增加系统的可用性。

K-AO01 模块具备强大的过流过压保护功能，误接±30V DC 和过电流都不会损坏。同时，配合增强型底座还可以做到现场误接 220V AC 不损坏。

K-AO01 模块具备完善的故障硬件诊断功能，面板设计有丰富的 LED 指示灯，除可显示模块电源、故障、通信信息外，每个通道也有指示灯，可以方便地指示各通道的诊断信息。

K-AO01 模块每个输出通道单独进行故障输出组态，可在主控模块通信中断或发生通道输出故障时，保持上一拍数据或输出预设安全值，以适应不同的现场需求。

6）带 HART 模拟量输出模块　K-AOH01 为 K 系列 8 通道模拟量输出模块，支持 PROFIBUS、HART 协议。模块采用螺钉固定在端子底座上，通过 64 针欧式连接器与配套的端子底座 K-AT01、K-AT11 或 K-AT21 连接，通过冗余多功能总线与主站（控制器）通信和提供冗余电源供电，实现现场 8 路 4～20mA 电流信号的输出与驱动，并与现场 HART 智能执行器进行通信，实现现场仪表设备的参数设置、诊断及维护等功能。

K-AOH01 模块支持冗余配置，支持带电热插拔，外壳采用 G3 防腐等级。模块与端子底座依据配套防混淆识别定位，有效防止错位对模块造成电气损伤。

K-AOH01 模块单元由配套模块底座、两根多功能总线构成。模块插在配套端子底座 K-AT01、K-AT11 或 K-AT21 上，模块底座的接线端子负责接入现场仪表信号，I/O 模块负责将模拟信号转换为数字信号，最后通过冗余的多功能总线送给主控单元，总线同时提供冗余的系统电源和现场电源。

7）SOE 输入模块　K 系列 SOE 输入模块有两种，分别为 K-SOE01 模块、K-SOE11 模块。K-SOE01 模块为 16 通道 24V DC SOE 输入模块，而 K-SOE11 模块为 16 通道 48V DC

SOE 输入模块，两个模块都支持 PROFIBUS 协议。

模块采用螺钉固定在端子底座上，通过 64 针欧式连接器与配套的端子底座 K-DIT01 或 K-DIT11 连接，通过冗余多功能总线与主站（控制器）通信和提供冗余电源供电，实现 SOE 信号的采集和校时信号。

SOE 模块支持触点型或电平型信号，支持带电热插拔，外壳采用 G3 防腐等级。模块与端子底座依据配套防混淆识别定位，有效防止错位对模块造成电气损伤。

SOE 模块单元由配套模块底座、两根多功能总线构成。模块插在配套端子底座 K-DIT01 上，底座的接线端子负责接入现场的 SOE 信号，再通过冗余的多功能总线将采集到的信号送给主控单元，总线同时提供冗余的系统电源和现场电源。

SOE 模块对 SOE 事件的分辨率达 1ms，并有足够大的缓冲区，以保证精确的信号分辨率，同时不会遗漏任何一个 SOE 信号；它还具有信号去抖功能，能够分辨出非正常的信号抖动，从而保证采样信号的可靠性。

4. 通信模块

1）网桥通信模块 K-PA01 模块为 K 系列 DP PA 型连接器（DP PA LINK），用来实现上位冗余 PROFIBUS-DP 主站系统与下位非冗余 PROFIBUS-PA 设备系统之间的网络转换。模块采用螺钉固定在端子底座上，通过 64 针欧式连接器与配套端子底座 K-PAT01 或 K-PAT21 连接，通过冗余多功能总线与上位通信，通过凤凰端子接入现场 PA 设备进行通信。对于较高级别的系统（面向自动化设备），该模块是 DP 从站，只占用较高级别 DP 主站系统的一个字节；对于较低级别的系统，该模块是 PA 主站，下级总线系统中的现场设备不占用上级 DP 总线系统的节点地址。

K-PA01 模块支持冗余配置，支持带电热插拔，外壳采用 G3 防腐等级。模块与端子底座依据配套防混淆识别定位，有效防止错位对模块造成电气损伤。

K-PA01 模块具有强大的监视诊断功能，DP 总线（即上一级 DP 通信网络）与 PA 总线（即下一级 PA 设备网络）电气上完全隔离，并可根据需要独立设置各自的通信波特率。模块面板指示灯可监视上一级 DP 总线和下一级 PA 总线的通信状态，便于维护。

K-PA01 模块单元由配套模块底座、两根多功能总线构成。模块插在配套端子底座 K-PAT01 或 K-PAT21 上，底座的 DB9 线缆负责接入现场 PA 设备，再通过冗余的多功能总线与上位 DP 总线进行通信，总线同时提供冗余的电源。

K-PA01 模块可安装在本地主控机柜中，也可安装在就地现场总线机柜中，支持在 MACS-SM、MACS-FM 控制站上的使用。

2）通信总线模块 K-BUS02 模块是 K 系列 8 通道星形 I/O-BUS 模块，具有集线器的功能，可改变 I/O-BUS 网络的拓扑结构，实现网络拓扑结构由总线形网到星形、树形等复杂网络结构的转变，并预留柜外扩展口。

K-BUS02 模块还兼具中继器的功能，每个通信接口独立驱动一个段，每个段上可以连接 10 个 I/O，本地有 6 个 I/O 总线段，最多共可连接 10×6=60 个 I/O 模块，同时支持柜外扩展，最多 3 级级联。各总线段之间逻辑隔离，因此某一段上的断线、短路都不影响其他段的正常运行。

K-BUS02 模块支持带电热插拔、冗余配置及多种故障检测功能，能够检测出 8 通道总线的断路、总线差分线之间的短路故障，并上报主控制器报警，且单通道故障不影响其他通道通信。通信状态指示灯可以监视各总线段的工作状态，并为网络诊断提供参考。

K-BUS02 模块支持检测机柜温度，测温范围为-10～70℃，温度数据上报主控制器。支持查询 10 个 AC/DC 电源模块输出电压稳定性功能，默认前 6 通道处于使能状态，其余 4 通道处于关闭状态。

K-BUS02 模块通过 64 针欧式连接器与 K-BUST01 单槽背板、4 槽主控背板 K-CUT01、6 槽主控背板 K-CUT02 等连接使用。该模块实施喷涂三防漆处理，按照 ISA-S71.04—1985 标准生产，经检测达到 G3 防腐等级。

总结

本章介绍了分散控制系统的基本构成，并在此基础上详细阐述了 FM 系列过程控制站的结构、基本控制单元硬件、基本控制单元软件和基本控制单元的可靠性分析，重点叙述了过程控制站的组成和各自的作用。本章还给出了 K 系列大型 DCS 的系统结构和主要硬件特性。

本章主要内容如下：

（1）阐述了分散控制系统的基本构成及各自的特征和功能。

（2）阐述了过程控制站的硬件构成及功能。

（3）阐述了过程控制站的软件构成、编程语言及功能。

（4）基本控制单元的可靠性分析，包括手动后备、冗余、在线诊断、输出保护。

（5）K 系列大型 DCS 的系统结构和主要硬件特性。

思考与练习

（1）分散控制系统的基本构成有哪些？

（2）请叙述现场控制级的功能及特点。

（3）简述过程控制的结构。

（4）过程控制站的基本组成单元有哪些？

（5）为提高过程控制站可靠性应考虑哪些问题？

（6）基本控制单元的编程语言分为哪几类？

（7）图形化编程语言分为哪几类？

（8）和利时 MACS 主要有哪几个系列？

第4章 运行员操作站

运行员操作站（Operator Operating Station，OOS）是运行员与过程和系统的接口，常被称为人机接口（Man Machine Interface，MMI，或者 Human Machine Interface，HMI），或称为人系统接口（Human System Interface，HSI，或者 Man System Interface，MSI）。

DCS 的运行员操作站是处理一切与运行操作有关的人机界面功能的网络节点，其主要功能就是使运行员可以通过运行员操作站及时了解现场运行状态、各种运行参数的当前值、是否有异常情况发生等；并可通过输出设备对工艺过程进行控制和调节，以保证生产过程的安全、可靠、高效、高质。

4.1 运行员操作站的结构

1. MMI 与 DCS 的接口

在采用 DCS 以前，单元控制室中的过程信号是直接通过硬接线从现场变送器连接到单元控制室的。如图 4-1 所示为 DCS 与以往仪表系统的比较。因此，在那时的运行员看来，过程信号具有以下几个特点。

☺ 没有延时。即过程参数只要改变了，就马上反映到仪表的指针上。

☺ 在固定的位置显示。即其位置不受其他仪表的干扰，要观察某个信号，只要观察固定位置的那个指示仪表就行了。

☺ 故障的原因比较简单。如指示仪表故障、检测仪表故障或线路故障等是比较容易判断与解决的。

☺ 重要参数的报警非常明显。重要仪表的数量有限，重要的参数一报警，运行员的注意力就很容易集中到重要仪表上。

控制系统由 DCS 实现时，需要认真设计人机接口 MMI 的组态，否则运行员将不容易使用。DCS 可以为人们提供大量的数据，这些数据到达人机接口之后，要通过 MMI 的设计将数据转换为信息，并且以运行员习惯的方式按过程将运行员要求的重要性顺序反映出来，这才能体现出 DCS 的优越性。

因此，人机接口的设计在范围上要包括人机接口所能提供的全部功能，在性能上要考虑即时性、规律性，同时要突出重点，给出帮助指导。

运行员操作站通常由计算机及其辅助设备组成。随着新技术的发展，运行员操作站的形式也越来越多样化。

运行员操作站通过与 DCS 基本控制单元的通信接口来维护一个实时数据库。实时数据库可以从远处，也可以从 DCS 的基本控制单元（BCU）中不断地获得数据。运行员操作站通信接口的组成如图 4-2 所示。

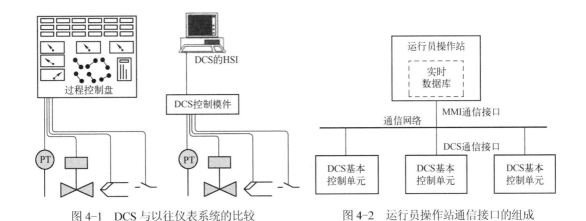

图 4-1 DCS 与以往仪表系统的比较　　图 4-2 运行员操作站通信接口的组成

DCS 基本控制单元可以通过通信接口将实时数据库中的数据信息传送到 DCS 数据通道上，或者从数据通道上把数据取下来通过通信接口送到实时数据库。运行员操作站的计算机则将实时数据库中的数据放到处理缓冲区，或从处理缓冲区取到数据库中。不同的运行员操作站的内部数据交换通道的结构会有所不同，有的是计算机数据总线的方式，有的是通信的方式。

> 实时数据库的大小反映了 MMI 容纳 DCS 中的数据的能力。这个数据库不应简单地以内存的大小来衡量，而应以数据量来衡量。因为不同的 DCS 中存储数据的格式是不同的。
>
> 数据传递中的"瓶颈"问题一般是指在节点是串联连接的通信系统中，当传递的信息量一样时，两段通道的通信速率如果不同，则通信速率慢的一段通信的信息量少，就像是通信通道上的瓶颈。

2. MMI 主机与外设

MMI 总是通过外设与运行员打交道，通过显示器给运行员显示信息，通过键盘接收运行员的命令，通过打印机、报警器为运行员打印记录或提供报警。无论哪种功能，几乎都是通过主机将外设与实时数据库联系起来的。如图 4-3 所示为 DCS 中运行员操作站的不同构成方式。

DCS 中 MMI 的构成方式有多种。图 4-3（a）是应用最早的 MMI 结构，由于当时计算机处理能力低，辅助设备、主机与数据通道间只能是一一对应的关系。

当计算机处理能力提高后，一台主机可以带多个显示器和其他外设，如图 4-3（b）所示。但如果有一台主机出现故障，则多个显示器就同时失灵，不符合 DCS 分散的原则。

随着计算机技术的成熟，成本降低，如图 4-3（c）所示的结构开始流行。这里主机、外设数据通道都是服务器与客户机的关系，当一台服务器故障时，运行员只失去服务器本身的显示器，而其他显示器都可以作为另一台服务器的客户机正常工作，系统的资源得以充分利用。

（a）独立的主机结构

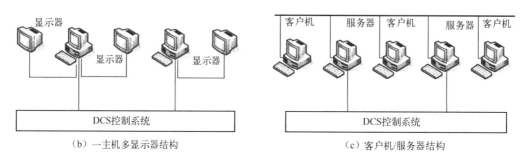

（b）一主机多显示器结构　　　　　　　（c）客户机/服务器结构

图4-3　DCS中运行员操作站的不同构成方式

3. MMI 的开放结构

运行员操作站内部的网络会给运行员操作站设备配置带来很多好处，而当这种运行员操作站内部结构中的纽带——数据通信网的协议是公共协议时，这种结构就是开放的运行员操作站。当运行员操作站利用原属于自己内部的总线与其他设备通信时，整个系统就更加灵活了。

开放是指不同通信设备间通信的能力，当一个设备能与多种设备通信时，这个设备就是开放的。如图 4-4 所示为 DCS 之间的两种通信结构。

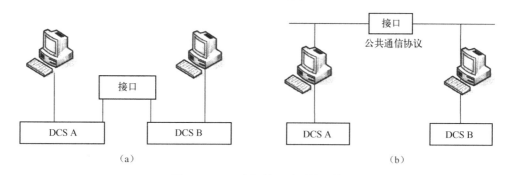

图4-4　DCS之间的两种通信结构

图 4-4（a）中接口的作用是将外部设备的数据以数据协议 B 转到 DCS 所使用的协议 A，使两个 DCS 之间的通信变为两个接口之间的通信。

图 4-4（b）属于开放式的结构，运行员操作站不需要特殊设计，该结构可以使 DCS 的运行员操作站方便地与其他辅助控制系统相连。

运行员操作站开放的另一种表现是使用大屏幕。大屏幕的系统构成如图 4-5 所示，通过大屏幕可使多名运行员、管理人员等同时看到系统的状态和参数，从而更容易建立交流。

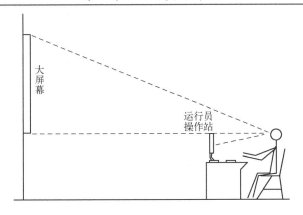

图 4-5　大屏幕的系统构成

4.2　MMI 的基本功能

MMI 的基本功能包括以下几方面。

☺ 监视：运行员通过 MMI 监视、控制工业过程，因此 MMI 要能够显示过程信息，传递运行员的指令，显示处理各种报警。运行员通过 MMI 监视 DCS 的状态，因此，MMI 要能够监视 DCS 中所有设备的状态，包括 MMI 本身及其外设的状态。

☺ 操作：操作设备。

☺ 记录：记录各种过程与系统的事件，存储、打印记录的结果，生成各种报表。

☺ 诊断：诊断设备、通道等。

如果把运行员操作站的工作进一步抽象化，可以看出，全部过程控制的任务是一个信息处理任务，调节器的任务是按某种规律（如 PID 规律）去处理与某个过程相关的输入（过程变量与阀位反馈）与输出（阀位指令）信息。这样，运行员操作站也是一个信息管理系统，它是运行员这一级的信息管理系统，介于企业的经营性管理与过程实时控制管理之间的很多功能都应体现在 MMI 上，如开放的信息通信结构、冗余的信息资源配置等。

1. MMI 对过程的监控

运行员通过 MMI 对过程和系统实现监控，这是 MMI 最常用的功能，运行员在工作中几乎全部时间都是用眼睛看着画面，用手控制着键盘和鼠标，用耳朵听着报警。因此，这些功能的设计是运行员操作站设计的重要部分，也是非常灵活的部分，各个 DCS 在这方面都有自己特有的方法。现在运行员操作站中计算机的通用化，以及计算机所带来的图形处理功能使这部分设计更加多样化。在没有 DCS 的时候，运行员对过程的了解是通过实地观察所得到的直观图像，加上表盘上所显示的数据；有了 DCS 之后，运行员是通过显示器上的画面来了解过程的。虽然他们也有对过程的实际印象，但长期看着显示器上的图像，也使他们反过来按照图像去理解过程。这样就产生了一个问题，各种画面的本来目的是把过程的实质抽象出来，减轻运行员的负担，使其注意力集中到重要的过程上去，但这时却容易使运行员认为画面就是过程的全部，从而产生对过程的误解。因此，在运行员操作站的画面设计过程中要平衡这个矛盾，最大限度地反映过程的全貌，同时又提取过程的关键信息。另外，人对画面的图像产生的反应是有规律的，如红色是比较刺激的颜色，而绿色则比较柔和，这些因素都要在画面设计过程中考虑到。

2. 画面体系

在运行员操作站的画面体系中，有三种类型的显示画面，分别是标准画面、用户画面及信息画面。使用运行员键盘可以方便地调用各种画面。标准画面的主要用途是进行常规操作、工程设定、程序显示和输入，也可用来显示工艺流程图。该画面功能主要体现在操作和工程两大方面，其中操作功能由七种基本操作画面、过程报表画面及操作应用画面组成。

系统标准画面便于运行员更方便地学习和使用系统。

1）总貌画面　总貌是对实时数据库中某一区域或区域中某个单元中所有点的信息的集中显示，可以用脚本程序控制总貌对象所属的区域号、单元号、子单元号和组号，实现一个总貌对象显示全部区域中的所有数据。某电站锅炉控制系统总貌画面如图4-6所示。

2）控制分组画面　一幅控制分组画面可以显示 8 个共位的仪表图、过程控制状态和过程参数，也可以显示相关趋势图。在控制分组画面上，可以对相关工位进行参数调整，从而完成对连续过程控制的操作和监视。系统的在线回路调节功能可以通过两种途径进行：一种是通过在流程图画面中开辟调节仪表窗口画面来实现；另一种是通过总貌画面进入控制分组画面，每个控制分组画面包括 8 个回路调节仪表，选择其中的一个回路即可对该回路进行控制调节、参数整定等。

一个完整的控制分组画面中包含棒图调节仪表，SV、PV、CV 实时趋势画面及回路参数列表。通过对回路组态参数的修改及对修改后回路特性的观察，达到回路调节的目的，如图4-7所示。

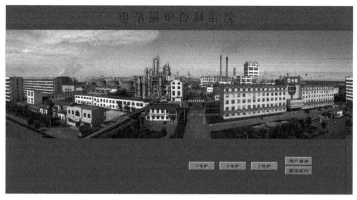
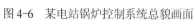

图4-6　某电站锅炉控制系统总貌画面　　　　图4-7　控制分组画面

回路调节的具体功能包括：手动、自动、串级控制方式的切换；SV、MV 值的调整；PID 参数的整定等。

3）历史趋势画面　使用灵活的趋势图组态工具，用户只需简单地从数据库中选择点名和相应的参数就可以在线组态趋势图画面。任何的历史数据采集间隔均可作为趋势数据的采样间隔。

标准的趋势包括：

☺ 单点棒图；

☺ 两点棒图；

☺ 三点棒图

☺ 多笔画趋势图；

☺ 多量程趋势图；

☺ X-Y 图；

☺ 数据表；

☺ S9000 和 Micromax 设定点程序图；

☺ 组趋势。

系统提供的数据分析和处理功能有：

☺ 实时/历史趋势组合显示；

☺ 趋势图的缩放、区域和滚动等；

☺ 暂时禁止显示；

☺ 瞄准线读数；

☺ 趋势密度组态；

☺ 归档历史数据的趋势显示；

☺ 趋势保护；

☺ 智能剪贴板支持数据复制/粘贴。

采用暂时禁止显示功能可在多点显示的趋势图上临时禁止被选点的显示，而无须重新进行组态，运行员能更清晰地查看趋势图。用户无须生成专用画面，通过标准的趋势图画面可以非常容易地在线组态趋势画面。实时数据和历史数据可在同一个趋势画面上显示。通过移动滚动条或直接输入需要显示的日期和时间即可自动存取已存档的历史数据。

趋势显示功能包括实时趋势显示和历史趋势显示两种，都用曲线方式反映过程变量的变化状态。记录周期变化可从 1s 到 5min。变量的记录点数种类有 1500 个或 3000 个两种。记录周期短，则记录的时间短。例如，若每秒采样一点记录，则 1500 个数据只需记录 25min；如每 10s 采样一点记录，则需要记录 250min。对于历史趋势，可通过对采样数据进行压缩得到。趋势记录功能用于采集和记录各种仪表参数，并在趋势画面上以不同的颜色和线型显示各参数，每张趋势图上可同时记录 8 种参数。

（1）实时趋势是指短时、动态的趋势显示方式，在显示窗口中动态显示一条或多条沿时间轴动态延伸的趋势曲线，采样时间为 1s。曲线时间最长只有几分钟，一般可见于回路调节画面，也可见于流程画面，在组态时由用户定义。实时趋势能在"在线"方式下进行特性和相关参数分析。实时趋势记录功能主要用于记录过渡过程曲线和进行 PID 参数的调整，从而方便地用来分析过程特性。其采集的数据被保存在操作站的硬盘中，并采用新旧更替的方式进行循环。

（2）历史趋势显示的是由系统保存的一段时间内各变量的变化趋势曲线，这些变量都应事先在历史数据库组态中加以定义。历史趋势曲线显示方式有组方式和随机方式两种。

所谓组方式是指事先定义好在一幅历史趋势画面中，应显示哪些变量及曲线的前推时间，这样当调出该历史趋势画面后，事先定义过各变量的前推一段时间内的趋势曲线会自动显示出来。前推时间可设定为 10min、30min、1h、小时的倍数或日的倍数，最长为 1 个月。该方式下，一幅历史趋势画面中最多可同时显示 16 条曲线。

随机方式就是系统提供一幅标准的历史趋势画面，按下"历史趋势"功能键后即可调出，该画面如图 4-8 所示。在此画面中，运行员可临时输入欲显示的曲线变量名称、曲线的起始时间和曲线时间长度，输入完成后即可显示该变量在指定时间范围内的变化曲线。在该方式下，历史趋势画面中最多可同时显示 8 条趋势曲线，如图 4-8 所示。

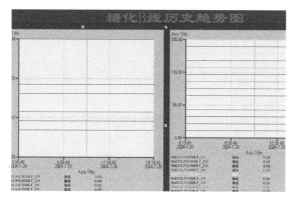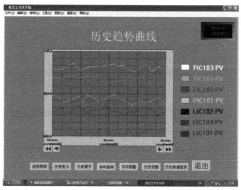

图 4-8　历史趋势画面

　　历史趋势数据来自历史数据库。历史数据采集有瞬时值和平均值两种常用格式。大量的历史数据采集可在线保存，采用自动归档功能可无限地保存所有的历史数据。默认的历史数据采集间隔为：

☺ 1s 瞬时值；

☺ 1min 瞬时值；

☺ 1h 瞬时值；

☺ 8h 瞬时值；

☺ 24h 瞬时值；

☺ 6min 平均值；

☺ 1h 平均值；

☺ 8h 平均值；

☺ 24h 平均值。

　　采集的历史数据可以用于趋势显示、用户流程画面、报表、应用程序、电子表格 Excel 或 ODBC 兼容的数据库。归档的数据可以存储在本地硬盘、光盘、磁带等介质中。用户还可以将历史数据存储到 Total Plant Uniformance 信息平台。

　　4）报警一览画面　报警一览画面按报警出现的时间顺序显示各仪表的过程报警信息和报警器的信息。当有报警发生时，在画面的第一栏上将显示有关报警信息，包括工位标记、日期时刻和信息内容，同时工位标记闪烁并发出不同的报警声音通知运行员进行确认和采取正确的处理办法。

　　对于特别重要的工位，可在组态时定义其强制报警功能，无论系统处于何种状态，都会在当前屏幕上方出现一条醒目的红色报警条，通知用户正在发生报警的工位名称、报警性质及当前值，可辅以声光报警。运行员看到报警信号后，可按"报警列表"系统功能键，对报警现状进行仔细观察。

　　系统提供全面的报警/事件检测、管理和打印功能，运行员可方便地浏览报警信息。系统提供多种工具可以快速查找出现报警和事件的问题所在，包括：

☺ 可组态报警优先级颜色；

☺ 运行员操作日志；

☺ 报警等级；

☺ 报警/事件报表；

☺ 报警级别升级；

☺ 区域分配；

☺ 相关显示；

☺ 声音报警；

☺ 报警中止；

☺ 多个报警优先级别；

☺ 专用报警区；

☺ 报警、通信、消息、停车报警器。

标准的报警汇总画面可使运行员将注意力集中在所出现的问题上。下列功能提供一个强大且具有相当灵活性的操作环境：

☺ 可选区域窗口支持对工厂区域的快速报警过滤并提供报警汇总统计清单。

☺ 可选细目显示窗口显示更详细的报警情况细节。

☺ 查看组态生成工具可将用户操作报警内容存盘和重新调出浏览（按指定的区域、时间、被过滤的点）。

☺ 用户过滤器工具可对报警画面的所有显示列加以过滤，以便运行员快速查找问题的所在。

☺ 所有报警信息均能采用优先级进行过滤。报警汇总画面中的报警可以单条或按页确认。在用户流程图上，报警也可单条或按页进行确认。在报警汇总画面和用户流程图上，用户根据自己的监控要求来设定各种报警优先级的颜色。各个优先级报警均可在所有的用户流程画面上显示出来。除了这些功能外，在运行员操作站状态栏（Station）上的报警指示会将未经报警确认的最高优先级的报警用预先设定的颜色闪烁显示。

每个点可组态 6 个报警信息，支持的报警有：

☺ PV 值高高；

☺ PV 值低低；

☺ PV 值高；

☺ PV 值低；

☺ 偏差高；

☺ 偏差低。

事件汇总显示中列出了系统中发生的事件，包括：

☺ 报警；

☺ 报警确认；

☺ 返回正常状态；

☺ 运行员的控制动作；

☺ 运行员的登录和安全级别的修改；

☺ 在线数据库修改；

☺ 通信报警；

☺ 系统重启消息。

事件汇总列表中可存储多达 30000 条事件信息。扩展的事件归档选项软件支持在线存储 100 万个事件，并且可以将事件归档到可移动的存储介质以备今后调用，如图4-9所示。

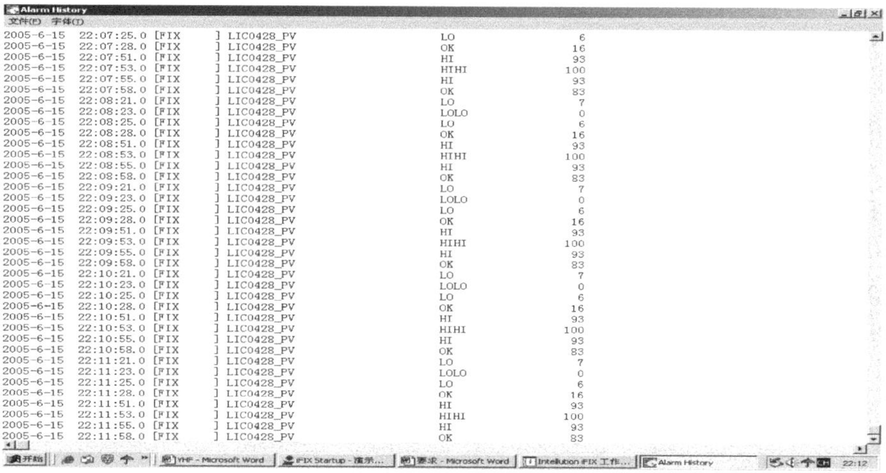

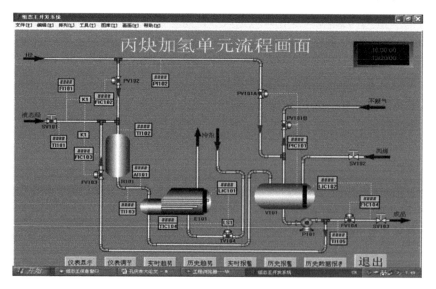

图4-9　报警一览画面

5）流程图画面　流程图画面功能是指用户可根据带控制点的工艺流程图利用监控软件绘制适合用户的流程图画面，从而将控制对象的变化形象地显示出来，并建立一个与运行相匹配的最佳操作画面的功能。在画面制作过程中，可使用监控软件图形库组成各种工业对象的图形，库中有汉字、符号、仪表图可供使用。系统提供画面及流程显示功能，所有画面均可按 1024×768 分辨率真彩色显示，并采用 19 英寸屏幕显示，如图4-10所示。

图4-10　流程图画面

6）报表　系统提供许多内置的报表功能，系统标准报表包括以下几种。

☺ 报警/事件日志报表，报告在指定时间周期内的所有报警和事件。通过使用过滤器，这类报表可以提供运行员和（或）点跟踪报表功能。

☺ 报警持续时间日志报表，报告在指定时间周期内指定的报警点在返回到正常前的报警持续时间。

☺ 集成的 Excel 报表，类似其他标准报表的生成方式，用户可以通过微软的 Excel 电子表格生成报表。采用开放式数据访问 ODA 的软件选项，Microsoft Excel 可以读取 Experion PKS 数据库的数据。

☺ 自由格式报表，生成的报表采用灵活多样的报表打印格式，并包括算术计算和统计功能，如最大值/最小值和标准偏差计算等功能。

☺ 点属性日志报表，显示控制点当前的特殊属性，如中断扫描、坏值和禁止报警等。

☺ 点交叉参考报表，提供指定点的数据库参考，便于在数据库点作废或重新命名后的系统维护。

☺ ODBC 数据交换报表。

☺ 批量处理报表，见应用程序章节。报表可以定时生成，或通过事件触发来生成。定时或通过事件触发生成报表功能可以在线组态。报表可以输出到指定的打印机、显示屏幕、文件或其他用来对数据进行分析的计算机等。系统的报表打印功能可方便地组态和打印年报表、月报表、日报表等。

7）操作和监视

（1）系统画面显示的特点。

☺ 画面访问方法。各种图形画面的调用可通过以下几种方法实现：可通过一个由用户定义的画面目录表访问，用鼠标在目录表中选取图形或键盘输入，便可方便地切换到某一工艺流程图画面；通过控制总貌画面访问，在总貌画面上列出各控制回路的列表和当前运行状态，通过鼠标或键盘即可方便地控制回路所对应的流程画面；由于各种画面在组态时均可定义出由该画面切换至其他画面所对应的键码及相应的图标，这样通过键盘或鼠标也可方便地进入其他的画面；某些特定的画面可通过系统中的某些特定事件予以激活，这些事件包括报警发生、开关变位、定时等。总之，用户可以根据装置的实际需要，选择其中的一种或几种方法，建立自己的图形访问途径。

☺ 图形画面支持多窗口覆盖功能。在一幅画面上最多可重叠显示 10 个图形窗口。该功能主要用于对流程图中某一部分进行细节显示。用鼠标在流程图中事先定义的窗口图标上单击，即可在该位置上拉出一个反映流程细节的窗口，该窗口中可以显示流程细节，也可以显示回路调节仪表或其他信息。

☺ 滚动显示功能。支持 1024×768PPI 的大屏幕流程显示，在横向滚动条上通过鼠标可左右滚动显示。

☺ 支持动态会话功能。会话包括回路设定值的修改、手动输出值的修改、手动开关的置位/复位等功能。该功能只需事先在画面上定义出相应的会话机制，并以图标表示，使用时即可用鼠标激活会话功能，实现会话操作。

☺ 画面优先级及保护。画面显示支持一定的优先级或工段保护机制。对一个较大规模的控制系统，可事先定义出工段间的保护功能，即对不同工段的画面只能调用、显示，不能进行会话操作。

☺ 立体流程画面的显示。工业过程中常见的管线、反应罐、反应塔等可用立体画面显示出来，大大提高了流程画面的逼真程度。立体图库如图 4-11 所示。

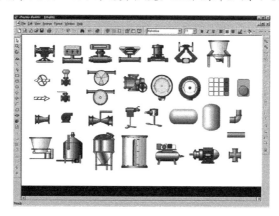

图 4-11　立体图库

☺ 简单的动画功能。如动画图片的消隐、重现、来回切换、图片的简单移动等。

（2）软键功能：在 CRT 显示画面的最下一行，通常显示有 8 个软键标记。这些键随显示画面的不同而被定义不同的内容，它可以在系统生成时由用户定义。不同的显示画面所对应的软键功能如下。

☺ 综观画面。

☺ 控制分组画面：将指定工位调入输入区。

☺ 调整画面：回路固有操作及调整趋势的操作。

☺ 流程图画面：向其他画面展开，工位调出。

☺ 报警一览画面：向最新报警所对应的控制画面展开。

☺ 操作指导画面：向最新指导信息所对应的指定画面展开。

☺ 趋势画面：显示切换、时间轴操作等。

（3）数据的输入和回路状态的切换。

☺ 数据的输入：数据的输入是针对某一工位的数据类型在数据输入区进行的。首先将工位调入数据输入区，指定数据类型，再进行数据设定。

☺ 回路状态的切换：回路状态的切换也是针对数据输入区的工位进行的。运行员可以在键盘上直接按回路状态键进行状态切换。每次进行回路状态切换时，都需要进行确认操作。

（4）操作的安全措施：为维护系统安全，系统提供可组态的安全级、控制级和区域分配。这些均可独立地对每个运行员或每个运行员操作站进行组态。系统有多达 6 种安全级来限制运行员访问系统的功能。

☺ LEVEL 1：退出功能。

☺ LEVEL 2：仅有浏览和报警确认功能。

☺ LEVEL 3：LEVEL 2 功能加上域参数的控制功能。

☺ LEVEL 4：LEVEL 3 功能加上 LEVEL 4 域参数，组态标准系统功能，如报表等。

☺ LEVEL 5：LEVEL 4 功能加上用户可组态的域参数。

☺ LEVEL 6：无限制。

运行员登录/退出的安全功能提供了多达 255 个控制级，来限制运行员对工厂内的某些控制设备或控制单元的操作。所有运行员的操作活动都存储在事件数据库中，并且会加上该运行员的标识。另外，只有当运行员的控制级别超过控制点被赋予的级别时，才可对该点进行控制。

运行员的密码包含 5~6 个字母或数字字符。运行员可以修改自己的密码，且新密码不能和过去 3 个月内使用过的最后 10 个密码相同。当登录系统时，3 次密码输入错误将锁定该运行员操作站。一旦登录系统后，运行员任何时候都可以退出系统，也可以设置一定的时间间隔后自动退出。

区域分配功能限制运行员仅能对所分配区域的流程图进行报警和控制点访问，提供了有效的工厂生产区域的划分。每个运行员都有其操控模型，包括安全级、控制级和区域分配等。当运行员登录系统时，所有这些均立即生效。除此之外，已生成的区域模型能在一定的时间日期等条件下激活或禁止对工厂某区域的控制行为。

8）工程应用功能　运行员应用功能包括：目录画面的分配、概貌画面的分配、控制分组画面的分配、趋势图中过程变量的分配和趋势记录的保存、操作标志的分配和定义、功能键定义、操作顺序定义、辅助指导信息的定义及向外部输出记录点的分配等。

（1）系统维护功能的主要内容。

☺ 系统报警信息。

☺ 控制单元一览显示。

☺ 控制单元状态显示。

☺ 操作站状态显示。

☺ 回路组状态显示。

（2）系统应用功能的主要内容。

☺ 文件操作命令的应用：软盘和硬盘的初始化；软盘和硬盘之间文件的装载、保存、对照及复制等。

☺ 磁头清洗的应用：进行软盘的磁头清洗；将软盘的内容复制到硬盘。

（3）其他功能。

☺ 系统状态自诊断及显示：系统提供了系统状态自诊断功能，在系统的各个层次进行故障诊断，包括现场控制站 CPU 主控制器诊断、各过程通道板故障诊断、通信网络诊断等。操作站也有相应的设备诊断，如打印机故障诊断、键盘的故障诊断等。系统中各种设备的当前运行状态都可以在操作站 CRT 上显示出来，用户可选择显示方式，如文字显示、色块显示等。

☺ 在线组态功能：通过系统提供的操作界面，对各工位的组态信息进行修改，如根据现场仪表的变动情况修改工位点的量程上下限、报警上下限、信号转换方式、工位点所对应的板号和通道号等。这些修改都是在整个系统正常运行的情况下完成的，无须停机。

☺ 系统操作的口令字保护功能：系统可对不同级别的人员实行口令字保护，如系统工艺工程师使用工程师口令字、运行员使用运行员口令字等。运行员不能访问某些高级功能，如在线组态、回路整定等，只有工程师才可访问这些功能。

☺ 操作记录功能：运行员的回路调整、设定值修改、在线组态、开关操作等都记录在一张操作记录表内，表上按时间顺序列出各操作的发生时间、操作类别、操作对象等信息，可随时调出、查询操作记录，最多可记录最近 500 次动作。

☺ 在线控制策略调试功能：在流程图组态时，可以将控制策略，如回路功能块图、梯形图、开关联锁逻辑等以图形方式表现出来，配以动态显示数据，这样就可在控制调试时显示整个控制逻辑各环节的状况。

☺ 系统时钟修改：控制系统对时间精确度的要求很高，当系统经过长时间的运行后，难免会出现时钟误差及各站点时间不一致的情况。利用系统提供的在线时钟维护功能，可方便地对系统时钟进行修改（需在授权方式下），并通过网络将时钟信息发送至其他各站点，以保持整个系统时钟的同步。

☺ 文件转存功能：系统提供了历史趋势数据转存功能，这其实是一组实用的文件操作命令，即在不退出运行状态的情况下，通过调用这些命令，完成硬盘数据向软盘的转存。调用的方式有两种，一种是在系统提供的命令窗口中输入命令，另一种是在组态中定义操作画面，可以通过形象化的菜单操作实现这一功能。

4.3　记录与报表

记录与报表是信息归档的两种形式。

记录是针对事件而言的，当 DCS 或工艺过程中发生了某一事件时，系统记录下该事件以待今后查找故障的原因或总结控制经验，如某个阀门的开关、某个调节参数的调整等。

报表是按照某种规律，通常是以时间的某种规律，从 DCS 历史数据库中取出数据放到一起，或起分析作用，或起统计作用。这类信息的特点是，它们都不是紧迫的事情，不是马上非要处理不可的事情，而是人们用来分析过程运行的工具。因此，它们应做得清晰整洁，能说明问题。

1）记录的形式与设计　记录一般分为随时记录与事件触发记录。

随时记录是要记录一般性的问题或操作，像"流水账"一样供事后分析，因此这类事件往往很全面。

事件触发记录是根据某个事件的发生才被激活的记录。

记录完成，存盘或打印出来。设计这类记录要注意，不要滥用 DCS 的资源，事件发生前后的数据记录的密度应与过程变量的时间常数相对应，而不应盲目求密，更不能不加分析地统一采用一样的记录频率。

2）报表的形成与设计　报表中的数据常来自历史数据库，而不是实时数据库，设计报表与设计记录类似，通常应注意以下问题。

☺ 报表应尽量提供信息，而不只是数据。把数据从历史数据库中提取出来，打印下来很方便，但这仅仅是数据，这些数据说明了什么、对下一阶段的运行有什么指导、对前一阶段的运行能提供什么结论，这些都是应该从报表中得到的信息。因此，报表应把原始数据进行简单的处理，连成曲线，统计规律，计算运行的指标等。

☺ 合理使用计算机的资源。

☺ 不应追求与 DCS 以前的手抄表的格式一致，DCS 应该给人们带来更计算机化的表格。

☺ 报表常常与 MIS 联系在一起。

报表通常按时间的某种规律，从历史数据库中取出数据并放到一起，进行统计和分析。

4.4　历史数据库检索及处理

历史数据库是 DCS 与过程运行状态最完整的数据存储中心，随着时间的流逝，系统运行之后给人们留下的只有历史数据库，应尽可能保存完整的历史数据，这里应把历史数据的处理与存储分开，尽可能多地以密集的方式存储原始数据，而不加入任何处理信息，使计算机的资源得到充分的利用。历史数据的回溯、处理是今后离线进行的工作，不应当占用 DCS 在线的资源。历史数据在提取出来之后，可以利用各种计算机软件进行分析处理。

 ## 4.5　其他类型的人机接口

1）就地操作表　当 DCS 分散到就地控制、单元控制室操作的方式时，常需要为在就地操作的人员提供操作设备，使其能够在系统调试、维护的过程中就地控制过程。

2）手动/自动站　手动/自动站（M/A 站）是常见的一种就地人机接口，一个 M/A 站与一个调节回路相对应，可以显示与调节回路相关的过程变量、控制输出、阀位指令，而且它设有控制按键供操作。

如图 4-12 所示，M/A 站安装在就地的面板上，运行员能够"看着"过程操作。M/A 站与运行员操作站是并行工作的，当控制器与 I/O 模块正常时，运行员发出的指令与看到的反馈如图 4-12 中的实线所示；当控制器或 I/O 模块故障时，信息的走向如图 4-12 中虚线所示。可以看出，M/A 站为系统提供了一种旁路的功能，运行员可以在没有控制模块的情况下手动控制过程。

3）数字量操作站　数字量操作站为运行员提供了就地操作设备的功能。数字量操作站如图 4-13 所示。图中是针对几台设备的按键与指示灯的设计。

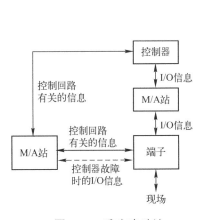

图 4-12　手动/自动站

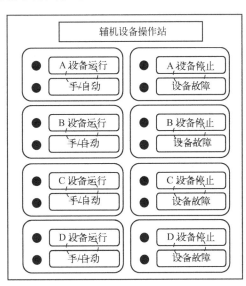

图 4-13　数字量操作站（虚线所标为操作设备的按键）

上述两种就地操作设备都是 DCS 设备，目的是提供就地操作的人机接口。

4）以 PC 为基础的监控站　这类监控站与前面提到的人机接口站的主要区别是其功能很简单。这类监控站主要设置在某些车间或独立的设备间来监控整个过程。通常它只有固定格式，如点显示、控制站、趋势简单工艺过程等可以操作，但有关的记录、存储功能都在主操作台上。这类操作站的设计要求是抗环境干扰的能力强，因为它是就地设置的，画面简单。

4.6　人机接口的发展介绍

1）大屏幕的应用　采用 DCS 实现机组的控制，特别是在全面采用 CRT 的监控手段后，单元控制室的布置形式发生了很大的变化。然而，大屏幕的应用过程中还有很多设计方面的问题，如屏幕的布置方式、屏幕周围墙的设计、灯光的设计、屏幕与运行员距离的考虑等。这些内容涉及人机工程学和大屏幕本身的很多专业知识，比通常的 CRT 操作台的设计要复杂得多、灵活得多。

有了大屏幕显示公共信息以后，如何处理控制室里其他原来用于指示公共信息的设备也是一个问题。以往的设计思路常常是期望系统有很高的可靠性，为了在计算机控制的情况下保持这种可靠性，控制室内设计了各种备用的操作设备，以期在计算机发生故障的情况下通过备用手段运行系统或实现人工停机。如果用这样的想法为大屏幕配备很多备用的指示设备，就会使控制室显得不伦不类。要具体分析 DCS 的控制范围与功能，分析大屏幕在具体应用过程中所起的实际作用，来决定对其他设备的取舍。现在通常的做法是如果采用大屏幕，则取消常规设备和 BTG 盘，但对于大屏幕在这种配置下的特殊作用所带来的特殊设计问题尚未引起足够的重视。

2）多媒体技术　当人机接口可以使用语音、摄像、动画和位图等资源时，设计者可以为运行员提供大量的后备支持手段协助运行。语音可以用于报警提示或指导；摄像功能可以使MMI 站切入工业电视摄到的镜头，使运行员能够看到现场；动画和位图的使用可以使运行员形象地理解现场发生的情况。这些功能并不是故弄玄虚，而是能够切实地提高运行与故障处理的质量。

3）通信系统的应用——与 MIS 结合　网络化的人机接口提高了系统的可利用率。人机接口的通信完善起来以后，可以与管理信息系统（MIS）使用同样的网络，而使 DCS 与MIS 更好地结合起来，减少人为的接口，同时使 MIS 可以得到更广泛的数据甚至画面。远程上网功能使 DCS 的设计者在自己的公司就可以监视用户在现场的运行，发现、诊断系统故障，给出纠正措施，可以对人机接口软件进行远程升级、更新，监视人机接口资源的使用情况。一旦这样的体系完备起来，就可以使 DCS 始终处在厂家的监控之下，使系统运行的可靠性、合理性得到提高。

4）过程信息管理系统接口　将信息管理系统与 DCS 相结合，形成全厂乃至全企业一体化的信息网络，已是目前 DCS 和信息管理系统的发展潮流。计算机网络系统的成熟发展、DCS 的不断开放，为这种一体化的信息网络提供了可靠的基础。与信息管理系统接口的要求使 DCS 越来越开放化，这种要求包括以下几个方面。

☺ 采用网络化的形式。DCS 与信息管理系统的通信是网络对网络的通信而不是网络对点的通信，更不是点对点的通信，因此接口方案应是网络化的方案。

☺ 采用标准化的通信协议。网络通信的重要特点之一是标准化，只有标准化之后才能开放，标准化包括物理层接口、协议和应用方式。标准化不仅使当前的网络能够完成任务，而且为今后的发展、扩充打下基础。

☺ 满足工业通信的要求。DCS 是应用于工业过程的控制系统，与信息管理系统接口是为了传递实时过程数据，因此要求所提供的解决方案能够设有数据、状态范围上的限制；通信速度能够满足管理方面的要求；同时，应具备抗干扰能力，并能满足工业环境所提出的各种要求。

5）界面设计的原则　画面应尽可能简单、清晰。许多设计者在设计画面时期望尽可能多地表达信息，但这样往往会扰乱运行员的工作和思维，使结果适得其反。画面不应过分闪烁或采用浅色背景，否则运行员在它前面长期工作时就会感觉厌倦和疲劳，最常用的背景色是灰色和黑色。每个画面最上边一行或两行应该有运行员所关心的一般性信息，如日期、时间及报警综述；最下面一行或两行应作为人机联系回送信息、提示信息或错误信息的显示。所有画面的颜色应该统一使用，以免造成运行员的记忆混乱。某些颜色应用于画面的静态部分，而另一些颜色应用于画面的动态部分。颜色的使用应该遵循行业的有关规定。在某些危险的工况下，颜色不应当是提供信息的唯一手段。在改变颜色的同时，应辅以闪光、加线或加框的方法，以保证可靠性。

总结

本章主要介绍了运行员操作站的结构、基本功能，以及其他类型的人机接口和人机接口的发展过程。

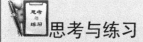

思考与练习

（1）简述运行员操作站的构成。

（2）运行员操作站的基本功能有哪些？

（3）记录和报表功能是什么？

（4）操作站的画面体系类型有哪些？

（5）如何判定 MMI 容纳 DCS 中的数据的能力？

第5章 工程师站与组态软件

DCS 与其他的工业产品不同，不是安装之后就直接使用的。DCS 为人们提供了各种控制、监视过程的设备，或者说能力。工程师站（Engineering Work Station，EWS）是 DCS 中用于系统设计的工作站。其主要功能是为系统设计工程师提供各种设计工具，工程师利用它们来组合、调用 DCS 的各种资源。同时，由于工程师站的设计对象是 DCS，因此它与特定厂家的 DCS 有密切的关系。本章主要介绍工程师站的作用及组成，并通过实例介绍组态的设计过程。

5.1 工程师站在 DCS 中的作用

EWS 的作用是通过设计将设备组织联系起来，使所有的功能都能发挥出来。因此，EWS 是针对 DCS 的应用工程师而设计的。通常 EWS 是用来为 DCS 赋予实际工作任务的工作站，利用工作站来组合 DCS 中所提供的控制算法或画面符号，而不是编制具体的计算机程序或软件，也不是用来描绘制造或安装用的图纸，所以习惯上把这种设计过程称为组态或组态设计。这也是 DCS 的工程师站与其他工程设计工作站的区别。一般来说，EWS 在功能、运行环境、使用方法等方面都充分考虑了工程设计工作的特点，使它相当于 DCS 中的一个设计中心。

1. 用 EWS 做系统组态设计

系统组态设计的主要任务是利用 DCS 提供的所有控制、监视功能来设计实际的过程控制系统。组态设计包括以下几个方面。

1）系统硬件构成的总体设计 DCS 中使用的所有硬件设备，它们之间的电气、通信上的联系、逻辑上的关系等设计，都可以在 EWS 上完成。设计者在 EWS 上可以很方便地把它们调用出来，组成系统。

所谓组成系统就是画出它们之间的联系图、接线图。用 EWS 设计这些系统，应该像搭积木一样方便，而不必借助其他的画图软件，如 AutoCAD。因为 EWS 是在组合现成的设备，所以这样的设计使 DCS 的使用者能够一目了然地了解 DCS 的总体布置情况。DCS 的总貌图如图 5-1 所示。

2）系统的硬件设计 系统的硬件设计通常包括过程控制单元中的模件布置、电源分配、现场 I/O 的连接方法、屏蔽与接地等方面的设计，使用 EWS 可以很方便地根据 DCS 的设计规范和过程控制的具体要求设计出这些接线图、配置图。

3）控制逻辑设计 控制逻辑的设计过程是根据 DCS 中给出的控制元件（算法，或称功能码）组成控制方案的过程。简单来说，它包括采集现场信号的设计，控制运算、决策的设计，控制输出的设计，通信与传递信号的设计，系统诊断与处理方面的设计等。这方面的功能设计可以包括很多内容。

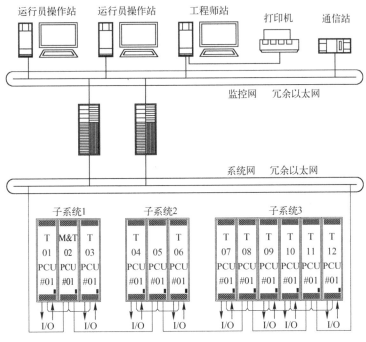

图 5-1　DCS 的总貌图

4）人机接口站组态设计　人机接口站组态设计是根据运行、维护等日常由运行员完成的任务，通过 DCS 的运行员操作站所提供的功能，设计并组成一个监控系统的过程，大体包括画面设计、报警设计、数据库设计、记录设计、帮助指导设计等。

与过程控制组态不同的是，人机接口站组态的逻辑性不那么强，某幅画面中的设备画得大一些、小一些并不影响过程的安全，因此这部分设计常常得不到习惯于逻辑思维的控制工程师的重视。然而事实上这部分设计是不能忽略的，从信息的组织方法来说，人机接口系统设计的好坏，体现了设计者是否了解自己的 DCS，是否了解过程。

5）文件组态　这部分组态指的是为使 DCS 正常运行而编制的各种说明指导性文件。

DCS 应是自我完善的，DCS 的安装、使用、应用方法和故障处理方法都应包含在 DCS 中。根据问题性质的不同，或者在人机接口站上提供，或者在工程师站上提供，而不应让使用者再"离线"查阅资料。

6）系统运行之后的维护管理基本方法　用户在使用 DCS 的过程中会发现很多问题，有些是 DCS 的问题报告，有些是对 DCS 改进的设想，有些是对设计更改的要求，这些问题都是围绕 DCS 发生的，应通过 DCS 本身提供的手段来记录维护这些信息的方法，而不是把这些信息"入另册"。

因此，DCS 的组态任务中应包括一套管理这些信息的系统，虽然在 DCS 的设计过程中这些问题可能尚未发生，但如果有了这样一种信息结构，则对运行过程中的维护是很有用的，有些 DCS 已能够自动产生一些硬件方面的问题报告。

2. 系统调试与设计更改

由于 EWS 的设计中心的地位，所以在 DCS 的系统调试与设计更改过程中，它发挥了最重要的作用。

调试过程中，可通过 EWS 来确认控制组态是否正确执行，这需要在线运行 EWS，以实时监视过程中的动态数据，发现问题后修改组态。

这些工作不是在其他人机接口上可以完成的，要在 EWS 上完成。虽然在运行员接口上可以看到一些问题，但是对组态的调整应在一个点进行，在 EWS 上完成。在下载了人机接口的组态之后，如果有问题，也要在 EWS 上修改。所以，在调试过程中，EWS 显得最"忙"，这时尤其要注意 EWS 上文件的管理。

3. 运行记录

EWS 的另一个作用是在调试结束之后，当系统进入正常运行时，对某些特殊的过程参数做记录。这些特殊的参数包括：

☺ 一些运行员并不关心而对系统的控制效果很重要的参数，尤其是一些控制回路之间关联的变量的耦合程度的参数。

☺ 系统运行过程中 DCS 的负荷参数、通信负荷率、运算负荷率等。

这些参数一方面对控制系统的整定很重要，同时，它们又是在较短期的调试过程中不容易看出来的，需要用相对长一些的时间来观察，所以在 EWS 上监视这些参数很有必要。在运行员人机接口上监视当然也可以，但是作为系统的设计者，要注意把这些用于控制或系统分析的信息与运行员日常处理的信息分开，以避免这两种不同类型的工作相互干扰。同时，由于这些参数往往是不易确定的、灵活的，因而在 EWS 上由工程师来监视比在运行员操作站上监视要方便得多。另外，EWS 上对数据做分析的软件比运行员接口站的软件要丰富一些，用这些软件对控制系统做分析会更有效。

4. 文件整理

EWS 既然作为设计中心而存在，那么 EWS 上的文件对于 DCS 来说就非常重要了。同时，按照前面提到的 DCS 应"自我完善"的概念，EWS 也应作为向用户提供 DCS 全部设计文件与系统说明文件的中心。实际上，如果 EWS 管理得好、利用得有效的话，它还应提供系统调试、运行、管理过程中相关的全部文件，使得与 DCS 相关的文件都可以在 EWS 上找到。这样会促使人们把有关的问题与 DCS 的设计、应用联系起来，也便于获得解决问题的信息。

目前很多人把这些工作放到 EWS 之外，也就是在 DCS 之外去解决，使得问题的解决过程与问题本身在两套系统上进行，这不是一种高效的方法。

综上所述，EWS 的作用可以包括以下几个方面。

☺ 组态设计，包括总体设计、硬件设计、控制逻辑设计、人机接口设计、文件设计和运行维护。

☺ 系统调试，包括在线调试和离线调试。

☺ 外部通信。

☺ 运行记录。

☺ 文件管理。

☺ 数据分析与建模。

5.2   工程师站的组成

如图 5-2 所示，工程师站主要由以下几部分组成。

☺ PC 硬件及操作系统。一台完整的 PC 是工程师站的基本设备，有的工程师站采用
"工作站"式的 PC; 有的工程师站采用服务器-客户机结构，这显然是一种趋势，因
为它更适合多个设计者共享一个项目的资源。

☺ 工程设计软件。各 DCS 都有自己进行工程组态的软件，它们只适用于自己的系统。

☺ 其他具有辅助性能的软件，如办公软件、数据库软件等。

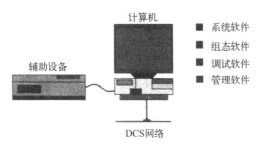

图 5-2   工程师站的组成

5.3   工程师站在 DCS 中所处的地位

DCS 的特点是分散控制，而且从可靠性的角度考虑，在 DCS 的网络设计中往往不会有
某节点的重要性高于其他节点，只是不同类型的节点完成不同类型的工作。因此，从硬件上
或者从通信的逻辑关系上，EWS 并不比其他节点高级。

而 EWS 的任务是系统设计，且系统运行时并不要求 EWS 必须在线，似乎 EWS 对运行
不是很重要。但从设计上看，过程控制站和人机接口上的控制与运行方案都是来自 EWS 的。
在实时控制过程中，一般不能规定 EWS 有更高的控制与运行方案，因为设计工程师的任务是
设计，而运行员的责任是运行整个过程，设计人员没有权利越过运行员去操作现场的设备。

一些控制工程师常常出于调整系统的愿望与责任感，在 EWS 上做修改，甚至越过运行
员在 EWS 上操作设备，这是非常不可取的。并不是因为他们的想法有错，而是因为他们忽
视了统一指挥对象的重要性，就像控制回路的切换扰动一样，从不同的地方控制一个过程常
常带来对过程的扰动。

5.4   系统组态

5.4.1   组态软件

组态软件安装在工程师站中，这是一组软件工具，是为了将通用的、有普遍适应能力

的 DCS 变成一个针对某一具体应用控制工程的专门 DCS 控制系统。为此，系统要针对这个具体应用进行一系列定义，如硬件配置、数据库的定义、控制算法程序的组态、监控软件的组态、报警报表的组态等。在工程师站上，要做的组态定义主要包括以下几方面。

☺ 硬件配置，这是应该最先做的。根据控制要求配置各类站的数量、每个站的网络参数、各个现场 I/O 站的 I/O 配置（如各种 I/O 模块的数量、是否冗余、与主控单元的连接方式等）及各个站的功能定义等。

☺ 定义数据库，包括历史数据库和实时数据库。实时数据是指现场物理 I/O 点数据和控制计算时中间变量点的数据。历史数据是按一定的存储周期存储的实时数据，通常将数据存储在硬盘上或刻录在光盘上，以备查用。

☺ 历史数据和实时数据的趋势显示、列表及打印输出等定义。

☺ 控制层软件组态，包括确定控制目标、控制方法、控制算法、控制周期及与控制相关的控制变量、控制参数等。

☺ 监控软件的组态，包括各种图形界面（如背景画面和实时刷新的动态数据）、操作功能定义（运行员可以进行哪些操作、如何进行操作）等。

☺ 报警定义，包括报警产生的条件定义、报警方式的定义、报警处理的定义（如对报警信息的保存、报警的确认、报警的清除等操作）及报警列表的种类与尺寸定义等。

☺ 系统运行日志的定义，包括各种现场事件的认定、记录方式及各种操作的记录等。

☺ 报表定义，包括报表的种类、数量、报表格式、报表的数据来源及在报表中各个数据项的运算处理等。

☺ 事件顺序记录和事故追忆等特殊报告的定义。

1. 系统配置的设计

系统配置设计的任务是根据应用方面的要求，确定 DCS 的规模和具体组成方法。

1）根据控制应用的要求提出对 DCS 的要求　控制应用的要求可以有很多方面，有些与 DCS 有关，有些与 DCS 关系不大。在提出控制要求的过程中，一方面应用工程师要善于用 DCS 的表达方式来描述问题；另一方面，DCS 工程师也要从控制应用的角度出发去思考问题。

例如，为了确定 DCS 中的 I/O 模件的种类与数量，DCS 工程师希望知道每一个控制柜里所包含的 I/O 种类与数量，而要确定这一点，就要对应用要求有细致的分析；而反过来，为了能提出这个要求，应用工程师要对 DCS 模件的能力有所了解，以决定系统如何划分才更合理。要把这个过程当作设计过程来看待，而不是简单地"你提要求，我配置"。

控制应用的要求如下。

☺ 工艺过程的划分。根据工艺过程的物理位置，确定 DCS 控制站的分布。

☺ I/O 点的要求。根据每个子系统的 I/O 种类与数量、裕量要求及今后可能进行的扩充，确定每个子系统所需要的 I/O 数量与类型。

☺ 控制处理器的要求。提出每个子系统控制方面的大致要求，在这个阶段，这些要求不应以 DCS 的控制处理器的数量来表达，而应以控制回路数、重要程度、设备数量，以及其他控制任务数量的形式来表达。因为选择多少处理器、什么样的处理对于各种 DCS 来说是不一样的。

☺ 人机接口数量的要求。根据工艺过程覆盖面的大小、运行的要求，确定运行员的数目，进而确定运行员操作站的数目。

☺ 其他方面的要求。如工程师站的数量、打印机、SOE 设备、远程 I/O 等。

2）根据对 DCS 的要求选择 DCS 的设备　选择什么样的 DCS 设备去完成应用的要求不仅仅是一个技术问题，还要考虑商业方面的问题。无论作为 DCS 供货商还是用户，都要寻求一种最理想的配置方案，只是在追求这个最佳方案时，双方采取的准则不尽相同。

这个过程同样应看作一个设计过程，EWS 应在其中发挥作用。有些 DCS 中配有这样的软件，可以自动地从应用要求中产生 DCS 的设备清单，然后人工根据某种原则做适当调整。

3）根据 DCS 设备进行系统组成的设计　所谓系统组成的设计是指对系统硬件连接的设计，它不是设计控制逻辑而是画出系统的配置或硬接线图。由于系统中采用的绝大部分设备都是 DCS 设备，所以它们之间的联系图应由 EWS 来生成。这时系统组态的概念是指硬件配置，目前很多 DCS 的这部分工作不是通过 EWS 本身的软件完成，而是通过另外的绘图软件完成的。

组态任务包括以下几方面。

☺ 系统中各主要设备的通信网络图，图上要标明设备的物理位置、逻辑地址、名称、连线方式等信息。

☺ DCS 设备的组装图，表明设备的安装、组装方法。

☺ 电气电缆、信号的处理、接地、屏蔽、配电的处理。

☺ 特殊接线或外部设备的组装方法。

上述组态图纸的详细程序应能够使安装人员根据图纸将 DCS 组装起来，这是硬件配置的根本任务。工程师站应借助 DCS 的组态软件完成这些设计。

2. 过程控制的组态

过程控制的组态是根据控制要求将 DCS 中的控制算法组合起来，形成完整的控制方案的过程。通常是设计人员在了解了控制要求之后，在 EWS 上将 DCS 中的算法块逐一调出来，连好线或填好数据表格以明确它们之间的关系，这样就组成了一些可以在 DCS 中执行的控制方案。

3. 人机接口功能的设计

人机接口功能的设计是指对人机接口上的全部功能组合应用的设计。例如，在人机接口上建立数据库以采集过程控制站的过程变量；设计人机接口上的画面和画面之间的关系，如从哪幅画面可以调用哪幅画面、怎样管理所有报警、怎样产生记录等工作。这些设计的结果通常不是图纸，而是一幅幅的工艺画面或各种形式的数据库，这些数据库表明了人机接口处理过程变量时的方式。

5.4.2　系统组态与其他设计方法的区别

DCS 的组态是一个设计过程，因此，它具有设计过程的一般特点，如一致性、完整性、完备性等。但与通常的机械设计、电气设计、工艺设计相比，又有其特殊的地方，如它对画图的要求不高，对计算机的要求也不高等。归纳起来，DCS 的设计具有以下特点。

1）DCS 的组态是组合 DCS 中的元素　完善的 DCS 组态软件应提供 DCS 本身设计的全部元素，这样，设计人员的主要任务就是把这些元素组织起来，无论是控制方面的设计还是画面方面的设计。

这意味着 DCS 的设计资源是相对有限、针对性很强的，不像其他设计那样有很大的灵活性与通用性。当然，DCS 提供了开发、设计新的元素的能力，这样的功能越完善，越能使设计人员将精力集中在设计方法，而不是绘制具体的图形上。这种设计不仅包括控制逻辑的设计，而且也包括 DCS 硬件设计。

2）DCS 组态的逻辑性 DCS 组态有很强的逻辑性，这是 DCS 设计的一个很突出的特点。

机械设计与工艺设计过程中也要有逻辑性，但它们是以尺寸的配合和介质变化的配合来表现的。

DCS 中的逻辑性表现在对不同事件的控制上。同样一个事件，在过程的不同阶段发生时，处理方法是不一样的，而且事件表现出来的形式也可能不一样。

3）DCS 组态的多样性 DCS 组态涉及方法的多样性是其另一特点，DCS 的设计包括以下几个方面。

☺ 硬件设计：主要要求是绘制连线图要准确、清晰、全面，使别人可以据此组装系统，没有任何逻辑性。

☺ 控制逻辑设计：要求了解工艺过程，了解控制的一般原理，有逻辑设计的能力，对画面方面几乎没有什么要求。

☺ 画面设计：要求深入了解工艺过程，要决定将什么样的工艺过程画到画面上，用什么来画，如何画；要了解画面设计的一般规律，如颜色对人的影响、人们判断事物重要性的习惯等。

☺ 数据库相关的设计：要求了解计算机处理数据的特点、方法，使用类似数据库管理的软件。

☺ 文件管理：一定程度上熟悉计算机的文件管理方法。

要求设计人员能够全面掌握这些知识，然而有些属于技巧性的方法是不容易熟练掌握的，但只有完全掌握了这些内容，才能充分发挥 DCS 的作用。

5.4.3 过程控制站的组态

1. 过程控制站的组态内容

针对过程控制站的组态主要包括以下内容。

☺ 系统配置的组态；

☺ 系统硬件的组态；

☺ 控制算法的组态；

☺ 控制与通信接口方面的组态。

2. EWS 的组态元素

要完成过程控制组态范围中的任务，EWS 通常提供了很多标准的表示 DCS 中设备与算法的符号。所谓组态就是将它们按一定规律连接起来。这些符号通常包括如图 5-3 所示的几类。

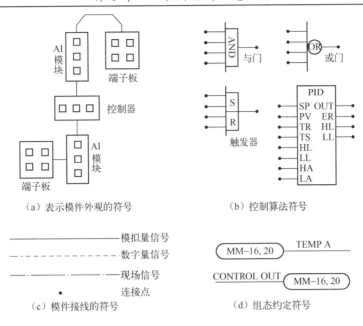

（a）表示模件外观的符号　　　　　　（b）控制算法符号

（c）模件接线的符号　　　　　　　　（d）组态约定符号

图 5-3　组态符号

3. EWS 提供的组态手段

EWS 作为组态的工具为设计人员提供了丰富的组态手段，主要包括以下几个方面。

1）项目管理　EWS 提供类似视察软件中的文件管理器的方法来组织所有的文件，但是，EWS 的任务不是简单地从文件本身的角度（如类型、大小、名称等信息）去管理文件，那样就真成了文件管理器了。它主要包括：

（1）建立一个新的项目，为项目确定基本的信息、用户名称、项目编号等。

（2）选择项目中用到的机柜、机械类型、机械的名称。

（3）在机柜中插入一个模件，选择模件类型，输入模件功能的基本描述。

（4）为硬件画一张组态图，选择边框。

这时的文件管理实际上就是设备组态管理。例如，从一个过程变量的输入信号到针对其执行机构的控制输出信号，其间要经过控制算法、M/A 站、信号变换等运算，因此，EWS 能很方便地列出相应的功能码，由设计人员进行选择。

2）工程画图　工程画图是很重要而且很有特色的一个方面。

以控制系统的组态图为例，虽然是画图，但图纸所表示的信息不是机械、电气类型的信息，因此这里提供的工具不像 AutoCAD 那样有很强的"作图"功能，组态图所表示的是信号流向上所进行的运算。

设计人员所画的连线，并不是真的表示从这个功能码的输出端要连一根线过去，而是表示要把信号从这里送到那里。所以，EWS 不一定关心连线的画法，而只关心连线的起点与终点。

用 EWS 上提供的作图功能去画机械图，显然会让人感到远远不够用，但是用它来表示控制组态就很适用，而机械绘图软件却表示不了这些功能。资源的使用是设计过程中最常碰到的，EWS 往往把 DCS 中的资源分类存在系统中，无论设计人员是要作用于硬件符号还是控制算法，都可以灵活地调出。除此之外，EWS 上还可以调出典型的控制组态。例如，一个典型的双泵控制系统、典型的电动机控制组态等。使用这样的组态一方面节省了工作量，另一方面也保证了设计的质量，因为这些典型组态是实践了的正确组态。

3）资源使用　工具箱是为修改和调整组态而设计的各种实用的工具，如组态的下载与上载、调整、校验等。

4）在线调试　EWS 的作用决定了它一定有在线调试的功能。EWS 的在线调试功能有以下两个特点。

（1）调试往往不是为了调整工艺过程，而是为了验证组态的正确性，或者说验证组态是否能正确地控制工艺过程。

　　在线监视的参数一定要以与组态图相对应的形式表现出来，这样设计人员便可以方便地发现组态图中的问题。很多 DCS 的调试功能中，包括可以把一幅组态图中的过程变量直接显示在图纸中相应的位置上，这样，发现哪里的参数不正常就直接检查哪里的组态即可。

（2）调试过程中要得到的参数有很强的灵活性，可能要得到最终结果、中间变量或现场输入，因此在线监视功能应给设计人员提供足够的手段来选择要监视的过程参数而不必事先组态这些监视组。同时，监视的数据往往要记录下来以供分析，所以记录的方式也应比运行员操作站上的记录方式更灵活。例如，运行员操作站关心的是磨球机出口温度的曲线，而EWS 关心的是磨球机入口冷风温度、热风温度、落煤量三者对出口温度的影响程度，以及这种影响程度随磨球机负荷的变化关系。

4. 用 EWS 组态的设计过程

1）确定 EWS 的资源使用原则　特别是当多个工程师针对一个项目甚至多个项目同时进行组态设计时更应当确定 EWS 的资源使用原则。现在供设计用的计算机不论是否是 EWS，几乎都是联网的。因此，项目中哪台机器作为服务器，哪些作为客户机要定义清楚，同时要规定大家的使用权限，不同的资源类型有不同的使用方法。例如，项目中的通用符号是由专门的人员生成放在固定目录下的，其他人员只可读取而不能修改。关于资源的使用要在项目开始时明确。因为每个设计工程师都可能有自己另外的设计资源、自己的经验、自己以前干过的项目的组态、自己向专家请教的结果等，这些可能都是正确的，但是并不一定适用于当前的工程，要在项目开始实施以前把公共的资源明确下来。

2）根据应用要求确定系统的组成，并设计主要的硬件图纸　把硬件划分到每个子系统级，每个工程师要知道自己的责任是哪部分，或哪个目录下的文件，然后进行各自的硬件设计。因为硬件设计与组装配电、现场设计都有关系，因此先进行硬件设计有助于其他部门及用户。同时，硬件设计对控制组态的设计范围也是一种很好的界定。从画图的意义上来说，控制组态就是把硬件的输入和输出信号之间用控制组态图连接起来的过程。

3）控制功能的组态　控制功能组态的输入条件是 I/O 点所规定的工艺范围及硬件设计

规定的硬件设备。控制逻辑功能组态的最终结果是设计出包含所有输入、输出的控制逻辑组态图，以及定义通过通信向人机接口传输的过程变量。控制功能的组态是整个组态任务中的主要部分。

4）组态的编译修改　使组态变成可以在模件中执行的文件或数据，通常要经过编译过程。编译过程可以发现组态中的"语法"错误，而且从编译之后形成的运行组态上，可以看出组态在运行方面的特性，如负荷率、通信量、占内存的容量等。通过对编译之后组态的调整，可以确定最终可以执行的组态。

5）在线调试　在线调试实际上分为几个过程，包括设计过程中的调试、出厂之前的联合调试、现场的实际运行调试。它们分别解决了控制功能的组态实现问题、子系统之间的配合问题，特别是与人机接口的配合问题和组态满足实际运行要求的问题。

这一步骤中要特别注意调试过程的连贯性，每一级的调试都是在上一级的基础上进行的，而实际的调试过程却有可能是由不同的人员完成的，因此要保证高效的工作，就应充分利用 EWS 的功能记录整理调试结果，使下一阶段的工作可以利用当前的成果。这方面的错误经常在调试过程中出现，因为在线调试人员往往有除了调试以外的其他工作的压力。

5. 组态过程的管理

组态过程的管理是一个设计管理问题，在第 10 章 DCS 的工程设计中描述，这里讨论的是 EWS 在其中所提供的手段与起到的作用。

除了组态的正确性以外，组态图的一致性是管理的重要内容之一。有些 EWS 中要规定一般性资源的来源，如来自哪个目录、由谁负责更新等。有些 EWS 提供了一些一致性的检查工具，如标签形式的一致性、图框的一致性、传递信号的一致性等。在这种情况下，应该在设计步骤中明确使用这种一致性检查之后的标识，就像机械图纸中的标题栏中都有"标准化"一栏一样，通过了一致性检查，组态才算编译成功，才可以下载。为了使一致性得到贯彻，应尽量使用 EWS 中自动化的组态工具，如自动赋标签、自动填写图纸之间传递的信号标识等。这种功能的使用要尽量在整个项目的范围内进行，而不只是分别在子系统内进行。尽管从完成控制运算的角度来说，组态形式的不一致并不一定是组态错误，但是有些不一致可能导致的时间和精力上的浪费都是不容忽视的。

过程管理的另一方面是组态图的维护问题，这里主要是指组态图的版本控制。EWS 提供了标识、控制版本的工具。例如，编译时可以选择针对哪个版本进行编译。由于设计是由多个人员进行的，因此，统一的版本控制原则对最终使用图纸的用户来说很重要。图纸的版本不是以图纸文件存盘的时间来表示的，要充分利用 EWS 提供的功能去控制版本，使用户随时了解当前使用的图纸状态。

6. 工程师站为控制回路组态提供工具

这类工具往往包括组态过程的控制工具、典型的组态设计工具、调试的统一工具等几个方面。

组态过程的控制工具是为了加快组态设计，通常是逻辑方面的工具，如复制、剪切、粘贴、移动等。

典型的组态设计工具则根据系统的不同而有很大差异，一个功能码或控制算法就是一个典型的设计，如果能够把各种控制方案都组织起来，使设计人员能够根据应用要求而随意调用，就可以大大提高设计的质量。这类典型的组态设计工具所包括的范围、深度及使用的方便程度都反映了 DCS 的完善程度。

调试的统一工具是根据调试的要求而设计的，把通常的调试操作以批处理的形式组成，用一个命令就可以完成很多任务。

在控制回路的组态与调整过程中，经常要使用便携式的组态装置。尽管工程师站有很强的组态功能，但采用便携式的组态装置却往往能使设计与修改更加灵活。在调试与维修过程中有些对系统模件的操作是在机柜进行的，如校验、临时改变模件状态等，这时可用手提式的简易组态装置完成。

手提式的简易组态装置通常包括以下功能。

☺ 设置模件状态或特殊操作；

☺ 修改、调整组态；

☺ 模件故障诊断；

☺ 模件负荷分析。

5.4.4 运行员操作站的组态

运行员操作站的组态包括两个方面：一方面是在 EWS 上如何进行组态的操作，如怎样做画面等；另一方面是如何进行运行员操作站的设计。

1. MMI 的设计范围

MMI 的形式不同，其设计范围也不同，但总的来说可以包括以下几个方面。

☺ MMI 硬件设计：设计 MMI 的布置形式，固定方式、电源连线，与外部系统的通信线的连接，键盘、鼠标、打印机等所有外部设备的连接，使用户可以完全按图纸组装成 MMI，而不会产生差错。由于这部分设计方式与 MMI 的其他部分设计截然不同，所以常被错误地忽略。

☺ MMI 系统的参数设计：MMI 系统参数是指为了使 MMI 运行在适当的方式或模式下而应设置的参数。与其说设计不如说选择这些参数。为了使 MMI 的资源得到充分利用，根据应用的情况而配置这些资源是十分必要的，否则会使 MMI 过载或空载运行。虽然这是很重要的方面，但它因机器形式的不同有很大差别，应根据说明书，特别是应用实例具体分析。

☺ MMI 的数据库设计：MMI 在过程与人之间的接口工作是通过数据库的传递、转换、缓存而实现的。过程数据放到数据库中，MMI 显示的信息来自数据库。因此，数据库的完善在一定意义上反映了 MMI 能力的大小。这里所说的数据库是一般意义上的数据库，并不一定是 MS Access、Excel 或 Oracle 之类的数据库，尽管在输入数据时，数据可能以这些通用的形式表现出来。因为 MMI 是专用的而不是通用的数据处理计算机，所以其数据库的结构要与 DCS 的信息表达方式密切相关，这样才能有最高的实时效率。

☺ MMI 的应用设计：主要包括画面设计、报警设计、记录设计等。

理想的 EWS 应是上述设计的工具，借助 EWS，设计人员应可以完成上面的各种设计任务，形成图纸或数据文件，做成 MMI 的设计包，用于以后的下载、归档、维护等工作。但是，目前 DCS 中的绝大部分 EWS 只看重 MMI 的后两项任务，即 MMI 的数据库设计与应用设计，而将前两项工作留在 MMI 上完成。

2. 组态的手段

从手段上讲，数据库的设计主要是填表格，这其中通常可以使用类似数据库操作的很多指令或手段，如自动填数据、排序、查找、复制、移动、粘贴等。画面设计是有关图及动态调用的设计。

3. 组态设计的过程

MMI 的设计是非常灵活的，很多情况下，不同的设计结果对过程的运行并不产生影响，正是由于这一点，很多人对人机接口的设计不重视，或者认为很容易。其实，把过程的实质通过人机接口充分表现出来，让人们不是以数字的方式而是以更加形象的方式去认识过程、体味过程是一件很困难的事。要做到这一点，需要考虑几方面的因素，其中重要的一点就是要有一个定义清楚的设计过程。通过这个过程，人们可以有规律地处理过程数据的方方面面，最终实现一个完美的设计。

1）运行环境的定义　运行员操作站是在 MMI 提供的画面环境下与 DCS 交换信息的接口，画面颜色、形式布局、调用方式都应在设计之前定义清楚。在整个人机接口中，这部分的一致性越强，运行员使用就越方便，越不易出错。这些方面设计的不一致会导致很多潜在的错误，如颜色上的不一致就会产生很大的问题。因此，在开始设计之前，定义好所有的系统环境参数、形式是设计的第一步。

2）数据库定义　数据库规定了 MMI 处理的所有信息的来源与去向。例如，画面上的动态项的变化取决于数据库中相应变量的数值，运行员的指令也是通过数据库传到现场的，数据库的设计常常放在应用设计之前，完成了数据库的设计，就好像在告诉系统："我的所有可用的信息都在这里了，你可以根据需要使用。"

3）应用组态设计　应用组态设计是指针对人机接口站的具体功能所做的设计。因此，它因人机接口类型的不同而不同。以下仅列出通常要设计的一些内容。

☺ 系统参数定义。
☺ 工艺流程图。
☺ 控制系统画面。
☺ 报警系统。
☺ 记录、报告系统。
☺ DCS 诊断。
☺ 操作指导。
☺ 对外接口系统。
☺ 运行员级别的定义。

5.4.5　组态的在线调试

1. 组态调试的意义

一个设计好的组态经过调试后才能运行，这在很多人看来已是习以为常的事。但是，设计的组态中什么地方需要调试、怎样调试、怎样算调试好了，以及 EWS 在调试过程中起什么样的作用，这些问题并不是很容易解释的。

设计过程中，由于信息的不完善而遗留下的一些问题使系统不能真正起到控制过程的作用，需要通过调试来获取未知的信息以完成设计过程，这是调试的重要任务。要验证设计的正确性，往往要监视运行中的内部参数，这些参数往往不在 MMI 上供运行员查看，因此，要通过 EWS 来监视，这也是调试的任务。这两点都是把调试看作设计的完善与验证，是设计过程的一部分。然而由于现场的调试与实验室设计过程的工作方式不同，常常使调试人员和设计人员都忽视了这一点，设计人员没有为调试预留接口，调试人员只考虑运行，而不考虑开始的设计目标，把调试的目的变成了"保证系统能运行"。这样便降低了对调试的要求，降低了设计的质量，而 EWS 是设计与调试过程中都要使用的工具，用 EWS 把两者结合起来不是很困难，这也是 EWS 对调试工作的意义。调试之前的设计工作给调试留下的任务应在 EWS 上以一定的方式表示出来，调试之后所完成的设计也应放在 EWS 中作为最终的设计，很多 EWS 并未就这样的工作提供专门的工具。

2．EWS 的调试功能

EWS 的调试功能主要有以下几个方面。

☺ 监视与控制 DCS 的运行，下载组态。EWS 能控制 DCS 中各种模件的运行，使其在线或离线监视模件运行的状态。

☺ 监视过程参数，修改组态。EWS 能够从设计的角度去监视过程变量和模件内的参数值，如过程变量的变化、中间变量的变化、系统时间利用率、负荷率等。同时可以根据监视的结果修改、调整模件中的组态，这个过程一般要求能够在线完成。

☺ 组态的校核。主要是将修改后的组态与模件中的组态做一致性校核，上载修改过的参数，使 EWS 中的组态与在线运行的组态保持一致。

通过组态设计，EWS 还能完成一些系统仿真的功能。

3．EWS 在系统运行过程中的使用

在系统调试结束之后，EWS 应始终起到系统设计运行的管理中心的作用，使用 EWS 的监视功能监视 DCS 的重要参数，使用 EWS 的计算机方面的功能去维护各种设计文件与调试记录问题报告。EWS 是 DCS 的一部分，但同时是一台 PC，充分利用其 PC 的功能把与设计有关的文件组织起来，可以使 EWS 发挥更大的作用。这些设计文件包括以下几方面。

☺ DCS 组态图、组态画面、数据库等 DCS 本身的文件，要控制好这些文件的版本，使它们随时都可以下载使用。

☺ 设计过程中的文件，如设计说明书、调试报告、设计变更文件等。所有设计变更文件应在 EWS 上留有记录。经常发生这样的情况，因为某个具体的困难发现某些逻辑不合理，希望修改，但如果不全面地思考，很可能把以前修改过的组态又修改回去了。设计变更所描述的是一种经验，在每次修改之前要检查所要进行的修改是否合理，这就要借助以往的设计文件，才能使设计保持一致性。

☺ 运行过程中的故障记录、问题报告。EWS 或系统运行过程中的问题报告应有条理地放在 EWS 中，作为今后进一步开发 DCS 的功能、扩充控制范围的基础。

5.5 MACS 的应用组态流程

MACS 系统是北京和利时公司开发的新一代 DCS。此系统给用户提供的是一个通用的系统组态和运行控制平台，应用系统需要通过工程师站软件组态产生，即把通用系统提供的模块化功能单元按一定的逻辑组合起来，形成一个能够完成特定要求的应用系统。系统组态后将产生应用系统的数据库、控制运算程序、历史数据库、监控流程图及各类生产管理报表。

应用系统组态采用如图 5-4 所示的流程。事实上，各子系统在编辑时是可以并行进行的，无明确的先后顺序。

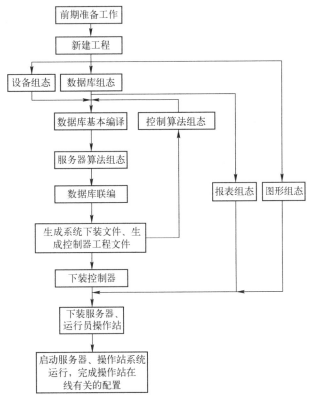

图 5-4 应用系统组态流程图

1）前期准备工作 前期准备工作是指在进入系统组态前，应首先确定测点清单、控制运算方案、进行系统硬件配置（包括系统的规模、各站 I/O 单元的配置及测点的分配等），还要提出对流程图、报表、历史库、追忆库等的设计要求。

2）新建工程 在正式进行应用工程的组态前，必须针对该应用工程定义一个目标工程，该目标工程建立后，便建立了该工程的数据目录。

3）设备组态 应用系统的硬件配置是通过系统配置组态软件完成的。采用图形方式，系统网络上连接的每一种设备都与一种基本图形对应。在进行系统设备组态之前，必须在数据库总库中创建相应的工程。

4）数据库组态　数据库组态就是定义和编辑系统各站点信息，这是形成整个应用系统的基础。在 MACS 系统中有两类数据库组态。

☺　实际的物理测点存在于现场控制站和通信站中，点中包含了测点类型、物理地址、信号处理和显示方式等信息。

☺　虚拟量点同实际物理测点相比，差别仅在于没有与物理位置相关的信息，可在控制算法组态和图形组态中使用。

数据库组态编辑功能包括数据结构编辑和数据编辑两个部分。

☺　数据结构编辑：为了数据库组态方案的灵活性，数据库组态软件允许对数据库结构进行组态，包括添加自定义结构（对应数据库中的表）、添加数据项（对应数据库中的字段）、删除结构、删除项操作等。但无论何种操作都不能破坏数据库中的数据，即应保持数据的完整性。修改表结构后，不需要更改源程序就可动态地重组用户界面，增强数据库组态程序的通用性。此项功能面向应用开发人员，不对用户开放。

☺　数据编辑：数据编辑为工程技术人员提供了一种可编辑数据库中数据的手段。数据编辑按应用设计习惯，采用按信号类型和工艺系统统一编辑的方法，而不需要按站编辑。此功能在提供数据输入手段的同时，还提供数据的修改、查找、打印等功能。此项功能面向最终用户。

5）控制算法组态　在完成数据库组态后就可以进行控制算法组态了。MACS 系统提供了符合国际 IEC1131-3 标准的五种工具：SFC、ST、FBD、LD、FM。

☺　变量定义。控制算法组态要定义的变量如下：在功能块中定义的算法块的名字、计算公式中的公式名（主要用于计算公式的引用）、各方案中定义的局部变量（如浮点型、整型、布尔型等）及各站全局变量。其中功能块名和公式名命名规则同数据库点一致且必须唯一，在定义的同时连同相关的数据一起进行定义。各方案页定义的局部变量在同一方案页中不能同名。在同一站中不能有同名的站全局变量。

☺　变量的使用。在控制算法组态中，变量使用的规则如下。

🔁　对于数据库点，用点名、项名表示，项名由两个字母或数字组成。

🔁　站全局变量可以在本站内直接使用，而其他站则不能使用。

🔁　站局部变量仅在定义该点的方案页中使用，变量可以在站变量定义表中添加。该变量的初始值由各方案页维护。各方案页定义的局部变量的名字可以和数据库点或功能块重名，在使用上不冲突。常数根据功能块输入端所需的数据类型直接定义。

☺　编制控制运算程序。

6）图形、报表组态　图形组态包括背景图定义和动态点定义，动态点动态显示其实时值或历史变化情况，因而要求动态点必须同已定义点相对应。通过把图形文件连入系统，就可以实现图形的显示和切换。图形组态时不需要编译，相应点名的合法性也不做检查，在线运行软件将忽略无定义的动态点。

报表组态包括表格定义和动态点定义。报表中大量使用的是历史动态点，编辑后要进行合法检查，因此这些点必须在简化历史库中有定义，这也规定了报表组态应在简化历史库生成后进行。

7）编译生成　系统联编功能连接形成的系统库，是运行员操作站、现场控制站上的在线运行软件的运行基础。简化历史库、图形、追忆库和报表等软件涉及的点只能是系统库中的点。

系统库包括实时库和参数库两个组成部分，系统把所有点中变化的数据项放在实时库中，而把所有点中不经常变化的数据项放在参数库中。服务器中包含了所有的数据库信息，而现场控制站上只包含与该站相关的点和方案页信息，这是在系统生成后由系统管理中的下装功能自动完成的。

8）**系统下装** 应用系统生成完毕后，应用系统的系统库、图形和报表文件通过网络下装到服务器和运行员操作站。组态产生的文件也可以通过其他方式装到运行员操作站，并要求运行员正确了解每个文件的用途。服务器到现场控制站的下装是在现场控制站启动时自动进行的。

9）**运行程序并在线调试** 复杂的 DCS 控制系统组态是根据整体的控制方案分布按阶段通过组态各子系统后，按序逐步组合调整形成的。同一系列的 DCS 的组态思路和操作是相近的。

总结

本章在介绍工程师站的组成及其在 DCS 中的作用的基础上，给出了系统组态的一般概念及控制系统组态和运行员操作站组态的介绍，并介绍了组态在线调整的意义等内容。同时，详细介绍了 MACS 软件的应用组态流程，为后续工程实例打下基础。

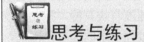

思考与练习

（1）系统组态设计主要包括哪几个部分？
（2）工程师站的主要作用是什么？
（3）简述工程师站的组成。
（4）运行员操作站的组态包括哪两个方面？
（5）用 EWS 组态的设计过程是什么？
（6）什么是组态调试？其意义是什么？
（7）MACS 系统提供的符合国际 IEC1131-3 标准的工具有哪些？

第6章 DCS 的性能指标与评价

由于 DCS 是一个比较复杂的系统，而且它与具体的应用是紧密结合的，要想衡量某一种 DCS 的优劣，不是通过几个简单的指标就可以做到的，必须全面、综合地进行评价才能得到接近实际的结论。一般不能绝对地说哪个系统好或不好，而只能说在哪个应用场合用哪种系统更加合适。另外，DCS 的应用开发对系统性能的影响也相当大，一个不好的应用开发设计完全可以使一个优秀的 DCS 变成一个运行不稳定、不可靠、实时性和精确度达不到要求的系统，因此这是一个综合评价的问题。

6.1 DCS 性能指标简要介绍

评价 DCS 性能的指标主要有系统的实时性指标、系统的精确度指标、系统的容量指标、系统的可靠性和稳定性指标、系统的安全性指标、系统的环境适应性指标、系统的现场接口性能指标、系统的人机接口性能指标、系统的易用性和可维护性指标、系统的灵活性和可扩展性指标等若干方面。

下面分别对 DCS 各个方面的性能指标进行简单介绍。

1）系统的实时性指标　系统的实时性是指系统的各项处理与被控过程变化速度的适应能力。这里强调的是适应，而不是越快越好。因为被控过程的变化速度有快有慢，控制系统要能够与其相匹配，而且要求这种匹配是确定的，也就是说在被控过程要求的速度范围内，系统确定可以做出正确的响应。系统的实时性指标一般包括以下几个方面。

- ☺ 最小回路控制周期和各个回路控制周期的可调范围；
- ☺ 操作命令的响应时间和完成时间；
- ☺ 实时数据库中的数据更新周期；
- ☺ 在系统各个站之间的数据传送周期；
- ☺ 人机界面的模拟图调出周期、界面切换周期和画面中实时数据的更新周期；
- ☺ 各个站的处理能力余量，包括 CPU 时间和存储量；
- ☺ 网络传输能力的余量。

2）系统的精确度指标　系统的精确度最主要的作用域是对现场的测量和控制。而对于控制，由于控制算法需要通过组态实现，因此系统最终表现出来的精确度中包含了组态的因素，这是系统无法控制的，所以，在进行系统精确度评价时要注意排除组态的因素。系统的精确度指标一般包括以下几个方面。

- ☺ 模数转换和数模转换（A/D 和 D/A）的分辨率和精确度；
- ☺ 回路控制的精确度；
- ☺ 模拟量 I/O 的频率响应特性；
- ☺ 模拟量 I/O 对现场干扰的排除能力；

☺ 模拟量 I/O 的温度漂移和时间漂移；

☺ 系统采样的同时性（最小采样周期）；

☺ 系统内各个站之间的时间同步精确度。

3）系统的容量指标　在系统容量的各项指标方面，存在理论容量和实际可行容量两种。理论容量往往是由软件决定的，如采用 32 位数据库索引，则数据库最大容量的理论值可达到 4GB（4 294 967 296 个数据项），而实际上这是不可能的，因此在做系统的容量评价时，都是指其实际可行的容量。这个指标受到系统的硬件配置、系统的实时性指标、系统可用的安装空间及控制算法的复杂程度等诸多因素的制约。系统的容量指标主要包括以下几个方面。

☺ 系统可容纳的最大 I/O 点数量、最大控制回路数量；

☺ 每个现场控制站可容纳的最大 I/O 点数量、最大控制回路数量；

☺ 每个机柜可容纳的最大 I/O 点数量；

☺ 逻辑电源和现场电源的容量；

☺ 实时数据库的最大容量（可容纳的数据量）；

☺ 系统最大的现场控制站、运行员操作站和其他功能站的数量；

☺ 系统可与外界（其他系统）交换数据的数量；

☺ 系统余量（包括 I/O 点数量、控制回路数量、电源容量及各种站的数量等）。

4）系统的可靠性和稳定性指标　衡量系统可靠性使用可用率 A，而衡量单机产品则多用平均无故障时间 MTBF。不论是哪个指标，其表达的都是一种概率，而不是一个确定的数值，因此可靠性指标只是一个定性的指标。系统稳定性表明系统在不同环境条件、不同状态下保持其功能实现和性能指标的能力。

☺ 整个系统的可用率 A 用百分数表示；

☺ 各类站的平均无故障时间 MTBF 以小时为单位；

☺ 长时间运行和环境条件发生变化后系统各项性能的改变。

5）系统的安全性指标　系统的安全性指标包括下述几个方面。

☺ 系统的防爆性能；

☺ 系统对现场出现失控的概率、出现误控的概率；

☺ 在不同工况下，包括最恶劣工况下输出正确结果的能力；

☺ 在系统出现故障或受到外力破坏时导向安全状态的能力。

6）系统的环境适应性指标　系统的环境适应性指标包括下述几个方面。

☺ 温度、湿度和气压适应性；

☺ 防腐蚀性气体能力；

☺ 抗电磁干扰能力（包括防雷击）；

☺ 抗震能力；

☺ 防尘、防水能力。

7）系统的现场接口性能指标　系统的现场接口性能指标包括以下几个方面。

☺ 共模干扰抑制比和差模干扰抑制比；

☺ 系统与现场之间的电气隔离；

☺ 现场信号之间的电气隔离；

☺ 系统的现场端口保护；

☺ 系统输入端口的输入阻抗；

☺ 系统输出端口的带负载能力。

8）系统的人机接口性能指标　系统的人机接口性能指标主要包括以下几个方面。

☺ 对系统的各项操作的方便性（重要操作一键完成）；

☺ 模拟画面的清晰度和表现力；

☺ 报警信息的提示方式是否及时、醒目、易理解及无歧义；

☺ 对操作范围和操作权限的限定和检查；

☺ 操作记录功能和事件追溯功能。

9）系统的易用性和可维护性指标　系统的易用性表现在系统能否提供强有力的工具，使用户能够进行灵活的组态，方便地运行管理和进行各种操作，如记录、查询及存档等。在安装调试方面，系统是否便于接线、查线、测量和调整信号等。可维护性是指系统能否在出现局部故障时使运行维护人员尽快发现问题并及时处理，尽量缩短维修时间。例如，允许在不停电的情况下更换模块就非常有利于快速排除故障。

10）系统的灵活性和可扩展性指标　系统的灵活性是指系统可根据使用要求灵活配置的能力，如现场控制站的大小、安装位置能否灵活地进行配置和安排，各种站的功能能否灵活地进行定义等。

系统的可扩展性是指系统的规模、功能及处理能力等是否能够在运行后对其方便地进行添加，系统是否提供了安全方便的二次开发环境和工具，以便用户可以根据需要增加应用功能。

6.2　DCS 的评价准则

目前，国内外各个厂家推出的 DCS 种类繁多，其体系结构及系统特点相差较大，没有形成统一的标准，给 DCS 的应用设计和实施带来一些困难。对于工业过程控制设计者来说，如何根据工艺过程的自动控制要求来选择适用和高性价比的 DCS，怎样利用 DCS 设备特点组织自动化系统，如何让选择的 DCS 为企业信息化带来最大的效益等，都是自动化系统设计和应用中面临的现实问题。

评价一个分散控制系统的准则有以下几条。

☺ 系统运行不受故障影响；

☺ 系统不易发生故障；

☺ 能够迅速排除故障；

☺ 系统的性能价格比较高。

分散控制系统的评价涉及诸多因素，是一件极其复杂的事情。可将其评价归纳为对系统的技术性能、使用性能、可靠性和经济性等方面的评价，评价的目的是为了使用户能正确选择所需要的分散控制系统。本节主要从可靠性与经济性、技术性能、使用性能等方面进行评价。

6.2.1　可靠性与经济性评价

应用分散控制系统时，安全可靠是头等重要的。可靠性是衡量产品质量的重要指标，一个系统一旦失去了可靠性，其他一切优越性都是一句空话。产品的可靠性既是设计、生产出来的，也是管理出来的。

1. 可靠性的基本概念和术语

产品可靠性是指产品在规定的条件下和规定的时间段内，完成规定功能的能力。这里的产品是指作为单独研究或分别实验的任何元器件、设备或系统。可靠性工程是指为了保证产品在设计、生产及使用过程中达到预定的可靠性指标，应该采取的技术及组织管理措施。它是介于固有技术和管理科学之间的一门边缘学科，具有技术与管理的双重性。可靠性工程的研究范围非常广泛，本节有选择性地介绍一些基本的可靠性概念和术语。这些概念可以从 IEC60050-191（国际电工词汇——可靠性与服务的质量）、MIL-HDBK-338（美国国防部可靠性设计手册）、GJB 451（军标：可靠性、维修性术语）、GB/T 3187（国标：可靠性、维修性术语）等标准中查到，各种标准具体的用词有差异，但含义基本相同。

1）可靠度与不可靠度　可靠度是产品可靠性的概率度量，即产品在规定的条件下和规定的时间内，完成规定功能的概率。一般将可靠度记为 R。它是以时间为变量的概率函数，用 $R(t)$ 表示 0～t 时间内系统正常工作的概率。可靠度 R 或 $R(t)$ 的取值范围为

$$0 \leqslant R(t) \leqslant 1 \tag{6-1}$$

$R(t)$ 可以有多种函数形式，如指数分布（Exponential）、对数正态分布（Lognormal）、正态分布（Normal）、瑞利分布（Rayleigh）、二项分布（Time-Independent）、韦布尔分布（Weibull）、均匀分布（Uniform）等。其中最常见的是指数分布，即

$$R(t) = e^{-\lambda t} \tag{6-2}$$

式中，λ 为失效率。

与可靠度相对应的是不可靠度，表示产品在规定的条件下和规定的时间内不能完成规定功能的概率，又称累积失效概率，一般记为 F。累积失效概率 F 也是时间 t 的函数，用 $F(t)$ 表示 0～t 时间内系统失效的概率。因为完成规定功能和未完成规定功能是对立事件，按概率互补定理可得

$$F(t) = 1 - R(t) \tag{6-3}$$

2）失效率 λ　假设某时刻系统工作正常，则在该时刻后的任意时刻处，系统单位时间内发生失效的概率称为失效率 λ（IEC60050-191）。

失效率（Failures In Time，FIT）的单位一般为菲特，$1\text{FIT} = 10^{-9}/\text{h}$。

失效率的其他定义如下。

☺ GJB 451 中的定义：在规定的条件下和规定的时间内，产品的故障总数与寿命单位总数之比。

☺ MIL-STD-721C 中的定义：在规定的条件下、在特定的测量时间内，一批产品中失效的总数与这批产品所消耗的寿命单位总数之比。

☺ MIL-STD-1309D 中的定义：在规定的条件下和规定的测量时间内产品总体的失效总数与该总体所经历的寿命单位总数之比。

3）平均寿命　在产品的寿命指标中，最常用的是平均寿命。平均寿命是指产品寿命的平均值，而产品寿命则是其无故障工作时间。

平均寿命对于不可修复（失效后无法修复或不修复）的产品和可修复（失效后经过修理或更换零件即恢复功能）的产品含义不同。对于不可修复的产品，其寿命是指它失效前的

工作时间。因此平均寿命是指该产品从开始使用到失效前的工作时间的平均值，或称为失效前平均时间，记为 MTTF（Mean Time To Failure），表示为

$$MTTF \approx \frac{1}{N} \sum_{i=1}^{N} t_i \tag{6-4}$$

式中，N 表示测试的产品总数，t_i 表示第 i 个产品失效前的工作时间。

对于可修复的产品，其平均寿命是指相邻两次故障间的平均工作时间，即平均无故障工作时间或平均故障间隔时间，记为 MTBF（Mean Time Between Failure），表示为

$$MTBF \approx \frac{1}{\sum_{i=1}^{N} n_i} \sum_{i=1}^{N} \sum_{j=1}^{n_i} t_{ij} \tag{6-5}$$

式中，N 表示测试的产品总数，n_i 表示第 i 个测试产品的故障数，t_{ij} 表示第 i 个产品从第 $j-1$ 次故障到第 j 次故障的工作时间。

MTTF 与 MTBF 的理论意义和数学表达式的实际内容是一样的，故通称为平均寿命，记为 θ。若产品的失效密度函数 $f(t)$ 已知，则由概率论的数学期望定义可得

$$\theta = \int_{0}^{\infty} t f(t) \mathrm{d}t \tag{6-6}$$

将 $f(t) = -\dfrac{\mathrm{d}[R(t)]}{\mathrm{d}t}$ 代入式（6-6），可进一步推导得

$$\theta = -\int_{0}^{\infty} t \mathrm{d}[R(t)] = [tR(t)]\big|_{0}^{\infty} + \int_{0}^{\infty} R(t)\mathrm{d}t = \int_{0}^{\infty} R(t)\mathrm{d}t \tag{6-7}$$

由此可见，将可靠度函数 $R(t)$ 在 $[0, +\infty]$ 区间进行积分，即可得到产品的平均寿命。

通过以上分析可以得知平均寿命（MTTF/MTBF）这个指标有如下特点。

☺ MTTF/MTBF 是一个统计数据，其值只能使用统计方法得出，而不能用测量的方法取得。

☺ MTTF/MTBF 符合统计规律，即系统运行时间越长或同样运行的系统越多，其值越接近理论值。

☺ MTTF/MTBF 不能用来预测系统未来的可靠性，如不能预测下次故障出现的时间。

除了使用实测法之外，得到系统 MTTF/MTBF 值的最经典方法是通过计算，即利用构成系统的最基本元器件的平均寿命得到它们各自的失效率，再根据这些元器件在系统中的使用数量、元器件之间的连接关系是并联还是串联、元器件在系统中的使用条件等因素进行计算，得出系统的 MTTF/MTBF。

MTTF/MTBF 的计算方法，目前最通用的权威性标准是 MIL-HDBK-217F、GJB/Z 299B 和 Bellcore。其中，MIL-HDBK-217F 是由美国国防部可靠性分析中心及 Rome 提出的，后来成为行业标准，专门用于军工产品 MTTF 值的计算；GJB/Z 299B 是我国军用标准；而 Bellcore 是由 AT & Bell 实验室提出并成为商用电子产品 MTTF 值计算的行业标准。

最通用的方法是依据美国军用标准 MIL-HDBK-217F 并经过一定的简化得到的，在美国国防部所用的标准手册中列出了各种典型电子元器件的失效率的经验数据及由电子元器件组成的设备的可靠性计算方法。由于计算方法最根本的依据是基本元器件的平均寿命或失效率，而这些数据都是通过足够大的样本（可以近似认为是无限大）统计得来的，因此，从本质上说，MTTF/MTBF 的计算方法仍然是基于统计方法的。

通过计算得到的 MTTF 值是比较接近理论值的，但计算方法的局限性在于系统中所用的元器件必须是标准中给出的品种、型号、厂家，如果超出了标准的范围，则计算结果将产生较大的偏差。

对于使用者来说，MTTF 当然越大越好，但供货厂家给出的数据究竟可不可靠，用户可以通过以下方法做出基本的判断。如果厂家声明其提供的 MTTF 是由计算得出的，则用户应该了解系统中实际使用的元器件的种类、数量与计算公式中出现的是否一致，包括印制板上的焊点、通孔和接插件的数量，特别是接插件，这类元器件的失效率可以说是系统中最高的。除此之外，用户还应该了解系统中有没有使用可靠性计算标准中未列出失效率的元器件，厂家所使用的计算公式是否符合标准等。当然这些工作非常专业，并不是所有的用户都能够承担这项工作。比较简单易行而且可靠有效的方法是实测，即选择有较大使用量的产品，根据这些产品实际运行的时间、运行期间出现故障的次数，大致计算出系统的 MTTF。

4）平均恢复时间（MTTR）　平均恢复时间（Mean Time To Recovery，MTTR）指系统从故障开始到恢复正常的平均时间。在一些文献中也称其为平均修复时间（Mean Time To Repair），但 IEC 不赞成这样定义，MTTR 也包含系统自行恢复的情况。

对于可修复的系统来说，在系统中出现故障后能否尽快恢复运行，也是系统可靠性的一项重要指标。系统故障的修复时间主要包括故障的定位时间、故障的修复时间和系统重新投入运行所需要的时间，对于一个具体系统来讲，这些是比较确定的。不能确定的因素，包括需要更换零配件时因库存、生产及运输等原因而必须等待的时间，以及因维修人员安排和交通情况而必须等待的时间等。由于尽量缩短 MTTR 对系统可靠性影响很大，因此，对这些不确定因素应该进行有效的控制，如要求厂家承诺维修人员的到位时间，在现场预留必要的备品备件等。

对于故障的定位，不同的系统会有较大的差距。通常，当系统具备比较完善的诊断工具时，就能够较快地定位故障。当然这与系统的维修方式也有着密切的关系，如果系统采用了板级甚至模块级更换的维修方式，故障的诊断和定位只要到达板级或模块级就可以了，则故障诊断就比较容易和快速，而且诊断工具也比较简单和便宜。结构简单的诊断工具本身具有比较高的可靠性，这样可以有效地避免在诊断过程中因工具的问题造成时间的延误。因此从 MTTR 的角度看，板级或模块级的故障定位和维修方式要优于元器件级的故障定位和维修方式，因为，后者会造成成本的上升和时间的延迟，而且对维修人员专业要求也会提高，备品备件库存种类也要增加。因此，除特殊情况，如明显的易损件或贵重的部件外，尽量不采用元器件级的维修方式和诊断定位方式。

通常，MTTR 可以测量，也可以按照标准模型进行预测。维修性预计建立在被广为接受的维修性预计标准 MIL-HDBK-472 Procedures 2/5A/5B 的基础之上。

通常 MTTF、MTBF 和 MTTR 之间的关系如图 6-1 所示。

图 6-1　MTTF、MTBF 和 MTTR 之间的关系

从图中可以看出，MTBF=MTTF+MTTR。

5）可用率 A　可用率是指系统的无故障运行时间与系统总运行时间之比，用百分数表示。可用率 A 表达式为

$$A = \frac{\text{MTTF}}{\text{MTBF}} = \frac{\text{MTTF}}{\text{MTTF} + \text{MTTR}} \tag{6-8}$$

MTTF、MTTR 与系统可用率 A 之间的关系如表 6-1 所示。

表 6-1　MTTF、MTTR 与系统可用率 A 之间的关系

MTTF	MTTR	可用率（A）
不变	变小	变大
不变	变大	变小
变大	不变	变大
变小	不变	变小

因此，要想提高系统的可用性，要么增加系统的可靠性，要么缩短系统的维修时间。由于 A 是使用 MTBF 和 MTTF 计算出来的，因此 A 也是一个统计数据。与 MTTF 一样，A 也可以通过实测得到，其方法是让系统运行一段时间，记录下系统运行的总时间和系统无故障运行的累计时间，这样就可以计算出一个实测的系统可用率。它表明了系统在过去某一个时间段内实际运行的完好率。可以用 A_r 来表示这个完好率，其计算公式为

$$A_r = T_e/T_s \tag{6-9}$$

式中，T_s 为被测量系统总的运行时间，T_e 为在该期间系统无故障运行的累计时间。可以看到，只要在 T_s 期间没有任何故障出现，则 A_r 是有可能等于 100%的。由于 A_r 的测试可以在较短的时间内完成，因此在工程中常用它来评价系统的可靠性。虽然 A_r 同样不可以用来预测系统的可靠性，但在工程中它是一种实际可操作的评价方法。

对于由多个部分组成的系统，某一组成部分的故障可能不会导致整个系统的停机。这时，可根据这个组成部分对系统实现完整功能的影响确定一个权重 W_f。该权重是一个大于 0 小于等于 1 的数值，其值越大表明该组成部分对系统实现完整功能的影响越大，最大时为 1，这表明该组成部分的失效将导致整个系统的失效。如果在系统运行中这个组成部分失效，其失效期间（故障持续时间）为 T_f，则在 T_f 期间系统的有效运行时间 T_e 为

$$T_e = T_f(1 - W_f) \tag{6-10}$$

T_f 期间的 $A_r = T_e/T_f$。

从式（6-10）可以看出，如果 $W_f=1$，则 $T_e=0$，$A_r=0$，说明在 T_f 期间系统完全失效。而在大多数情况下，$W_f<1$，因此 $T_e<T_f$，A_r 是一个小于 100%的值，它反映了系统在该组成部分失效时的可用率。

如果让一个系统连续运行一段时间 T_s，在这段时间里，有若干个系统的组成部分出现了故障，它们的故障持续时间和对系统影响的权重分别记作 T_{f1}，W_{f1}，T_{f2}，W_{f2}，…，则系统在 T_s 期间的可用率 A_r 为

$$A_r = (T_s - T_{f1} \times W_{f1} - T_{f2} \times W_{f2} - \cdots)/T_s \tag{6-11}$$

为获得实测可用率 A_r 的测试称为稳定性测试，俗称连续拷机测试，在系统出厂前和现场安装后均可进行。根据 IEEE 的推荐，时间长度一般为 72～100h，也可以根据需要和条件

采用更长的稳定性测试周期。

一个大的系统往往是由多个相对独立的部分组成的，这些组成部分称为子系统。每个子系统都有自己的可用率，当这些子系统组成一个完整的大系统时，根据这些子系统之间的连接关系，可以计算整个系统的可用率。

☺ 串联系统的可用率。对于由多个子系统组成的系统，若该系统必须在每个子系统均正常运行的条件下才能正常运行，则各个子系统的连接关系是串联的，这样的系统称为串联系统，其最主要的特点是各个子系统共同完成同一项系统功能，但其中每个子系统承担的是这项系统功能中不同的部分。串联系统的可用率与各子系统可用率的关系为

$$A_s = A_1 \times A_2 \times A_3 \times \cdots \times A_n \qquad (6\text{-}12)$$

式中，A_s 为系统可用率；A_1，A_2，A_3，$\cdots$，A_n 为各个子系统的可用率。

子系统的串联连接将使总的可用率下降，如有两个子系统，其可用率分别为 90% 和 95%，则它们串联后，总的可用率将是 85.5%。

☺ 并联系统的可用率。若系统由两个或多个并列的子系统组成，该系统在其中任何一个子系统正常运行时就能保证正常运行，则各个子系统的连接关系是并联的，这样的系统称为并联系统。其最主要的特点是各个子系统均可完成同样的系统功能，但只有其中的一个子系统是在线运行的。对于由两个子系统并联而成的系统，其可用率与两个子系统的可用率的关系为

$$A_s = A_1 + (1 - A_1) \times A_2 \qquad (6\text{-}13)$$

子系统的并联连接将使总的可用率上升，如有两个子系统，其可用率分别为 90% 和 95%，则它们并联后，总的可用率将达到 99.5%。

对于多个子系统并联的情况，可以将这些子系统两两并联成新的子系统，计算新子系统的可用率，然后再计算由这些新子系统构成的系统的可用率。

6）维修性（Maintainability）　维修性是指产品在规定的条件下和规定的时间内，按规定的程序和方法进行维修时，保持或恢复到规定状态的能力。维修性的概率度量也称维修度。

7）环境条件（Environmental Conditions）　环境条件是指所有外部和内部的条件，如温度、湿度、气压、尘土、腐蚀、燃爆、辐射、磁场、电场、静电、冲击及振动等或其组合。这些条件是自然的、人为的或自身引起的，它们影响产品的形态、性能、可靠性和生存力。

抛开环境条件谈论产品的可靠性是没有实际意义的。产品对环境的适应能力称为其环境适应性。

2. 可靠性与经济性的评价

1）可靠性评价　可靠性评价一般包括以下几方面。

☺ 系统的平均故障间隔时间 MTBF，MTBF 越大，DCS 的可靠性越高；

☺ 系统的平均恢复时间 MTTR；

☺ 冗余、容错能力；

☺ 安全性，其内容包括系统的操作控制级别设定，安全措施是否严密等。

足够的可靠性是 DCS 能够被工程采用的必要条件。提高系统的可靠性，在设计方面的

基本措施有以下两个方面。

第一是提高单一部件的可靠性，如提高 I/O 模件、控制器模件、网络等模件的设计标准，选择高质量的元器件，严格管理生产过程的质量等。

第二是采用冗余备份技术，实现故障后的无扰动切换，如控制器模件的冗余技术、网络系统的冗余技术、电源系统的冗余技术、总线系统的冗余技术及 I/O 模件的冗余技术等。

显然这些技术措施必须付出提高成本的代价。因此，提高系统的可靠性能不仅受到当前技术水平的限制，也受到了成本的制约。实际工程中的 DCS 可靠性以满足行业的技术标准为原则。

2）经济性评价　评价一个分散控制系统的经济性有两种类型：在购置和使用系统之前及在系统投入运行一段时期之后。

第一种经济性评价着重考虑系统的性能价格比；第二种经济性评价侧重考虑系统费用和经济效益，包括以下几方面。

☺ 初始费用；

☺ 运行费用；

☺ 年总经济效益；

☺ 净经济收益；

☺ 投资回收率年限。

6.2.2　技术性能评价

根据分散控制系统的结构特征，下面分别从现场控制站、人机接口、通信系统及系统软件等方面进行技术性能评价的介绍。

1. 现场控制站的评价

现场控制站的评价涉及以下几个方面的评价：结构分散性、现场适应性、I/O 结构、信号处理功能、控制功能、冗余与自诊断等的评价。

（1）结构分散性是指考察分散系统的现场控制站是集多种功能（如连续控制、顺序控制、批量控制）于一体的，还是分散配置监测站和控制站的；考察每个现场控制站能监测多少个点或控制几个回路。目前流行的趋势是在分散的前提下，按生产过程的布局和工艺要求，使控制回路和监测点相对集中。

（2）现场适应性是指 DCS 配置的灵活性大小，以及适应各种使用环境的能力，如是否具有防爆、掉电保护等功能。

（3）I/O 结构包括 I/O 功能、种类、容量和扫描速度。

（4）信号处理功能具体表现为系统信号处理精度、信号的隔离、抗干扰指标、信号采样周期及输出信号的实时性能等。

（5）控制功能包括连续控制功能、顺序控制功能和批量控制功能。

☺ 连续控制功能——反馈控制功能，包括系统的最大回路数、控制算法的类型和数量、高级主控算法、自整定算法、组态操作方法、组态语言、回路响应时间、控制回路报警方式、掉电保护能力、数据库结构、连续控制与顺序控制及逻辑控制组合方式等项目。

☺ 顺序控制功能——主要是对信号输入/输出的容量、扫描速度、顺序的规模及顺序控制方式和编程语言等进行评价。

☺ 批量控制功能——主要包括批处理能力、诀窍组态和批量控制组态的方法等。

（6）冗余与自诊断主要评价过程控制单元的可靠性措施，例如，评价控制装置是 $1:1$ 后备还是 $n:1$ 后备，是热备还是冷备，切换方式如何，自诊断范围、方式和级别等。

2. 人机接口的评价

人机接口的评价主要是指对运行员操作站和工程师站进行评价。

1）运行员操作站　对运行员操作站的操作可归纳为如下几方面。

☺ 运行员操作站的自主性——指系统中的操作站是具有独立完成人机接口功能的能力，还是需由中央计算机管理。

☺ 运行员操作站的硬件配置——包括 CRT 尺寸、分辨率和显示速率；有无触屏、鼠标或光笔；专用操作键盘的功能与可靠性；控制台设计是否符合人机工程设计原理；是否具有多媒体等。

☺ 运行员操作站的性能——主要是评价操作的方便性和组态过程的简易性。看其显示画面的种类、数量和调出速度；报警方式与记录能力、报警画面与更新方式；是否具有智能显示技术和多重窗口的功能；能否实现基于屏幕的"CRT 化操作"；使用是否方便。还要考察是否有计算功能、计算点的数量与计算能力；流程图、报告和报表等的生成能力；组态是否方便易学；运行员操作站是否具有判别用户组态正确与否的能力。

2）工程师站　工程师站除应具有运行员操作站的所有功能外，还应评价它是否能进行离线/在线组态；是否有专家系统、优化控制，系统能否在 PC 上进行系统组态等。

3. 通信系统的评价

通信系统的评价一般应考虑以下几方面：

☺ 线路成本与通信介质和通信距离的关系；

☺ 通信系统的网络结构；

☺ 网络的控制方法；

☺ 节点之间允许的最大长度；

☺ 通信系统的容量；

☺ 数据校验方式，对通信规约有无明确要求；

☺ 通信网络的传输速率；

☺ 实时性、冗余性和可靠性；

☺ 全系统的网络布局；

☺ 信息传递协议等。

4. 系统软件的评价

分散控制系统的软件包括多任务实时操作系统、组态及控制软件、作图软件、数据库管理软件、报表生成软件和系统维护软件等。应从成熟程度、更新情况、软件升级的方便程度、软件使用中出现的问题及如何解决等方面对这些软件加以评价。

☺ 多任务实时操作系统——应对该系统的使用情况及与其他系统的兼容性进行考察。

☺ 组态及控制软件——评价其配置组态的难易程度；控制算法种类及先进程度；是否

有自整定功能；是否可连续顺序和批量控制；能否提供高级算法语言等。

☺ 作图软件——评价软件作图难易程度；图素、颜色是否丰富；图形生成速度；提供画面的种类及调出图形的速度。

☺ 数据库管理软件——评价其是否为分布式数据库；历史数据库存储及调用是否方便。

☺ 报表生成软件——评价报表生成的种类、功能和报表生成的难易程度。

☺ 系统维护软件——评价系统的自诊断和容错能力及维护的方便性。

6.2.3　使用性能评价

分散控制系统的优劣与系统本身的使用有关。评价分散控制系统的使用性能应考虑以下几方面。

1）系统技术的成熟性　一般而言，使用多年的系统往往是成熟的，因为它是被生产实践所验证的。但是用久了的系统又不一定是先进的，这里存在一个使用成熟技术与使用先进技术的矛盾。生产实际中对先进技术的采用应采取慎重态度，不能盲目追求新技术。

2）系统的技术支持　系统的技术支持包括维修能力、备件供应能力、厂家的售后服务、技术培训能力及可维护性能等。

☺ 维护能力——系统提供的维修功能达到什么级别；是否有全面的检修软件和远方技术援助中心。

☺ 备件供应能力——分散控制系统的各种插卡备件的供应能力是使用中一个十分重要的问题。工厂提供备品的范围及年限是需要认真考虑的。

☺ 厂家的售后服务——这是关系到分散控制系统使用寿命长短的重要方面，应充分考虑。

☺ 技术培训能力——这将牵涉整个系统今后的操作、维护水平及系统产品质量。

☺ 可维护性能——主要评价生产厂提供的系统一般维护的难易程度；维护所需的仪器设备及对人员素质的要求；故障消除的速度等。

3）系统的兼容性　考虑本系统与其他系统的兼容能力。兼容能力越强，则系统的可扩展性和适应能力越高，使用中不仅方便，而且可以省去许多复杂的接口配备，既经济又可靠。

6.2.4　控制系统软件可靠性及评价

前面从系统硬件的可靠性和经济性、技术性能和使用性能上对 DCS 进行了评价。在一般的概念中，影响一个系统的可靠性的最主要因素是硬件。但实际上，软件的可靠性是更加不容忽视的可靠性因素，特别是在系统变得更加庞大、系统功能更加复杂时，软件对可靠性的影响甚至超过了硬件。

1. 软件可靠性的定义

软件可靠性是指在规定的条件下、在规定的时间内运行而不发生故障的能力。同样，软件的故障是由于它固有的缺陷导致错误，进而使系统的输出不满足预定的要求，造成系统的故障。所谓按规定的条件主要是指软件的运行（使用）环境，它涉及软件运行所需要的一切支持系统及有关因素，如支持硬件、操作系统及其他支持软件、输入数据的规定格式和范围及操作规程等。软件可靠性不但与软件存在的差错有关，而且与系统输入、系统使用有关。系统输入将确定是否会遇到已存在的缺陷（如果有缺陷存在的话）。

2. 软件可靠性的三个要素

1）规定的时间　软件可靠性只体现在其运行阶段，所以将运行时间作为规定的时间的度量。运行时间包括软件系统运行后工作与挂起（开启但空闲）的累计时间。由于软件运行的环境与程序路径选取的随机性，所以软件的失效为随机事件，运行时间属于随机变量。

2）规定的环境条件　环境条件指软件的运行环境。它涉及软件系统运行时所需的各种支持要素，如支持硬件、操作系统、其他支持软件、输入数据格式和范围及操作规程等。不同的环境条件下软件的可靠性是不同的。具体来说，规定的环境条件主要用于描述软件系统运行时计算机的配置情况对输入数据的要求，并假定其他一切因素都是理想的。有了明确规定的环境条件后，还可以有效判断软件失效的责任是在用户方还是在研制方。

3）规定的功能　软件可靠性还与规定的任务和功能有关。由于要完成的任务不同，软件的运行剖面会有所区别，则调用的子模块就不同（即程序路径选择不同），其可靠性也就有可能不同。所以，要准确度量软件系统的可靠性必须首先明确其任务和功能。

3. 软件可靠性的度量

1）可用度　指软件运行后在任一随机时刻需要执行规定任务或完成规定功能时，软件处于可使用状态的概率。可用度是对应用软件可靠性的综合度量。

2）初期故障率　指软件在初期故障期（一般以软件交付使用后的三个月内为初期故障期）内单位时间的故障数。一般以每 100h 的故障数为单位。可以用它来评价交付使用的软件质量和预测什么时候软件可靠性基本稳定。初期故障率的大小取决于软件设计水平、检查项目数、软件规模及软件调试彻底与否等因素。

3）偶然故障率　指软件在偶然故障期（一般以软件交付使用四个月后为偶然故障期）内单位时间的故障数。一般以每 1000h 的故障数为单位，它反映了软件处于稳定状态下的质量。

4）失效前平均时间（MTTF）　指软件在失效前正常工作的平均统计时间。

5）平均无故障工作时间（MTBF）　指软件在相继两次失效之间正常工作的平均统计时间。在实际使用时，MTBF 通常指当 n 很大时，系统第 n 次失效与第 $n+1$ 次失效之间的平均统计时间。在失效率为常数和系统恢复正常时间很短的情况下，MTBF 与 MTTF 几乎是相等的。国外一般民用软件的 MTBF 为 1000h 左右。对于可靠性要求高的软件，则要求在 1000～10 000h 之间。

6）缺陷密度（FD）　指软件单位源代码中隐藏的缺陷数量，通常以每千行无注解源代码为一个单位。一般情况下，可以根据同类软件系统的早期版本估计 FD 的具体值。如果没有早期版本信息，也可以按照通常的统计结果来估计。

7）平均恢复时间（MTTR）　指软件失效后恢复正常工作所需的平均统计时间。

4. 软件可靠性与硬件可靠性的区别

软件是人类脑力劳动的产物，只能书写在文件上或存储介质中。因此，软件不受任何物理和化学规律制约。硬件则不然，是可用感官识别的实体。硬件的存在形式和运动规律必须服从基本的物理和化学规律。硬件和软件这种本质差别使得它们具有不同的可靠性特征。软件可靠性与硬件可靠性之间主要存在以下区别。

☺ 最明显的是硬件有老化损耗现象，硬件失效是物理故障，是器件物理变化的必然结果；软件则不发生变化，没有磨损现象和陈旧落后的问题。

☺ 硬件可靠性的决定因素是时间，受设计、生产及运用的所有过程影响；软件可靠性的决定因素是与输入数据有关的软件差错，是输入数据和程序内部状态的函数，更多地取决于人。

☺ 硬件的纠错维护可通过修复或更换失效的系统重新恢复功能；软件只有通过重新设计来恢复功能。

☺ 对硬件可采用预防性维护技术预防故障，采用断开失效部件的办法诊断故障；而软件则不能采用这些技术。

☺ 事先估计可靠性测试和可靠性的逐步增长等技术对软件和硬件有不同的意义。

☺ 为提高硬件可靠性可采用冗余技术，而同一软件的冗余不能提高可靠性。

☺ 硬件可靠性检验方法已建立，并已标准化且有一套完整的理论；而软件可靠性验证方法仍未建立，更没有完整的理论体系。

☺ 软件错误是永恒的、可重现的，而一些瞬间的硬件错误可能会被误认为是软件错误。

总的来说，软件可靠性比硬件可靠性更难保证。

5. 控制系统软件的评价指标

1）控制器的能力与执行效率　一个控制器的能力与执行效率一般包括容量和速度两个方面的指标。在硬件资源（容量和性能）相同的条件下，由于软件设计上的优劣，其控制器的能力和运行效率会有很大的差异。评价一个控制器软件的执行效率和能力的具体指标如下。

☺ I/O 容量：单个控制器能够接入的 I/O 点数。常规的控制器应能在不接扩展器的情况下接入 500 个以上的 I/O 点。此外，还应该考虑同时接入模拟量的能力、同时接入开关量的能力或混合接入时各能接入多少。

☺ 控制算法容量：单个控制器可接入的控制对象数，可以以典型的控制回路（如 PID 调节回路数）或开关量控制量作为参考因素分别考虑。

☺ 采集数据的分辨率：采集数据的分辨率是保障采集数据实时性、内部计算同步精度和事件分辨、事件精度的重要因素。

☺ 控制运算周期：控制方案中控制器的运行一般是按周期进行的。控制方案的运行周期直接影响控制的质量。一般来说，针对不同的工艺对象，应能根据不同的工艺特征，设置不同的控制周期，一个优秀的 DCS 应能灵活地按照控制方案的要求不同，设置不同的运算周期。

2）可靠性与开放性　软件系统的可靠性除了要求软件的逻辑本身正确以外，还要求软件可以抵抗外部环境的破坏，如网络攻击、病毒等，具有很好的可靠性。

开放性是 DCS 发展的趋势，在一个 DCS 控制系统里，可能会用到很多其他厂家的仪表。每家 DCS 厂商都有支持的 I/O 总线，衡量一个 DCS 是否具备开放性主要看能否兼容其他现场总线的设备，如 PROFIBUS-DP 模块、FF 仪表、Hart 设备等。

3）控制器运行管理和维护能力　控制器中运行的数据是从工程师站组态后下装到控制器中的。一般控制器中均提供静态随机存储器 SRAM，用来存储下装的实时数据库和控制方案。实时数据库和控制方案一次下装以后，如果没有变化，不应每次启动都下装。但实际上，大多数控制系统都不可能做到一次下装后再也不修改。系统在运行过程中总是避免不了对组态进行修改或在线进行参数修改等情况。这时，作为控制层软件，必须能够配合工程师站或运行员操作站的在线下装、参数整定和控制操作等功能。

（1）控制系统数据下装功能。一般来说，计算机控制组态完成后，经过与数据库的成功联编，便可通过下装软件下装到控制器中运行。控制系统数据下装分为两种：一种是生成全部下装文件，另一种是生成增量下装文件。全下装是全部组态数据编译后进行的全联编，联编成功后，进行系统库全部下装，此种下装模式需要对控制器重新启动；增量下装是只下装修改和追加部分的内容，控制器以一种增量方式追加到原数据库中。增量下装为一种无扰在线下装模式，不需要停止控制器的运行便可实现对控制方案的修改。

（2）在线控制调节和参数整定功能。算法组态时一般定义的是初始参数，在现场调试时，需要根据实际工况对参数进行整定。另外，自动控制系统在调试期间，一般要配合手动调节措施。一般控制器中均提供运行员对控制回路进行手动操作和对控制参数进行整定的接口。控制调节功能是通过在流程图中开辟模拟调节仪表来实现的，如 PID 调节器、操作器、开关手操、顺控设备及调节门等。

（3）参数回读功能。控制系统在线运行时，控制方案中的参数可能会在线修改，这种修改通过网络发送到控制器中。为了保持这种修改与工程师组态的一致性，系统提供一种参数回读的功能，由工程师站请求控制器将运行参数读回离线组态数据库中，以保证再次下装不会改变参数（即无扰下装）。

（4）站间数据引用功能——网络变量。一个控制器接入的信号是有限的，或者由于现场接线方将信号接到了另一个控制器上，或者同一个信号在不同控制器的不同控制方案中用到，这就涉及站间引用的问题。如果一个 DCS 不能支持网络变量，即无法实现站间数据的引用，那么会对工程应用的设计有着很大的影响。例如，为了保证信号在另一个站中使用，可能要采用一个信号通过硬接线引入到几个站而投入不必要的开销。或者通过上位机将数据转发到另一个控制器，这样导致的结果是，在方案组态时就必须知道信号所接入的控制器，而数据的实时性也难以保障。如果 DCS 控制器具备站间引用的功能，则在方案组态时不用关注信号接入位置，系统会自动识别非本站的信号，自动产生站间引用表并发向信号源控制器。

 ## 6.3　DCS 的选择原则

分散控制系统的选择是系统设计的一个前提。其主要任务是从各厂商提供的、能满足项目功能要求的系统中，选出最为合适的系统。这里需要掌握一定的原则，采用科学的方法进行评价和筛选。

分散控制系统的选择尚无标准的定量化方法，但可以参照以下几条原则。

☺ 适用性与可扩展性相结合。分散控制系统的功能既要符合生产过程的要求，又要留有扩展的余地，一般对 I/O 点应增加 15%的余量，各控制站应预留 15%的空槽以备扩充之用。

☺ 兼顾先进性与成熟性。分散控制系统的发展非常迅速，特别是其中的计算机技术和网络通信技术更为活跃，因此在满足控制要求和可靠性的前提下，应尽量选择最先进的系统，当然该系统在技术上还应该是成熟的，因为只有成熟的技术才能确保生产的安全可靠。但也不能片面地追求成熟的技术，而选用相对落后的产品。

☺ 系统的性能与技术管理水平需匹配。选择 DCS 是为了提高系统的管理水平，但它必须与原有系统的工艺装备、管理水平相匹配，千万不能用先进的设备去控制落后的工艺，否则 DCS 将成为摆设。

☺ 权衡生命周期与技术更新。选择系统时，总是希望系统具有较长的生命周期（约 10 年），但是生产厂家的技术更新又非常迅速，5 年左右就会更新换代。因此，在选择系统时不必过多地考虑短期内还用不上那些先进技术，因为等用到时老系统可能已经被淘汰了。

☺ 综合考虑一次性投资与多次投资。为了节省开支，当然希望一次性投资的价格比较便宜；但为了系统的长久运行，必须考虑是否有第二、第三次追加投资，选择时应综合考虑。

总结

分散控制系统的评价及选择涉及诸多因素，是一项极其复杂的事情。本章从可靠性与经济性、技术性能、使用性能等方面给出了相关的评价准则，进而给出了选择 DCS 应遵循的基本原则。

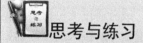

思考与练习

（1）可靠性指标有哪几个？

（2）从哪几个方面可以对 DCS 进行评价？

（3）评价分散控制系统的使用性能应从哪几方面考虑？

（4）从技术性能方面看有哪些指标可以用于评价系统？

（5）人机接口的评价主要指哪两个方面的评价？

（6）简要阐述连续控制功能和顺序控制功能的区别。

（7）MTTF、MTBF 和 MTTR 分别指什么？它们之间的关系如何？

第7章　现场总线控制系统

目前，在工业过程控制系统中，有三大控制系统，即 DCS、PLC 和现场总线控制系统（Field Control System，FCS）。它们在自动化技术发展的过程中都扮演了重要和不可替代的角色，虽然 FCS 是现在和未来的发展方向，但由于受到一些主观和客观因素的制约，它现在还不能完全取代其他控制系统。本章首先介绍这三大控制系统的区别，以及几种典型的现场总线，并对 FCS 的构成及设计方法等做了简要的介绍。

7.1 现场总线及 FCS 的定义

信息技术的快速发展引发了自动化技术的深刻变革，逐步形成了网络化、全开放的自动控制体系结构。现场总线的出现，标志着自动化技术步入了一个新的时代。为了更好地理解现场总线及 FCS，本章先介绍它们的概念。

所谓总线就是传输信息的公共通路。总线的种类很多，如针对前面数据通信章节中介绍的串行通信和并行通信，则可按数据传输的方式将总线也分为串行总线和并行总线。串行总线是相对于串行通信而言的总线，串行总线的特点是通信线路简单，只要一对传输线，但传输速度慢，适用于信息量较小的远距离通信，成本较低；而并行总线是相对于并行通信而言的总线，并行总线的特点是传输速度快，但当传输距离远、位数多时，通信线路复杂、成本高。

在过去的很长时间，现场总线有多种不同的定义。有人把它定义为应用于现场的控制系统与现场检测仪表、执行装置之间进行双向数字通信的串行总线，也有人把它称为应用于现场仪表与控制室主机间的一种开放式、数字化、多点通信的底层控制网络技术。这种技术被广泛地应用于制造业、楼宇、交通等领域的自动化系统中。不管如何定义，开放、数字化、串行通信等字眼在对现场总线的描述中是必不可少的。

国际电工委员会在 IEC 61158 中给现场总线下了一个定义，目前业内称它为现场总线的标准定义，即现场总线是指安装在制造或过程区域的现场装置与控制室内的自动控制装置之间的数字式、串行、多点、双向通信的数据总线。

在现场总线概念的基础上，人们把基于现场总线的控制系统称为 FCS。FCS 是工业自动控制中的一种计算机局域网络，以高度智能化的现场设备和仪表为基础，在现场实现彻底分散，并以这些现场分散的测量点、控制设备点为网络节点，将这些节点以总线的形式进行连接，形成一个现场总线网络。因此其实 FCS 已经和某种现场总线技术联系在了一起，不可分割。FCS 是未来的主要发展趋势，但目前还不能完全取代其他控制系统。那么 FCS 与DCS 及 PLC 有何区别呢？下面简要介绍这几个系统的区别。

7.2　DCS、PLC 与 FCS

DCS 是随着现代计算机技术、通信技术、控制技术和图形显示技术的不断进步及相互渗透而产生的，是 4C 技术的结晶。它既不同于分散的仪表控制系统，也不同于集中式的计算机控制系统，而是在吸收了两者优点的基础上发展起来的具有新型结构体系和独特技术风格的自动化系统。

最初 PLC 是为了取代传统的继电器接触器控制系统而开发的，所以它一般在以开关量为主的系统中使用。由于计算机技术和通信技术的发展，大型 PLC 的功能极大地增强，它可以完成 DCS 的功能，再加上价格的优势，在许多过程控制系统中，PLC 得到了广泛的应用。

现场总线是顺应智能现场仪表而发展起来的一种开放型的数字通信技术，其发展的初衷是用数字通信代替一对一的 I/O 连接方式，把数字通信网络延伸到工业过程现场。根据 IEC 和美国仪表协会 ISA 的定义，现场总线是连接智能现场设备和自动化系统的数字式、双向传输、多分支结构的通信网络，其关键标志是能支持双向、多节点、总线式的全数字通信。

随着现场总线技术与智能仪表管控一体化（仪表调校、控制组态、诊断、报警、记录）的发展，这种开放型的工厂底层控制网络构成了新一代的网络集成式全分布计算机控制系统，即 FCS。FCS 作为新一代控制系统，采用了基于开放式、标准化的通信技术，突破了 DCS 采用专用通信网络的局限；同时还进一步变革了 DCS 中"集散"系统结构，形成了全分布式系统架构，把控制功能彻底下放到现场。FCS 的核心是总线协议，基础是数字智能现场设备，本质是信息处理现场化。

从结构上看，DCS 实际上是"半分散"、"半数字"的系统，而 FCS 采用的是一个"全分散"、"全数字"的系统架构。FCS 的技术特征可以归纳为以下几个方面。

☺ 全数字化通信：现场信号都保持着数字特性，现场控制设备采用全数字化通信。

☺ 开放型的互联网络：可以与任何遵守相同标准的其他设备或系统相连。

☺ 互可操作性与互用性：互可操作性的含义是指来自不同制造厂的现场设备可以互相通信、统一组态；而互用性则意味着不同生产厂家的性能类似的设备可以进行互换而实现互用。

☺ 现场设备的智能化：总线仪表除了能实现基本功能之外，往往还具有很强的数据处理、状态分析及故障自诊断功能，系统可以随时诊断设备的运行状态。

☺ 系统架构的高度分散性：它可以把传统控制站的功能块分散地分配给现场仪表，构成一种全分布式控制系统的体系结构。

简而言之，现场总线把控制系统最基础的现场设备变成网络节点连接起来，实现自下而上的全数字化通信，可以认为是通信总线在现场设备中的延伸，它把企业信息沟通的覆盖范围延伸到了工业现场。

可以说，FCS 兼备了 DCS 和 PLC 的特点，而且它跨出了革命性的一步。目前，新型的 DCS 与新型的 PLC 能够取长补短，进行融合和交叉。例如，DCS 的顺序功能已非常强，而 PLC 的闭环处理功能也不差，并且两者都能做成大型网络。下面主要比较

DCS 与 FCS 的区别。

- ☺ FCS 是全开放的系统，其技术标准也是全开放的，FCS 的现场设备具有互操作性，装置互相兼容，因此用户可以选择不同厂商、不同品牌的产品，达到最佳的系统集成；DCS 是封闭的，兼容性不好。
- ☺ FCS 的信号传输实现了全数字化，其通信可以从底层的传感器和执行器直到最高层，为企业的 MES 和 ERP 提供强有力的支持，更重要的是它还可以对现场装置进行远程诊断、维护和组态；DCS 的通信功能受到很大限制，目前也通过现场总线连接到底层。
- ☺ FCS 的结构为全分散式，它废弃了 DCS 中的 I/O 单元和控制站，把控制功能下放到现场设备，实现了彻底的分散，系统扩展也变得十分容易；DCS 的分散只是到控制器一级，它强调控制器的功能，数据公路更是关键，系统不容易进行扩展。
- ☺ FCS 是全数字化，控制系统精度高，可以达到 ±0.1%；而 DCS 的信号系统是二进制或模拟式的，必须有 A/D、D/A 环节，所以其控制精度为 ±0.5%。
- ☺ FCS 可以将 PID 闭环功能放到现场的变送器或执行器中，加上数字通信，所以缩短了采样和控制周期，目前可以从 DCS 的 2～5 次/s，提高到 10～20 次/s，从而改善了调节性能。
- ☺ FCS 省去了大量的硬件设备、电缆和电缆安装辅助设备，节约了大量的安装和调试费用，但也增加了现场总线仪表等方面的投资，因此总的成本减少并不像节省电缆的那样多。使用现场总线技术的优点可从其技术的先进性所带来的效益来看，例如所增加的信息量、故障的预测和智能诊断等。

　　FCS 的操作站继承了 DCS 的操作站，将控制站中部分功能下放到现场总线设备，FCS 的功能模块集中了 DCS 中功能模块的优点，因此说，FCS 是对分散控制系统的继承和发展，而不是对 DCS 的否定和消灭。现场总线技术将控制分散到现场设备，用数字通信代替模拟通信，但是它不能代替其他自动化装置的功能，如紧急停车 ESD 系统、企业资源管理 ERP 系统等。FCS 的目标并不是整个企业的自动化，而是与其他自动化装置和系统一起实现综合自动化。因此，在许多大型工程项目中，使用的多是 DCS、PLC 和 FCS 混合的系统。

7.3　几种典型的现场总线

　　现场总线的思想一经产生，各国各大公司都致力于发展自己的现场总线标准，但每一种总线的生命力旺盛与否，取决于其技术是否先进。现场总线的种类有百余种，应根据每种总线的支持厂商情况、推广情况、国内应用业绩、是否为我国标准等因素综合考虑。本节主要选取 PROFIBUS 现场总线、CAN 总线、基金会现场总线、LonWorks 总线等进行简要介绍，并在第 8 章以 PROFIBUS 总线为例对现场总线的通信进行详细介绍。

7.3.1　PROFIBUS 现场总线

　　PROFIBUS 是过程现场总线（Process Field Bus），是以德国国家标准 DIN19245 和欧洲标准 EN50170 为标准的现场总线。PROFIBUS 产品的市场份额占欧洲首位，约为 40%；在中国，其市场份额为 30%～40%。目前许多自动化设备制造商如西门子公司、和利时公司等，都为其生产的设备提供 PROFIBUS 接口。

根据不同的应用，PROFIBUS 总线可分为 PROFIBUS-FMS、PROFIBUS-DP 和 PROFIBUS-PA 三种。尽管这三种相互兼容，但它们应用的角度和针对的问题是不同的。

☺ PROFIBUS-FMS。PROFIBUS-FMS 协议旨在解决车间级通用性通信任务，为用户提供强有力的通信服务功能选择，实现中等传输速率的周期性和非周期性数据传输。建立在该协议基础上的网络通信系统，每次数据传输量可达上千字节，用于纺织、电气、楼宇等领域的一般自动化系统。

☺ PROFIBUS-DP。PROFIBUS-DP 协议是专为现场级控制系统与分散 I/O 的高速通信而设计的，数据传输速率范围在 9.6Kbps～12Mbps 之间，每次可传输的数据量多达 244 字节，它采用周期性通信方式，可用于大多数工业领域。

☺ PROFIBUS-PA。PROFIBUS-PA 协议是需要本质安全或总线供电的设备之间进行数据通信的解决方案，数据传输速率是固定的，其大小为 31.25Kbps，每次可传输数据的最大长度为 235 字节，采用周期性和非周期性通信方式，用于石油、化工、冶金、发电等领域的过程工业自动化系统。

PROFIBUS 同时考虑了数据量、传输时间和传输速率等测控网络中的重要因素，在现场级还兼顾了确定性和本质安全要求。因此，PROFIBUS 产品得到了广泛的认可，至今已有十几万个中小系统在工业现场运行，其应用遍及制造、钢铁、石化、水泥、楼宇、电力、水处理等工业自动化领域。PROFIBUS 已经成为现场总线技术的重要分支，其开放性、互操作性、可靠性也得到了学术界和工业界的一致认可，是目前应用最多的总线之一，既适合于自动化系统与现场 I/O 单元的通信，又可用于直接连接带有接口的各种现场仪表及设备。DP 和 PA 的完美结合使得 PROFIBUS 现场总线在结构和性能上优于其他现场总线。

近年来随着 PROFIBUS 的迅速发展，PROFIBUS 现场总线又增加了以下几个重要版本。

ProfiDriver：它主要应用于运动控制方面，用于各种变频器及精密动态伺服控制器的数据传输通信。

ProfiSafe：它是根据 IEC61508 制定的首部通信标准，主要应用在对安全要求特别高的场合。

Profinet：它是由 PROFIBUS 国际组织（PI）为自动化通信领域制定的开放的工业以太网标准，符合 TCP/IP 和 IT 标准。Profinet 为自动化通信领域提供了一个完整的网络解决方案，包括诸如实习以太网、运动控制、分布式自动化、故障安全及网络安全等当前自动化领域的热点话题。作为跨供应商的技术，Profinet 可以完全兼容工业以太网和现有的现场总线技术，保护现有投资。

PROFIBUS 采用主从通信方式，支持主从系统、纯主站系统、多主多从混合系统等几种传输方式。主站具有对总线的控制权，可主动发送信息。按 PROFIBUS 的通信规范，令牌在主站之间按地址编号顺序沿上行方向进行传递。主站在得到控制权时，可以按主从方式向从站发送或索取信息，实现点对点通信。主站可对所有站点广播（不要求应答），或有选择地向一组站点广播。其通信系统将在第 8 章进行详细介绍。

7.3.2 CAN 总线

CAN 是控制器局域网（Controller Area Network，CAN）的简称，它是设备级现场总线，其最大特点是废除了传统通信中的节点地址，采用通信数据块编码，理论上这样可以使节点不受限制，但目前因总线驱动电路的制约，最多可达 110 个节点，传输距离可达 10km，传输速率可达 1Mbps。该总线上的节点称为电子控制装置（Electronic Control Unit，ECU），分为标准 ECU（如仪表盘、发动机、虚拟终端等控制单元）、网络互联 ECU（如路由器、中继器、网桥等）、诊断和开发 ECU 等类型。

由于其具有高性能、高可靠性及独特的设计，CAN 越来越受到工业界的重视。它最初是由 Bosch 公司为汽车监测、控制系统而设计的，是为解决汽车中大量的控制与测试仪器之间的数据交换而开发的一种串行数据通信协议。它是一种多主总线，通信媒体可以是双绞线、同轴电缆或光纤。由于 CAN 总线本身的特点，其应用范围已不再局限于汽车工业，而向过程工业、机械工业、纺织机械、农用机械、机器人、数控机床、医疗器械等领域发展。

CAN 能灵活有效地支持具有较高安全等级的分布式控制。在汽车电子行业，一般将 CAN 安装在车体的电子控制系统中，如刮水器、电子门控单元、车灯控制单元、电气车窗等，用以代替接线配线装置。CAN 总线也用于连接发动机控制单元、传感器、防滑系统等。

1. 通信模型和协议

CAN 总线遵从 ISO/OSI 参考模型，但只采用了 OSI 参考模型全部七层中的两层，即物理层和数据链路层。其中，物理层又分为物理层信号（Physical Layer Signal，PLS）、物理媒体连接（Physical Medium Attachment，PMA）与介质从属接口（Media Dependent Interface，MDI）三部分，完成电气连接、定时、同步、位编码解码等功能；数据链路层分为逻辑链路控制（LLC）子层与媒体访问控制（MAC）子层两部分。其中，LLC 子层为数据传递和远程数据请求提供服务，完成超载通知、恢复管理等功能；MAC 子层是 CAN 协议的核心，其功能主要是控制帧结构、执行仲裁、错误检验、出错标定和故障界定。

CAN 有两种帧格式，一种是含有 11 位标识符的标准帧，另一种是含有 29 位标识符的扩展帧。当数据在节点间发送和接收时，是以四种不同类型的帧出现和控制的。其中，数据帧将数据由发送器传送至接收器；远程帧由总线节点传送，以便请求发送具有相同标识符的数据帧；出错帧可以由任意节点发送，以便用于检测总线错误；超载帧用于提供先前和后续数据帧或远程帧之间的附加延时。此外，数据帧和远程帧都可以在标准帧和扩展帧中使用，它们借助帧间空间与当前帧分开。

2. CAN 总线的独特之处

由于 CAN 总线采用了许多新技术，与其他类型的总线相比，在许多方面具有独特之处，主要表现在以下几个方面。

☺ CAN 为多主方式工作，网络上任一节点均可在任意时刻主动地向网络上其他节点发送信息，而不分主从，通信方式灵活，且无须占地址等节点信息。

☺ CAN 网络上的节点信息分为不同的优先级，可满足不同的实时要求，高优先级的数据最多可在 134μs 内得到传输。

☺ CAN 采用非破坏性总线仲裁技术，当多个节点同时向总线发送信息时，优先级较低的节点会主动地退出发送，而最高优先级的节点可最终获得总线访问权，不受影响地继续传输数据，从而大大节省了总线冲突仲裁时间。

☺ CAN 只需通过报文滤波即可实现点对点、一点对多点及全局广播等几种方式传送与接收数据，无须专门"调度"。

☺ CAN 上的节点数主要取决于总线驱动电路，目前可达 110 个；报文标识符可达 2032 种（CAN 2.0 A），而扩展标准（CAN 2.0 B）的报文标识符几乎不受限制。

☺ 采用短帧结构，总线上的报文以不同的固定报文格式发送，传输时间短，受干扰概率低，具有极好的检错效果，但长度受限。

☺ CAN 的每帧信息都有错误检测、错误标定及错误自检等措施，保证了极低的数据出错率。

☺ 通信距离与通信速率有关。最短为 40m，相应的通信速率是 1Mbps；最远可达 10km，相应的通信速率在 5Kbps 以下。不同的系统，CAN 的速率可能不同。可是，在一个给定的系统中，速率是唯一的，并且是固定的。

7.3.3 基金会现场总线

基金会现场总线的最大特点在于它不仅是一种总线，而且是一个系统；不仅是一个网络系统，也是一个自动化系统。按照基金会总线组织的定义，基金会现场总线是一种全数字、串行、双向传输的通信系统，是一种能连接现场各种仪表的信号传输系统，其最根本的特点是专门针对工业过程自动化而开发，在要求苛刻的使用环境、本质安全、总线供电等方面都有完善的措施。为此，有人称基金会现场总线是专门为过程控制设计的现场总线。

FF 是现场总线基金会（Fieldbus Foundation）的缩写，在 FF 协议标准中，FF 分为低速 H1 总线和高速 H2 总线。H1 主要针对过程自动化，传输速率为 31.25Kbps，传输距离可达 1900m（可采用中继器延长），支持总线供电和本质安全防爆。H2 主要用于制造自动化，传输速率分为 1Mbps 和 2.5Mbps 两种。但原来规划的 H2 高速总线标准现在已经被现场总线基金会所放弃，取而代之的是基于以太网的高速总线 HSE。

1. FF 总线的通信模型和协议

FF 总线的核心之一是实现现场总线信号的数字通信。为了实现通信系统的开放性，FF 通信模型是在 ISO/OSI 参考模型的基础上，根据自动化系统的特点建立的，如图 7-1 所示。

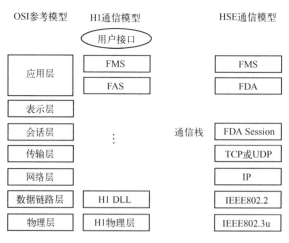

图 7-1 FF 通信模型

H1 总线的通信模型包括物理层、数据链路层、应用层，并在其上增加了用户层。物理层采用 IEC61158-2 协议规范；数据链路层 DLL 规定如何在设备间共享网络和调度通信，通过链路活动调度器 LAS 来管理现场总线的访问；应用层则规定了在设备间交换数据、命令、事件信息及请求应答中的信息格式。H1 的应用层分为两个子层——总线访问子层 FAS 和总线报文规范子层 FMS，功能块应用进程只使用 FMS，FAS 负责把 FMS 映射到 DLL。用户层则用于组成用户所需要的应用程序，如规定标准的功能块、设备描述等。不过，数据链路层和应用层往往被看作一个整体，统称为通信栈。

HSE 采用了基于 Ethernet 和 TCP/IP 七层协议结构的通信模型。其中，第一到四层为标准的 Internet 协议；第五层是现场设备访问会话，为现场设备访问代理提供会话组织和同步服务；第七层是应用层，也划分为 FMS 和现场设备访问 FDA 两个子层，其中 FDA 的作用与 H1 的 FAS 相似，也是基于虚拟通信关系为 FMS 提供通信服务。

H1 总线的物理层根据 IEC 和 ISA 标准定义，符合 ISA S50.02 物理层标准、IEC1158-2 物理层标准及 FF-816 31.25Kbps 物理层行规规范。当物理层从通信栈接收报文时，在数据帧加上前导码和定界码，并对其实行数据编码，再经过发送驱动器把所产生的物理信号传送到总线的传输媒体上。相反，在接收信号时，需要进行反向解码。

如图 7-2 和图 7-3 所示，基金会现场总线采用曼彻斯特编码技术将数据编码加载到直流电压或电流上形成"同步串行信号"。前导码是一个 8 位的数字信号 10101010，接收器采用这一信号同步其内部时钟。起始定界码和结束定界码标明了现场总线信息的起点和终点，长度均为 8 个时钟周期，二者都由"0"、"1"、"N+"、"N-"按规定的顺序组成。

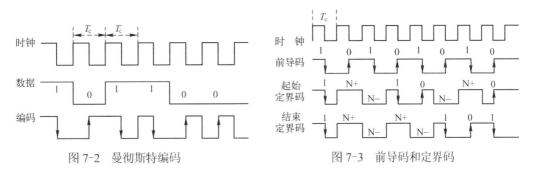

图 7-2　曼彻斯特编码　　　　　　　图 7-3　前导码和定界码

图 7-4 表示了 H1 总线的配置思想，总线两端分别连接一个终端器，形成对 31.25kHz 信号的通带电路。发送设备产生的信号是 31.25kHz、峰-峰值为 15～20mA 的电流信号，如图 7-5（a）所示；将其传送给相当于 50Ω的等效负载，产生一个调制在直流电源电压上的 0.75～1V 的峰-峰电压，如图 7-5（b）所示。H1 支持总线供电和非总线供电两种方式。

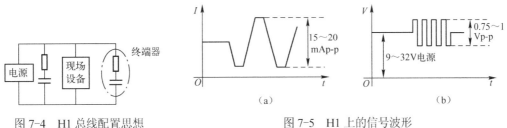

图 7-4　H1 总线配置思想　　　　　　图 7-5　H1 上的信号波形

通信栈包括数据链路层 DLL、现场总线访问子层 FAS 和现场总线报文规范 FMS 三部分。

　　DLL 最主要的功能是对总线访问的调度，通过链路活动调度器 LAS 来管理总线的访问，每个总线段上有一个 LAS。H1 总线的通信分为受调度/周期性通信和非调度/非周期性通信两类。前者一般用于在设备间周期性地传送测量和控制数据，其优先级最高，其他操作只在受调度传输之间进行。

　　FAS 子层处于 FMS 和 DLL 之间，它使用 DLL 的调度和非调度特点，为 FMS 和应用进程提供报文传递服务。FAS 的协议机制可以划分为三层：FAS 服务协议机制、应用关系协议机制、DLL 映射协议机制，它们之间及其与相邻层的关系如图 7-6 所示。FAS 服务协议机制负责把发送信息转换为 FAS 的内部协议格式，并为该服务选择一个合适的应用关系协议机制。应用关系协议机制包括客户/服务器、报告分发和发布/接收三种由虚拟通信关系 VCR 来描述的服务类型，它们的区别主要在于 FAS 如何应用数据链路层进行报文传输。DLL 映射协议机制是对下层即数据链路层的接口。它将来自应用关系协议机制的 FAS 内部协议格式转换为数据链路层 DLL 可接受的服务格式，并送给 DLL，反之亦然。

　　FMS 描述了用户应用所需要的通信服务、信息格式和建立报文所必需的协议行为。针对不同的对象类型，FMS 定义了相应的 FMS 通信服务，用户应用可采用标准的报文格式集在现场总线上相互发送报文。

　　用户层定义了标准的基于模块的用户应用，使得设备与系统的集成与互操作更加易于实现。用户层由功能块和设备描述语言两个重要的部分组成。

　　FF 现场总线的网络拓扑比较灵活，通常包括点到点型拓扑、总线型拓扑、菊花链型拓扑、树型拓扑及由多种拓扑组合在一起构成的混合型结构。其中，总线型和树型拓扑在工程中应用较多。在总线型结构中，总线设备通过支线电缆连接到总线段上，支线长度一般小于 120m，适用于现场设备物理分布比较分散、设备密度较低的应用场合，分支上现场设备的拆装对其他设备不会产生影响。在树型结构中，现场总线上的设备都被独立连接到公共的接线盒、端子、仪表板或 I/O 卡，适用于现场设备局部比较集中的应用场合。HSE 网络拓扑如图 7-7 所示。

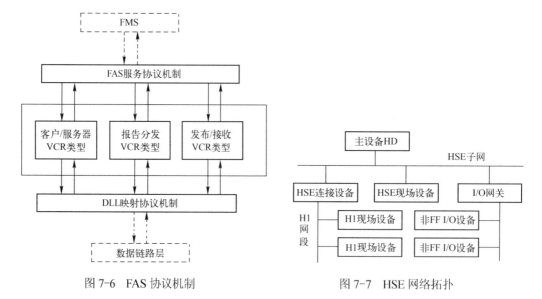

图 7-6　FAS 协议机制　　　　　　　　　图 7-7　HSE 网络拓扑

2．FF 总线的功能

FF 总线是为适应自动化系统，特别是过程控制系统在功能、环境和技术等方面的需要而专门设计的底层网络。因此，FF 总线能够适应工业生产过程的恶劣环境，例如，它能够适应工业生产过程的连续控制、离散控制和混合控制等不同控制的要求，提供各种用于过程控制所需的功能块，使用户能够方便地组成所需的控制系统。FF 总线的主要功能如下。

☺ 满足开放系统互联和互操作性及系统一致性测试。

☺ 满足生产过程实时性要求。

☺ 为满足 FF 总线的设备、非基金会现场总线设备提供接口。

☺ 在生产现场完成过程参数的检测、变送和显示功能。

☺ 在现场完成过程参数的控制运算和其他所需的计算。

☺ 在现场对生产过程的执行器实行控制和调节，使生产过程满足所需控制要求。

☺ 将生产过程的信息，包括检测信号、控制信号和执行器的反馈信号等信息传送到控制室显示，将由控制室发送的调节指令传送到现场设备。

☺ 当生产过程参数超过规定数值时，提供警告和报警等信息，并能够指导操作人员进行紧急处理或自动触发联锁系统。

☺ 具有自诊断功能。

7.3.4 LonWorks 总线

LonWorks（Local Operating Networks）总线是美国埃施朗（Echelon）公司于 20 世纪 90 年代初推出的一种基于嵌入式神经元芯片的现场总线技术，具有强劲的实力。它被广泛应用在楼宇自动化、家庭自动化、保安系统、办公设备、运输设备、工业过程控制等领域，具有极大的潜力。它采用了 ISO/OSI 参考模型的全部七层通信协议，运用了面向对象的设计方法，通过网络变量把网络通信设计简化为参数设置，其通信速率为300bps～1.5Mbps，直接通信距离可达 2700m，并开发出支持双绞线、同轴电缆、光纤、射频、红外线、电源线等多种通信介质的总线，以及相应的本质安全防爆产品，被誉为通用控制网络。

LonWorks 技术主要由以下几部分组成。

☺ 智能神经元芯片；

☺ LonTalk 通信协议；

☺ LonMark 互操作性标准；

☺ LonWorks 收发器；

☺ LonWorks 网络服务架构 LNS；

☺ Neuron C 语言；

☺ 网络开发工具 LonBuilder 和节点开发工具 NodeBuilder。

1．LonWorks 总线的通信模型和协议

如上所述，LonWorks 总线的通信模型采用了 OSI 的全部七层通信协议，其各层的功能和所提供的服务如图 7-8 所示。

模型分层	作用	服务
应用层	网络应用程序	标准网络变量类型；组态性能；文件传送
表示层	数据表示	网络变量；外部帧传送
会话层	远程传送控制	请求/响应；确认
传输层	端端传输可靠性	单路/多路应答服务；重复信息服务；复制检查
网络层	报文传递	单路/多路寻址，路径
数据链路层	媒体访问与成帧	成帧；数据编码；CRC；冲突仲裁；优先级
物理层	电气连接	媒体特殊细节；收发种类；物理连接

图 7-8　LonWorks 总线的通信模型

LonTalk 通信协议是 LonWorks 技术的核心，该协议遵循 OSI 参考模型，提供 OSI 参考模型的所有七层协议。该协议提供一套通信服务，使装置中的应用程序能在网上与其他装置发送和接收报文，而无须知道网络拓扑、名称、地址或其他装置的功能。LonTalk 通信协议提供如下服务。

☺ 物理信道管理（第一、二层）；
☺ 命名、编址与路由（第三、六层）；
☺ 可靠地通信及有效地使用信道带宽（第二、四层）；
☺ 优先级（第二层）；
☺ 远程控制（第五层）；
☺ 证实（第四、五层）；
☺ 网络管理（第五层）；
☺ 数据解释与外部帧传输（第六层）。

LonTalk 通信协议使用分层的以数据包为基础的对等通信协议，它的协议设计满足控制系统的特定要求。LonTalk 通信协议针对控制系统的应用而设计，因此，每个数据包由可变数目的字节构成，长度不定，并且包含应用层（第七层）的信息及寻址和其他信息。它能有选择地提供端到端的报文确认、报文证实、优先级发送服务。对网络管理业务的支持使远程网络管理工具能通过网络和其他设备相互作用，包括网络地址和参数设计、下载应用程序、报告网络故障和节点应用程序的启动、终止和复位等。为处理预测网络信息量发送优先级报文和动态调整时间槽数量，使网络在极高通信量出现时仍可正常运行，而在通信量较小时仍不降低网络的传输速率。

2. LonWorks 总线的特点

LonWorks 网络控制技术在控制系统中引入了网络的概念，在该技术的基础上，可以方便地实现分布式的网络控制系统，并使得系统更高效、更灵活、更易于维护和扩展。具体说，有以下几个特点。

☺ 开放性和互操作性。
☺ 可采用双绞线、电力线、无线、红外线、光缆等在内的多种介质进行通信，并且多种介质可以在同一网络中混合使用。

☺ 能够使用所有现有的网络结构，如主从式、对等式、客户/服务器式（C/S）。

☺ 网络拓扑结构可以自由组合，支持总线、环状、自由拓扑等网络拓扑结构。

☺ 无中心控制的真正分布式控制模式能够独立完成控制和通信功能。

☺ 依据通信介质的不同，具有 300bps～1.5Mbps 的通信速率。当通信速率达到最高值时，通信距离为 130m；对 78Kbps 的双绞线，直接通信距离为 2700m。

☺ 网络通信采用面向对象的设计方法。

☺ 采用域+子网+节点的逻辑地址方式，方便实现节点的替换，最大节点数为 255（子网/域）×127（节点/子网）=32 385。

☺ 采用可预测 P 坚持（Predictive P-Persistent）CSMA，解决了网络过载的冲突及响应问题。

☺ 提供一整套完整的从节点到网络的开发工具。

除上述特点外，LonWorks 控制网络具有网络的基本功能，本身就是一个局域网，与 LAN 具有很好的互补性，又可方便地实现互联，易于实现更加强大的功能。LonWorks 以其独特的技术优势，将计算机技术、网络技术和控制技术融为一体，实现了测控和组网的统一，而在此基础上开发的 LonWorks/Ethernet 可以将 LonWorks 网络与以太网更为方便地连接起来。

7.4　FCS 的构成

现场总线控制系统是第五代过程控制系统。虽然目前还处于发展阶段，但现场总线控制系统的基本构成可以分为以下三类。

☺ 两层结构的现场总线控制系统；

☺ 三层结构的现场总线控制系统；

☺ 由 DCS 扩展的现场总线控制系统。

1. 两层结构的现场总线控制系统

两层结构的现场总线控制系统由现场总线设备和人机接口装置组成，二者之间通过现场总线相连接。现场总线设备包括符合现场总线通信协议的各种智能仪表，如现场总线变送器、转换器、执行器和分析仪表等。由于系统中没有单独的控制器，系统的控制功能全部由现场总线设备完成。通常这类控制系统的规模较小，控制回路不多。两层结构的现场总线控制系统如图 7-9 所示。

2. 三层结构的现场总线控制系统

在两层结构的基础上增加控制装置，组成三层结构的现场总线控制系统，即由现场总线设备、控制站和人机接口装置组成。其中现场总线设备包括各种符合现场总线通信协议的智能传感器、变送器、转换器、执行器和分析仪表等；控制站可以完成基本控制功能或协调控制功能，执行各种控制算法；人机接口装置包括运行员操作站和工程师站，主要用于生产过程的监控及控制系统的组态、维护和检修。在这类控制系统中，控制站完成控制系统的基本控制运算，并实现下层的协调和控制功能。除了现场总线用于连接控制装置和现场总线设备外，还设置了高速通信网，用于连接控制站和人机接口装置，如高速以太网。与传统的 DCS 中的控制站不同，在这类控制系统中，大部分控制功能是在现场总线级完成的，控制站主要完成对下层的协调控制功能及部分先进控制功能。这类控制系统具有较完善的递阶结构，控制功能实现了较彻底的分散，常用于较复杂生产过程的控制。三层结构的现场总线控制系统如图 7-10 所示。

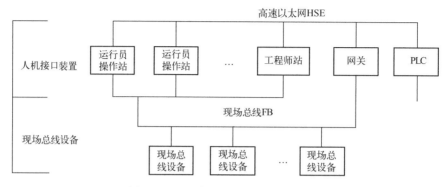

图 7-9　两层结构的现场总线控制系统

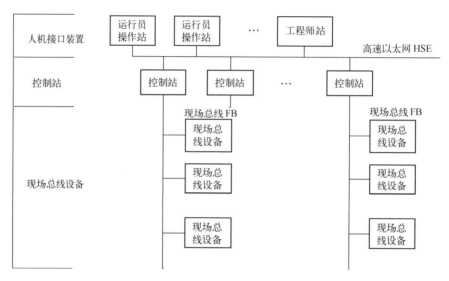

图 7-10　三层结构的现场总线控制系统

3. 由 DCS 扩展的现场总线控制系统

DCS 的分散过程控制站由控制装置、输入/输出总线和输入/输出模块组成。因此，DCS 制造厂商在 DCS 的基础上，将输入/输出总线经现场总线接口连接到现场总线，将输入/输出模块下移到现场总线设备中，形成了由 DCS 扩展的现场总线控制系统，因此不可避免地保留了 DCS 的某些特征，例如，I/O 总线和高层通信网络可能是 DCS 制造商的专有通信协议，系统开放性要差一些，不能在 DCS 原有的工程师站上对现场设备进行组态等。由 DCS 扩展的现场总线控制系统如图 7-11 所示。

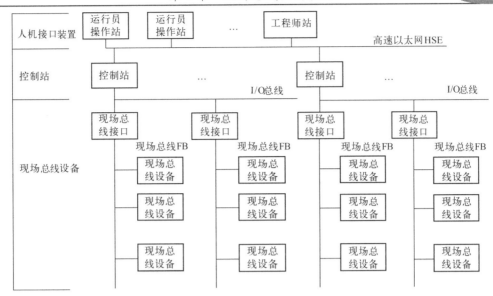

图 7-11　由 DCS 扩展的现场总线控制系统

 # 7.5　FCS 的设计方法

现场总线控制系统由主站、从站和相应的系统软件组成。当决定使用现场总线技术来组成和设计一个控制系统时，一般要做以下几个方面的选择和考虑。

1. 总体选择

（1）现场总线类型。大体上可根据上一节叙述的标准来选择现场总线类型。除此之外，用户对某种现场总线技术的熟悉与否也是一个原因。

（2）是否有冗余要求。对有冗余要求的控制系统，选择具有冗余功能的电源、主站、从站、耦合器、光缆等设备。

（3）是否有本质安全要求。在一些特定的场合，有时要求满足本质安全，这时不论是选择耦合器、从站设备还是电缆，都必须选择那些经过认证的产品。

（4）系统实时性要求。一般情况下，FCS 都能满足工业现场的实时性要求，但对一些快速联锁控制系统、高精度闭环控制系统和运动控制系统来说，就必须选择能实现高精度和高速的等时同步控制系统。除此之外，还可以用 CPU 处理速度快的主站及通信速率快的现场总线系统。另外，在系统拓扑安排、软件程序设计等环节也可以采取一定的措施和技巧来提高系统的实时性。

2. 系统控制点数的确定

像进行任何一种控制系统设计一样，系统控制点数的确定是必不可少的，控制点的主要类型包括开关量输入点、输出点和模拟量输入点、输出点。但对现场总线控制系统来说，除要了解总的控制点数外，更重要的是要知道每个从站的控制点数，这样才能选择从站要使用的 I/O 模块的类型和数量。

3. 主站的选择

一般情况下，主站有三种：

（1）可以插入工控机中的现场总线主站模板。这种主站一般不直接放在工业现场，而是放在控制室中，配合软 PLC 系统，完成系统控制功能，而配上组态软件后，可以完成控制系统高水平的人机界面功能。

（2）集成了主站功能的大中型 PLC。这种主站一般放置在工业现场，系统必须配上其他的显示装置才能完成人机界面功能。

（3）集成了主站功能和商用计算机功能的一体化嵌入式超小型 IPC。这种主站性能更加完善，也具有较高的可靠性，但其价格稍贵。

这几种主站各有特点，需要根据具体的使用情况和经费情况来选择使用。

4. 从站的选择

首先是从站数量的选择，要根据控制点在现场的实际分布情况来合理设置从站。当然，除了地理位置之外，也可以根据需要，按控制点所属对象的不同来安排从站。

其次，根据从站 I/O 点的类型和数量来选择从站中使用的 I/O 模块的类型和数量。当然，一些从站可能就是直接带总线接口的独立装置，如变频器、过程仪器仪表等。选择这些从站时，最好选择那些带有相应总线接口、能直接接入网络中的产品。

需要强调的是，现在国内一些新的现场总线控制系统中，为了节省一部分费用，在处理模拟量的控制点时，大部分仍采用传统的仪器仪表和设备，比如流量计、物位检测仪表、压力变送器、温度测量仪器等。这些设备提供的仍是 4～20mA 或 1～5V 的模拟信号，它们能连接到远程 I/O 从站中的模拟量模块，然后通过这些从站和 DP 网络相连。总线时代就是要充分利用底层设备信息化的优势，这些非智能化的设备根本提供不了实现设备优化管理所需要的底层信息。如果一个现场总线网络中很多设备、仪器仪表都是这样处理的，那么现场总线控制系统就失去了其最实质性的作用（底层信息化）。

5. 系统软件的选择

系统软件必须支持所选择使用的现场总线。在组成系统时，使用系统软件可以进行系统、主站、从站和界面的组态，有些把控制程序设计部分也集成在一起，这样使用起来更方便。

6. 电缆类型的选择

不同的使用场合和不同的性能要求选择不同的电缆。比如，在 PROFIBUS-DP 段中就必须使用 DP 电缆；在 PROFIBUS-PA 段中就必须使用 PA 电缆。如果通信距离较远，周围环境电磁干扰严重，则要选择使用光缆等。就是在同样的 DP 网络中，也有不同类型的 DP 电缆供不同场合选择使用。但不管在什么场合使用，都要选择标准的、经过认证的现场总线电缆，不然，可能会影响整个系统的性能。

7. 系统分析、诊断工具的选择

在进行现场总线系统的调试、检测、维护、分析时，必须使用有效的、方便的工程工具。这样的工程工具一般包括一个能连接笔记本电脑和总线的适配器及一套直观的且功能完善的工具软件。

前期的准备工作完成后，接下来需要完成以下工作。

1）控制系统设计　控制系统设计包括硬件和软件系统设计。硬件系统设计主要包括主站控制柜、从站控制柜、电缆走线、主站和从站外围电气线路等整个现场总线控制系统硬件部分的设计和抗干扰措施的设计等。软件系统设计主要指编制主控制程序，如果需要的话，可能还要编制从站的独立控制程序。

像设计常规的 PLC 控制系统一样，现场总线控制系统的硬件设计内容也包括电气控制系统原理图的设计及电气控制元器件的选择和控制柜的设计。电气控制系统原理图包括主站、从站的详细电气连接电路图和外围控制电路图。有时还要在电气原理图中标上器件代号或另外配上安装图、端子接线图等，以方便控制柜的安装。现场电气元件的选择主要是根据控制要求来选择按钮、开关、传感器、保护电器、接触器、指示灯和电磁阀等。

系统控制程序设计和 PLC 程序设计一样，因为现场总线控制系统的程序其实就是 PLC 程序，所以有些还使用我们熟悉的编程语言环境。程序设计的难易程度因控制任务而异，也因人而异。

人机界面部分的程序设计包括各种实时画面组态、实时数据和历史数据处理、参数设置、报警处理等，该部分的程序设计要和控制程序相结合，以建立相互联系的实时数据交换通道。人机界面设计完成后可以为调试带来很多方便。

2）系统调试　系统调试包括模拟调试和现场调试。

系统设计完成之后，可以先在实验室进行模拟调试，调试时使用的手段很多，但不外乎是加上一些模拟实际情况的信号，观测系统的输出逻辑是否正确和准确。现场调试是当场安装完成之后，在控制输出断开的情况下进行的近似于实际的调试。

现场总线控制系统的工作机理已和过去的控制系统有天壤之别，其智能化程度和数字化通信的特点也远非过去的控制系统可比，借助于分析和诊断软件可以使现场总线控制系统的调试变得智能、轻松和简单。

 7.6　FCS 的组态

整个现场总线控制系统的监控软件也必须经过设计、开发、组态和调试阶段后才能运行。现场总线控制系统的组态通常采用专门组态软件进行。组态内容包括控制系统的控制组态和现场总线设备的组态。系统的控制组态与 DCS 的控制组态相似，主要区别是：

☺ 用现场总线连接代替原来模拟仪表的点对点连接，即现场总线设备可以挂接到现场总线网段，而不像 DCS 中需要将每个仪表信号连接到控制室。

☺ DCS 中的控制组态结果通常直接存放在 DCS 的分散过程控制装置（或控制器）中，虽然有时也从组态器下装到控制器。FCS 的控制组态先在上位机或组态器等装置中完成，然后，要下装到现场总线设备的存储器中。

☺ DCS 控制组态所使用的功能模块，从数量或功能上通常要比 FCS 中可使用的功能模块多，但 DCS 中控制组态用的功能模块因不同的制造商而不同，FCS 中控制组态的功能模块是标准的，它们有标准的参数，因此，当技术人员熟悉了某种 FCS 后，掌握其他 FCS 控制组态会更方便、更容易操作。

☺ 在 DCS 控制组态时，由于存储器容量较大，因此，较少考虑使用的功能模块数量约束，但 FCS 控制组态时，要较多考虑各种约束条件。当采用低功耗和低带宽模块时，有时要考虑宏循环时间和实际循环时间的矛盾，合理选择和分配网段上挂接的现场总线设备等。

☺ 现场总线的功能模块是各 DCS 中功能模块的精华，因此，适用面更广，但参数的设置也因此要比 DCS 的参数设置复杂，尤其在对一些复杂控制系统组态时，更需注意各参数的关系和工作模式的切换等。

☺ 原来在控制室的控制器因控制功能分散到现场设备而减少，功能的分散也减少了控制室和现场的机柜数量及有关的连接。

上位机系统的组态内容包括操作画面的组态、控制画面的组态和维护画面的组态等。

操作画面的组态是生产过程操作流程在画面的具体体现。通常将操作画面的组态分为操作画面组态、仪表面板画面组态、报警画面组态、趋势画面组态等。操作画面设计人员应与工艺技术人员一起，深入了解操作过程，熟悉各种设备工艺参数和操作条件、相互影响和制约条件，合理布置操作画面，设置过程变量的显示位置、显示方式等，使运行员能够方便地获取过程信息，监视生产过程的运行，并能够方便地对生产过程进行控制和干预，使生产过程能够正常、稳定运行。

当生产过程有报警或事故苗头出现时，操作画面应及时提供有关画面，为运行员显示故障信息，这样有利于运行员分析事故或隐患的原因，及时消除事故或隐患。操作画面应对操作进行分工和设置操作权限，并且应具有容错功能和诊断功能。与 DCS 操作画面的主要不同是对各种状态的显示，在 FCS 操作界面上，有关信号的状态通常与其数值一起被显示，例如，采用不同颜色表示熟知的状态等。

控制画面的组态主要是功能模块的组态，即功能模块之间的连接和参数设置。现场总线设备的模块与 DCS 中使用的功能模块或算法是相似的，它们由不同功能或算法的子程序组成，用于完成特定功能的运算，熟悉 DCS 控制系统组态的人员可以很容易地掌握 FCS 中控制组态的方法。

维护画面用于对系统进行维护和诊断，是维护人员维护上位机系统和现场设备所需的画面。因此维护画面的组态通常分为仪表调整画面组态、通信维护画面组态、CPU 和系统维护画面组态等。维护画面应有利于维护人员的维护操作，该画面组态应为维护人员提供有关维护的信息，包括网络/网段的运行状况、通信状况、CPU 运行状况、系统负荷、各种现场总线设备的运行状况等。必要时，可通过仿真方法对系统有关设备进行仿真，确定故障部位，为及时消除故障争取时间。所有操作画面、控制画面和维护画面的组态方法与 DCS 中相对应的组态方法类似，请参考本书后续章节，此章不再详细叙述。

7.7　FCS 的调试与维护

在现场总线系统设计规划和安装完毕后，可进行系统设备调试、系统测试运行、系统运行维护和故障诊断。

1）系统设备调试　一个系统无论在设计和组态阶段准备得多么充分，在实际运行中都可能出现这样或那样的问题，因此，系统设备调试是一个非常重要的阶段。调试过程包括以下内容。

☺ 检查设备：运行监控组态软件，在线状态观察各现场设备通信状态是否良好（设备图标是实的、虚的还是直接没有），并检查设备的外部连线及现场总线终端电阻的位置（必须在每条总线的最远端）及连接情况。

☺ 检查位号与量程：在人机界面上检查各点位号与现场是否一致，如不一致则应做出相应的修改，在监控组态软件中检查各设备量程是否符合实际要求。

☺ 检查 PID 的作用方式和调节阀的动作方向：与工艺人员一起根据实际情况设置 PID 的作用方式及调节阀的动作方向，如不符合要求应及时更正，并将每一控制回路的输入设置为手动操作，连续设置一定值，以检测该回路能否正确动作。

☺ 温度压力补偿和特殊算法：对于有温度压力补偿的，应在采用检查位号与量程步骤之后，演算其输出值是否正确。

☺ 检查安全联锁装置：用检查位号与量程步骤验证能否及时正确完成联锁动作。

☺ 检查 UPS 的自动切换功能：切断电源，以检查 UPS 能否自动切换。

2）系统测试运行　由于现场总线系统可能规模庞大，而且十分复杂，因此实际应用过程是逐步投运实现的，基本过程为：

☺ 软件代码的下载和测试（如有特殊应用），包括控制程序和上级监控软件测试。

☺ 系统设备和功能的组态，包括硬件组态（硬件模块地址和功能的确定）和软件组态（确定软件功能和连接方式）。

☺ 网络系统通信功能调试，用来确定网络通信是否能够达到设计要求。

☺ 实际现场总线控制系统启动，低水平运行。

☺ 逐步投运全部功能，实现整体系统可靠运行。

实现应用的过程应根据系统的规模大小、现场环境和系统安全运行要求来确定。

3）系统运行维护和故障诊断　现场总线系统的运行维护和故障诊断是现场总线系统的优势之一。由于现场总线系统具有强大的处理功能和通信能力，现场设备可以随时进行故障诊断。现场总线系统在这方面的功能包括以下两方面。

☺ 纠正性维护：快速故障定位和有效故障纠正是缩短停产时间的基础，可采取系统诊断、过程诊断和远程诊断的方法进行。可以解决自动化系统中的编程错误、内存错误、部件故障和通信错误；可以解决工厂生产运行过程中的错误，包括联锁装置不切换、电动机保护被触发、限位开关错误、执行元件运行错误等。远程诊断应用简单，无须进行新的组态，可从不同工作站进行远程控制或远程诊断，通过用户管理进行访问保护，具有用于远程访问的单独屏幕方便使用。

☺ 预防性维护：包括测试、测量、更换、调整和维修等活动，目的是将功能设备恢复或保持在一个指定的工作状态，设备可在该状态中执行所需任务。有效测试设备的运行状态，检验设备是否存在故障隐患，在故障萌芽状态即消除隐患。因此，预防性维护是预防故障、优化资源的重要方法。进行预防性维护可采用日历驱动、性能驱动和事件驱动的维护（运行计时器、运行循环计数器、过程信号），自动维护进度计算，自动激活，通过维护通知而取得最佳资源规划。

总结

　　本章首先从现场总线及现场总线控制系统的概念入手，进而介绍了 DCS、PLC、FCS 三者之间的关联和区别，在此基础上简要介绍了设备现场总线 PROFIBUS、输入/输出设备总线 CAN、基金会现场总线（FF）及 LonWorks 总线等四种典型现场总线的基本概况。现场总线技术最适合在大中型以上的控制系统中使用，几乎可以满足任何工业控制系统的要求。本章介绍了现场总线控制系统的构成及体系框架，简要给出了设计现场总线控制系统的方法，包括总体设计、主站和从站的选择与设计、组态的选择及人机界面设置问题，以及现场总线控制系统的调试与维护。

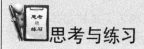思考与练习

　　（1）什么是现场总线控制系统？

　　（2）简述 DCS、PLC、FCS 三者的区别。

　　（3）简述现场总线控制系统的基本构成。

　　（4）简述 PROFIBUS-DP 总线的传输特性。

　　（5）现场总线控制系统的维护有哪几方面？

　　（6）现场总线控制系统最显著的特点是什么？

　　（7）现场总线控制系统的评价主要指哪几个方面的评价？

第8章 现场总线通信系统

随着制造业自动化和过程自动化中分散化结构的迅速增长，现场总线的应用日益广泛。现场总线是企业的底层数字通信网络，它实现了数字和模拟输入/输出模块、智能信号装置和过程调节装置与可编程逻辑控制器 PLC 和 PC 之间的数据传输，是控制领域的计算机局域网。数据通信技术则是现场总线控制系统中的核心技术之一。各种现场总线数据通信系统都有各自的通信协议，为确保系统的开放性和互操作性，需要制定现场总线通信协议的有关国际标准。然而，要制定统一的现场总线通信协议，还存在多方面的困难。国际电工委员会 IEC 制定的 IEC61158 国际标准第四版已采纳了 20 种类型的现场总线、以太网标准，形成了多种现场总线并存的局面。本章主要介绍 PROFIBUS 的数据通信系统。

 ## 8.1 现场总线通信系统概述

8.1.1 现场总线通信系统与 ISO/OSI 参考模型的关系

现场总线作为一种数字通信就应该有通信各方都可以理解的"字、词、句法、语法"的规定或约定，也就是通信协议。现场总线一个很重要的特点就是"全开放"，所以其通信协议也应该是开放的。国际标准化组织（ISO）将一般的信息交换关系抽象为所谓的开放系统互联（OSI）参考模型，即 ISO7498 标准，如图 8-1 所示。

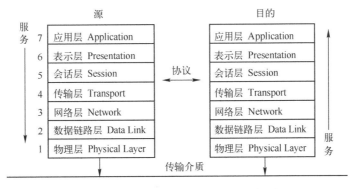

图 8-1　开放系统互联（OSI）参考模型

ISO/OSI 参考模型定义了一个 7 个层次、两个类别的开放系统通信结构。第 1 个类别包括面向用户的第 5～7 层，第 2 个类别包括面向网络的第 1～4 层。第 1～4 层描述了从一个位置到另一个位置的数据传输，而第 5～7 层为用户提供了以适当形式访问网络系统的方法。现场总线通信协议往往也是基于这个模型。

但由于考虑的角度不同，各种现场总线也不是完全不变地照搬这个模型的。例如，基金会现场总线（Foundation Fieldbus，FF）使用并修改了 ISO 的开放系统互连 OSI 参考模型。工业控制对于网络通信的效率、可靠性、速度有很高的要求，所以 FF 省略了一些必要性不大的层次，但增加了用户层，其主要内容是功能块应用，用户直接使用功能块构筑自己的控制系统而不是仅仅进行通信。所以 FF 一再强调它不仅仅是信号标准或通信标准，也是一个系统标准。与 FF 不同，局部操作网络总线的 LonTalk 协议则规定了 OSI 参考模型所定义的全部 7 层协议。

在协议的实现方法上各种现场总线也不尽相同。LON 总线的 LonWorks 技术使用专门的"神经元芯片"来完成协议第 1～6 层的算法，只有第 7 层（应用层）是根据应用对象自行定义的，这样就大大节约了开发时间和成本投入。而 FF 除了物理层和数据链路层部分内容外，都通过软件来实现。

控制器局域网（Controller Area Network，CAN）总线的体系结构中只定义了 ISO/OSI 参考模型的物理层和数据链路层。应用层通过专门用于特定工业领域的各种协议或 CAN 用户专用方案与物理媒体相连。目前，应用层主要使用 3 个协议：自动化用户组织（CAN in Automation Users Group，CiA）的 CANopen；Honeywell 公司开发的 SDS（Smart Distributed Systems）；Allen Bradley 公司推出的 DeviceNet。这些标准化的应用层与通信过程几乎完全分离。

为了达到设计透明和执行灵活，在 CAN 技术规范中，物理层又划分为物理信令、物理媒体附件及媒体相关接口；数据链路层又分为逻辑链路控制（Logical Link Control，LLC）子层和介质访问控制（Media Access Control，MAC）子层，也被称为"对象层"和"传送层"。

PROFIBUS 总线中的 PROFIBUS-FMS、DP 和 PA 都是以 ISO/OSI 参考模型为基础制定的，这 3 种 PROFIBUS 现场总线协议的体系结构如图 8-2 所示。整个 PROFIBUS 现场总线体系结构中只包含了 ISO/OSI 参考模型的第 1、2 和 7 层，即物理层、数据链路层和应用层，另外增加了一个用户层。

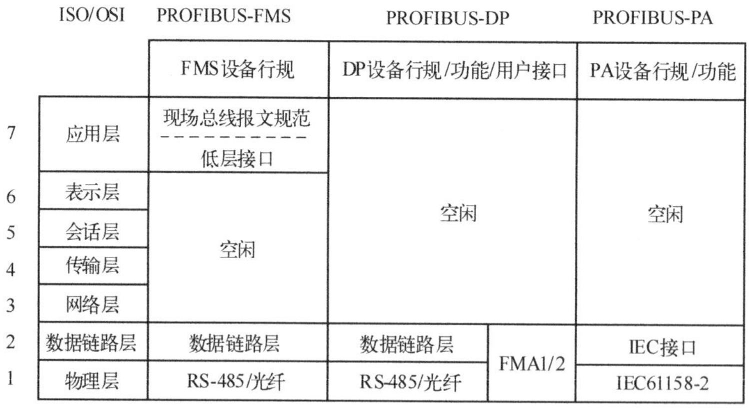

ISO/OSI	PROFIBUS-FMS	PROFIBUS-DP		PROFIBUS-PA
	FMS设备行规	DP设备行规/功能/用户接口		PA设备行规/功能
7 应用层	现场总线报文规范 -------- 低层接口	空闲		空闲
6 表示层	空闲			
5 会话层				
4 传输层				
3 网络层				
2 数据链路层	数据链路层	数据链路层	FMA1/2	IEC接口
1 物理层	RS-485/光纤	RS-485/光纤		IEC61158-2

图 8-2 PROFIBUS 模型与 ISO/OSI 参考模型的对应关系

对 PROFIBUS-FMS、DP 而言，第 1、2 层，即物理层和数据链路层是相同的，物理层采用符合 RS-485 标准的导线、光纤、连接器和中继器，规定了传输介质、物理连接和电气等特性；数据链路层的报文格式也一样，第 1 层和第 2 层的现场总线管理（Fieldbus Management layer 1 and 2，FMA1/2）完成第 1 层参数的设定和第 2 层特定总线参数的设定，它还可以完成这两层出错信息的上传。PROFIBUS-PA 物理层符合 IEC61158-2 物理层规范，而数据链路层与 PROFIBUS-FMS、DP 一样，只是增加了与 IEC61158-2 标准的接口。对于 OSI 参考模型的第 3～6 层，PROFIBUS 中是不用的。为了提高效率，PROFIBUS-DP、PA 也不使用第 7 层，只有 PROFIBUS-FMS 在第 7 层设计了现场总线报文规范（Fieldbus Message Specification，FMS）和低层接口（Lower Layer Interface，LLA），其目的是为用户提供多种通信服务。3 种协议都有用户层，PROFIBUS-FMS 的用户层定义了 FMS 设备行规，该行规定义了与设备制造商无关的设备行为特性。PROFIBUS-DP 的用户层包括 DP 用户接口的直接数据链路映射（Direct Data Link Mapper，DDLM）、DP 的基本功能、扩展功能及设备行规。DDLM 提供了方便访问现场总线数据链路层的接口，DP 设备行规是对用户数据含义的具体说明，它规定了各种应用系统和设备的行为特性。PROFIBUS-PA 的用户层使用了 PROFIBUS-DP 用户层定义的应用功能，以及描述现场设备行为的 PA 行规。

综上所述，现场总线系统根据现场环境的要求对 ISO/OSI 参考模型进行了优化，除去了实时性不强的中间层，并增加了用户层，从而构成了现场总线通信系统模型。

8.1.2　PROFIBUS 现场总线通信系统的主要组成部分

PROFIBUS 现场总线控制系统网络结构如图 8-3 所示。从图中可以看出，整个通信网络系统共分为 4 级，最低一级是执行器/传感器级，采用 AS-I 位总线标准，现场级采用 PROFIBUS-DP 或 PROFIBUS-PA 现场总线，单元级采用 PROFIBUS-FMS 现场总线，管理级使用工业以太网。

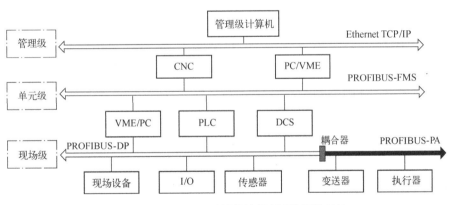

图 8-3　PROFIBUS 现场总线控制系统网络结构

 ## 8.2　PROFIBUS 物理层

PROFIBUS 物理层定义了数据传输方法。为了满足有关网络结构、线路长度、站点数、传输速率和安全等级等不同要求，PROFIBUS 允许在标准的总线协议中包含传输技术的不同特性。PROFIBUS 标准的基本方案是定义 RS-485 接口为标准传输接口，用于 PROFIBUS-DP 协议。下面将针对 RS-485 作为 PROFIBUS-DP 物理层时的导线连接、信号传输和光纤连接进行详细说明。

8.2.1　PROFIBUS–DP 的 RS–485 传输

1．PROFIBUS-DP 总线拓扑结构

PROFIBUS 标准的基本方案中，网络拓扑结构为总线网络，每段最多连接 32 个站，可以通过另外增加总线段来增加连接的站数，总线段之间由中继器（也称线路放大器）相连，中继器只起放大传输信号电平的作用，每增加一个中继器，总线传输距离增加 1200m。PROFIBUS 规定，中继器不提供信号再生，在远距离传输时，会存在位信号的失真和延迟，因此，限定串联的中继器数不超过 3 个，总线上的最多站点数可扩展到 126 个。使用中继器不仅可以增加站数，扩大传输距离，也可以通过段与段之间的组合，实现树状和星状网络结构，以适应不同的自动化系统需要。

总线上两个站点之间允许的最大距离与总线的传输速率和中继器数目密切相关，其关系如表 8-1 所示，表中最大距离的数据是针对 A 型电缆的。

表 8-1　传输距离与传输速率和中继器数目的关系

传输速率/Kbps	最大距离/m			
	无中继器	1 个中继器	2 个中继器	3 个中继器
9.6、19.2 或 93.75	1200	2400	3600	4800
187.5	1000	2000	3000	4000
500	400	800	1200	1600

2．导线连接

对于 PROFIBUS，若使用 RS-485 传输技术，则采用屏蔽双绞线作为物理层传输媒体，其特性如下：电缆的特性阻抗应在 100～220Ω 之间，电缆电容（导体间）应小于 60pF/m，导线截面积应大于等于 0.22mm² （24AWG）。

与屏蔽双绞线相连的机械连接器使用 9 针 D 型连接器。插头（带内孔的连接器）接在总线接口一侧，插座（带凸针的连接器）与总线电缆相接。电缆段与站之间的连接用 T 型连接器来实现，它包含 3 个 9 针 D 型连接器（1 个插头、2 个插座），可以用来连接总线电缆段与总线接口。9 针 D 型连接器的针脚如图 8-4 所示，对应的针脚分配如表 8-2 所示，插头与插座的定义相同。两根 PROFIBUS 数据线也常称为 A 线和 B 线，A 线对应 RXD/TXD-N 信号（针脚 8），B 线则对应 RXD/TXD-P 信号（针脚 3），其中针脚 1、2、4、7 和 9 这些信号是可选的，而针脚 6 的信号仅总线电缆端点的站需要。

表 8-2　D 型连接器针脚分配

针　脚　号	RS-485	信　号　名　称	含　　义
1		屏蔽	屏蔽，保护地
2		M24V	-24V 输出电压
3	B/ B′	RXD/TXD-P	接收/发送数据-P
4		CNTR-P	数据传输方向控制-P

续表

针　脚　号	RS-485	信号名称	含　义
5	C/ C'	DGND	数据信号地
6		VP	正电压
7		P 24V	+24V 输出电压
8	A/ A'	RXD/TXD-N	接收/发送数据-N
9		CNTR-N	数据传输方向控制-N

　　每个总线段的两端需要配置低阻值的终端电阻，如图 8-5 所示，且终端电阻上必须施加正的电源电压，这个电压一般由处于总线终端的站通过 D 型连接器的第 6 脚（VP）提供，其值一般为（+5±5%）V。当总线上没有站发送数据，也即当总线处于空闲状态时，终端电阻确保在总线上有一个确定的空闲电位。另外，几乎所有标准的 PROFIBUS 现场总线连接器上都组合了 PROFIBUS 所需要的现场总线终端器，而且可以由跳接器或开关进行启动。

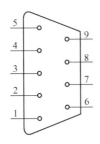

图 8-4　9 针 D 型连接器的针脚

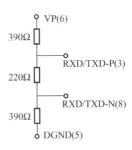

图 8-5　PROFIBUS 总线终端器

　　总线电缆的连接方法如图 8-6 所示，所有信号接口的参考电位与 DGND 之间电位之差，其绝对值必须小于 7V。两根信号线不能互换。如果电位差为 7V，则连接器的第 5 脚（DGND）之间需要连一根补偿地线。

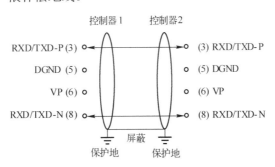

图 8-6　总线电缆的连接方法

3. 数据编码

　　PROFIBUS-DP 采用半双工、异步传输，数据的发送采用 NRZ 编码，每个字符帧为 11 位，包括 1 个起始位、8 个数据位、1 个奇偶校验位和 1 个停止位，字符帧的基本格式如图 8-7 所示。

图 8-7 中，起始位 ST=0，停止位 SP=1，数据位或奇偶校验位可为 0 或 1。接收方收到起始位下降沿后启动位同步，接收数据并进行正确性检查。

在传输期间，二进制信号"1"对应于 RXD/TXD-P 线（也称为 B 线）上的正电位，而在 RXD/TXD-N 线（也称为 A 线）上则相反。各报文间的空闲（Idle）状态对应于二进制信号"1"，如图 8-8 所示。

图 8-7　字符帧的基本格式

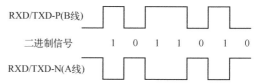

图 8-8　采用 NRZ 传输时的信号形状

8.2.2　PROFIBUS-DP 的光纤传输

PROFIBUS 系统可以使用光纤技术。光缆不仅能够抗电磁干扰，实现总线站之间的电气隔离，而且可以增加高速传输的距离。许多厂商提供专用的总线插头，可将 RS-485 信号转换为光纤信号，或将光纤信号转换为 RS-485 信号，并且为了在同一系统上使用 RS-485，还为光纤传输技术提供了一套非常方便的开关控制方法。

为了把总线站连接到光缆，可选用的连接技术有以下 3 种。

1）OLM 技术　光链路模块（Optical Link Module，OLM）类似于 RS-485 的中继器，OLM 有两个功能相互隔离的电气通道，并根据不同的模态占有一个或两个光通道（单光纤环或冗余的双光纤环）。OLM 通过一根 RS-485 导线与各个总线站或总线段连接，如图 8-9 所示。在单光纤环中，OLM 通过单工光缆相互连接，如果光缆断了或者 OLM 出现故障，则整个环路将崩溃。在冗余的双光纤环中，OLM 通过两个双工光缆相互连接，如果两根光缆中有一个出现故障，它们将做出反应并自动地切换总线系统为线型结构。适当连接信号指示传输线的故障并传送这种信息以便进行相应的处理。一旦光缆中的故障被排除，总线系统就会返回正常的冗余环状态。

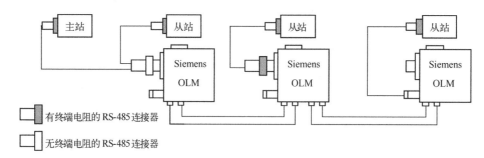

图 8-9　使用 OLM 技术的总线连接

2）OLP 技术　光链路插头（Optical Link Plug，OLP）可以将很简单的总线从站用一个单光缆环进行连接，OLP 直接插入总线站的 9 针 D 型连接器，OLP 由总线站供电而不需要自备电源，但总线站 RS-485 接口的+5V 电源必须保证能够提供至少 80mA 的电流，使用 OLP 技术的单光纤环路如图 8-10 所示。

3）集成的光缆连接　使用集成在设备中的光纤接口将 PROFIBUS 节点与光缆直接

连接。

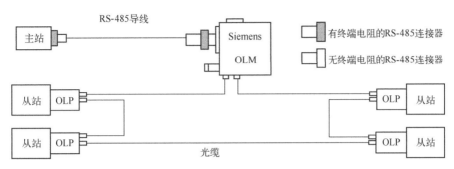

图 8-10　使用 OLP 技术的单光纤环路

 # 8.3　PROFIBUS 数据链路层

根据 OSI 参考模型的规定，现场总线数据链路层（Fieldbus Data Link，FDL）主要负责介质访问控制、数据安全性、传输协议和各种报文的处理。

8.3.1　PROFIBUS 介质访问控制

PROFIBUS 总线的两个主要应用领域是制造工业自动化和过程工业自动化。协议中介质访问控制（Medium Access Control，MAC）的设计旨在满足以下 4 个基本要求。

☺ 当同一级的 PLC 或 PC 等复杂主站之间通信时，必须保证在精确定义的时间间隔内，每个主站都有足够的时间来完成其通信任务。

☺ 当 PLC 或 PC 与其所属的简单 I/O 设备（从站）之间通信时，必须尽可能快速而又简单地完成循环和实时的数据传输。

☺ 尽管 PROFIBUS 有 3 种不同的类型，但使用的 MAC 应该是一致的，而且与所使用的传输媒体无关。

☺ 规定具体的数据传输步骤，确保在某一时刻只有一个站拥有传输数据的权限。

为了满足这几个基本要求，PROFIBUS 使用了两种总线访问方式：①主站与主站之间采用令牌传递方式；②主站与从站之间采用主从方式。PROFIBUS 总线的访问方式如图 8-11 所示。令牌传递方式保证每个主站在一个精确定义的时间间隔内都能获得总线访问权（令牌）。主从方式允许当前获得令牌的主站访问它所属的从站。

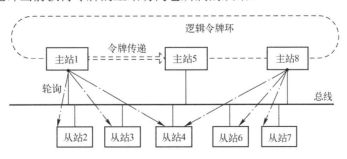

图 8-11　PROFIBUS 总线的访问方式

1）令牌传递方式 令牌是一种在主站之间传递的特殊报文，令牌提供访问传输介质的权力。连接到 PROFIBUS 网络的主站（主动节点）按其总线地址的升序组成一个逻辑令牌环。在这个环中，令牌在规定的时间内按照地址的升序在各主站中依次传递，具有最高站地址的主站例外，它只传递令牌给具有最低总线地址的主站，以此使逻辑令牌环闭合。令牌在所有主站中循环一周所需的时间称为令牌循环时间，用可调整的令牌时间来规定现场总线系统中令牌循环一周所允许的最大时间，令牌传递方式仅用于主站之间的通信。

当一个主站获得了令牌后，就能在一定的时间内执行主站的任务，在此期间，可与总线上的其他主站和从站进行通信。

在总线初始化阶段，主站 MAC 的任务是确定总线上主站的逻辑分配并建立令牌环。为了管理控制令牌，MAC 首先自动判定总线上所有主站的地址，并将这些节点及其地址都记录在主站表中。在总线运行期间，出现故障或拆除的主站必须从令牌环中去除，新接入的主站必须添加到令牌环。

2）主从方式 当 PROFIBUS 网络中的主站拥有从站（被动节点）时，该主站一旦获得总线访问权，就可以发送信息给从站或从从站获取信息。主站下传命令，从站给出响应，配合主站完成对数据链路的控制，一个主站应与相关的多个从站建立一条数据链路，从站可以发送多个信息帧直到从站没有信息帧可发送、本次发送帧的数目已达到最大值或从站被主站停止，在下一个扫描周期内重复执行上述操作。

PROFIBUS 网络可由多个主站和多个从站组成，也可由单一主站和若干从站组成。若逻辑令牌环只含一个主站，则这样的网络称为纯主-从系统；若逻辑令牌环中包括多个主站，但网络中没有从站，则这样的网络称为纯主-主系统；若网络中同时包括多个主站和多个从站，则称为复杂系统。

PROFIBUS 介质访问控制还能够检测传输介质和收发器故障、站编址错误（如地址重复等）及令牌传递中的错误（如有多个令牌或令牌丢失等）。

8.3.2 PROFIBUS 报文格式

总线上的数据传输可以通过总线监视器进行观测，这里首先介绍 PROFIBUS 的报文格式。PROFIBUS 通过现场总线数据链路发送的帧有 5 类，分别为无数据字段的固定长度帧、数据长度可变的帧、数据长度固定的帧、令牌帧和短应答帧。

1）无数据字段的固定长度帧 图 8-12 中给出了这种请求帧及其应答帧的格式和表示符。在图 8-12 中，L 表示信息字段的长度，其值固定为 3 字节，各字段含义如下。

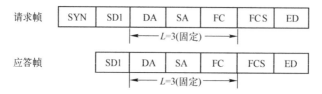

图 8-12 无数据字段的固定长度的请求帧及其应答帧

☺ SYN: 同步位，在 PROFIBUS 中，每个握手报文前必须有 33 位长的空闲状态（二进制信号"1"）。

☺ SD1~5: 起始定界符, 用于区分不同报文的类型。PROFIBUS 的数据链路层所使用的 5 类帧用 SD1~5 表示, 长度为 1 字节, SD1=0x10 为无数据字段的固定长度帧, SD2=0x68 为数据长度可变的帧, SD3=0xA2 为数据长度固定的帧, SD4=0xDC 为令牌帧, SD5=0xE5 为短应答帧。

☺ DA: 目的地址字段, 指出接收该帧的站。

☺ SA: 源地址字段, 指出发送该帧的站。

☺ FC: 帧控制字段, 包含用于该帧的服务及有关该帧优先权的说明。

☺ FCS: 帧校验字段。在 PROFIBUS 中, 除令牌帧和短应答帧外, 所有帧都使用帧校验字段。

☺ ED: 帧结束定界符, 此字段标志着报文的结束, ED（ED=0x16）长度为 1 字节。

2）数据长度可变的帧 图 8-13 中给出了这种请求帧及其应答帧的格式和表示符。数据长度可变的帧格式及其含义如下。

☺ LE/LEr: 长度字段, 在数据字段长度可变的情况下, 用于指出可变长度帧中信息字段 L 的长度, 取值范围为 4~249。

☺ DATA: 数据字段, 此字段包含帧的有用信息, 数据字段的长度可变, 取值范围为 1~246 字节。必要时, 数据字段还包括扩展地址。

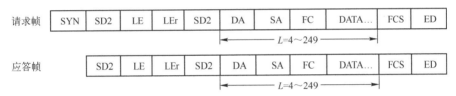

图 8-13 数据长度可变的请求帧及其应答帧

3）数据长度固定的帧 图 8-14 中给出了数据长度固定的请求帧及其应答帧的格式和表示符。与数据长度可变的帧相比, 其主要区别就是帧中的数据字段（DATA）的长度是固定的, 为 8 字节。

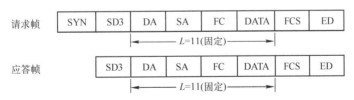

图 8-14 数据长度固定的请求帧及其应答帧

4）令牌帧 令牌帧的格式比较简单, 如图 8-15 所示, 主要目的是指明令牌的未来归属和现在位置。

5）短应答帧 短应答帧为单个字符, 如图 8-15 所示, 帧格式中仅有短应答帧字段 SC, SC 长度为 1 字节, SC=SD5=0xE5, 用于对请求做出简单响应。

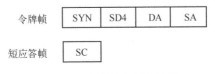

图 8-15 令牌帧和短应答帧

8.3.3　PROFIBUS 地址编码方法

PROFIBUS 报文中，主/从站点中的目的地址和源地址都只使用 1 字节，其地址编码方法如图 8-16 所示。

位	EXT	2^6	2^5	2^4	2^3	2^2	2^1	2^0
符号	b8	b7	b6	b5	b4	b3	b2	b1

图 8-16　PROFIBUS 地址编码方法

目的地址 DA 的取值范围为 0～127，源地址 SA 的取值范围为 1～126，DA 中的地址 127 用来发送无确认数据到总线上的所有站点或一组站点，即广播或群播。DA 和 SA 可在 1～126 中任意取值。在地址编码时需要考虑总线上主站和从站的数量限制。EXT（b8）位决定地址是否可以扩展。EXT=0 表示在数据字段没有扩展地址，EXT=1 表示在数据字段有扩展地址。

设 DA_{EXT} 表示 DA 的 b8 位，SA_{EXT} 表示 SA 的 b8 位，PROFIBUS 扩展地址编码方法如图 8-17 所示。编码方法分为 3 种，分别为：当 $DA_{EXT}=1$ 且 $SA_{EXT}=0$ 时，目的地址 DA 的扩展地址编码 DAE；当 $DA_{EXT}=0$ 且 $SA_{EXT}=1$ 时，源地址 SA 的扩展地址编码 SAE；当 $DA_{EXT}=1$ 且 $SA_{EXT}=1$ 时，目的地址和源地址的扩展地址 DAE 和 SAE。

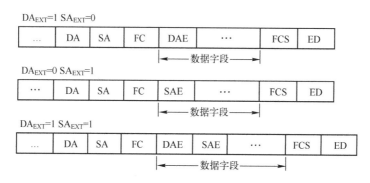

图 8-17　PROFIBUS 扩展地址编码方法

下面举一个简单的例子说明数据链路层的协议数据长度可变的数据传输过程，如果修改了例子中的目的地址或源地址的扩展位、数据字段中的 SAE 或 DAE，就可以很容易变成地址扩展数据传输。

第 1 步：令牌传递，即按照前面讲述的令牌帧格式，只有拥有令牌的站点才能发送请求信息。

第 2 步：拥有令牌的站点采用请求帧格式发送数据。

第 3 步：数据接收站点若没有收到信息，则发送短应答帧；若一切正常，则利用应答帧格式返回响应信息。

8.3.4　PROFIBUS 数据链路层提供的服务

PROFIBUS 的数据链路层依据国际标准 IEC870-5-1 的规定，通过使用特殊的帧起始和结束定界符、无间距的字节同步传输，以及字节的奇偶校验位来确保数据的完整性，其中可以查出的错误类型有：

☺ 字符格式出错（奇偶校验、溢出、帧出错）；

☺ 帧起始和帧结束定界符出错；

☺ 协议出错；

☺ 帧校验字节出错；

☺ 帧长度出错。

出错的帧至少要被自动地重发一次。在数据链路层中，帧的重发次数是一个总线参数，最大值可设定为 8。

PROFIBUS 的数据链路层可提供 4 种服务，这几种服务对用户来说是看不到的，并且不能通过 PROFIBUS 软件施加影响，故下面只进行简单介绍。

☺ 需应答的数据发送（SDA）：该服务允许主站向目的站发送数据，发送站接收并进行已收到信息的确认。

☺ 无须应答的数据发送（SDN）：该服务允许主站同时向一个、多个（群播）或所有站（广播）传送数据。无论数据是否被正确接收，都不需要任何确认。

☺ 需应答的数据发送和请求（SRD）：该服务用于主站单独向一个站发送数据并接收目的站的数据，而且当不向目的站发送数据时，目的站可以请求数据，此时，请求的数据或标志符都指出没有接收到有效数据。两者都表示对询问报文的无差错接收的确认。

☺ 需应答的数据循环发送和请求（CSRD）：该服务允许主站循环向目的站传送数据。同样，目的站可以循环请求数据。主站收到的数据或代表无数据的标志符都表示主站传送的询问报文已经被目的站接收。

PROFIBUS 的 3 个通信协议 FMS、DP 和 PA 分别使用数据链路层服务的不同子集，如表 8-3 所示。这些服务由数据链路层的上一层通过服务访问点（Service Access Point，SAP）来调用。在 PROFIBUS-FMS 中，这些服务访问点用来建立逻辑通信地址的关系表；在 PROFIBUS-DP 和 PA 中，每个服务访问点都赋有一个明确定义的功能。在各个主站和从站中，可同时使用多个服务访问点。服务访问点分为源服务访问点（SSAP）和目标服务访问点（DSAP）两类。

表 8-3　PROFIBUS 数据链路层传输服务

服　务	功　能	FMS	DP	PA
SDA	需应答的数据发送	√		
SDN	无须应答的数据发送	√	√	√
SRD	需应答的数据发送和请求	√	√	√
CSRD	需应答的数据循环发送和请求	√		

现场总线的数据链路层还提供总线管理功能，主要任务是完成 MAC 的特定总线参数的设定及物理层的设定。数据链路层与高层之间的服务访问点可以通过数据链路层的总线管理进行激活或撤销。此外，物理层和数据链路层可能出现的事件或故障会被传递到更高层进行管理。

8.4　PROFIBUS 应用层

ISO/OSI 参考模型对第 7 层（应用层）的要求是提供用户应用进程和系统应用管理进程。PROFIBUS 的 3 个通信协议中，只有 PROFIBUS-FMS 使用了应用层，这是因为 PROFIBUS-FMS 的主要作用是车间级通信，而车间级通信的特点是比现场级的数据传送量大，但通信的实时性要求低于现场级。

PROFIBUS-FMS 应用层提供了供用户访问变量、程序传递、事件控制等方面的服务。主要包括下列两个部分：描述通信对象和应用服务的现场总线报文规范（Fieldbus Message Specification，FMS）；FMS 服务适配到第 2 层（数据链路层）的低层接口（Lower Layer Interface，LLI）。

1．虚拟现场设备

PROFIBUS-FMS 的通信模型允许分散的应用过程利用通信关系统一到一个共同的过程中去。在 PROFIBUS-FMS 现场设备的应用过程中，可实现通信的那部分应用过程称为虚拟现场设备（Virtual Field Device，VFD），简单地说，VFD 是实际现场设备的可通信部分。在实际现场设备与 VFD 之间建立一个通信关系表，由这个通信关系表来完成对实际现场设备的通信。

2．通信对象与对象字典（OD）

PROFIBUS-FMS 设备的所有通信对象都登入该设备的本地对象字典（Object Dictionary，OD）中。FMS 在其面向对象的通信中定义了两种类型的通信对象，分别是静态通信对象和动态通信对象。

对象字典包括结构和数据类型及通信对象的内部设备地址及其在总线上的标志（索引/名称）。对象字典由下列元素组成。

- ☺ 头：包含对象字典的结构信息；
- ☺ 静态数据类型表：包括所支持的静态数据类型（如整数、浮点数、布尔量等）；
- ☺ 静态通信对象表：包括所支持的静态通信对象；
- ☺ 动态变量表：包括所有已知的动态变量；
- ☺ 动态程序表：包括所有已知的程序。

静态通信对象登入静态对象字典，它可由行规定义或在组态期间定义，但在运行期间不能被修改。FMS 能识别 5 种静态通信对象：①简单变量；②数组（一系列具有相同数据类型的简单变量）；③记录（一系列具有不同数据类型的简单变量）；④定义域；⑤事件。

动态通信对象登入动态对象字典，在运行期间动态通信对象是可以改变的，它可以通过 FMS 服务实现预定义、删除或更新。FMS 能识别两种类型的动态通信对象：①程序调用；②变量列表（一系列简单变量、数组或记录）。

FMS 通信对象使用了逻辑寻址方法，用一个 16 位无符号数短地址（索引号）进行存取。每个对象均有一个单独的索引，当然，PROFIBUS-FMS 对象也允许用名称或物理地址来寻址。

为避免非授权存取，每个通信对象都可选用访问保护。使用访问保护的对象只有通过口令才能对通信对象或某一特定设备组进行存取。另外，也可对访问对象的服务进行限制（如允许只读）。

3．FMS 服务

FMS 服务是 ISO9506 制造信息规范服务项目的一个子集，该服务项目在现场总线应用中已经被优化，并且还增加了通信对象管理和网络管理功能。

FMS 服务分为以下几种。

☺ VFD 支持的服务，用于设备识别和状态查询，应某台设备的请求，它们也可自发地通过广播或有选择的广播方式来传递；

☺ OD 管理服务，用于对对象字典读或写物理存取对象的值；

☺ 域管理服务，用于传输大的存储域，数据由用户分成段来传输；

☺ 程序调用管理服务，用于程序控制；

☺ 上下关系管理服务，用于建立和释放逻辑连接并拒绝非允许的服务；

☺ 变量存取服务，用于存取简单变量、记录、数组和变量表；

☺ 事件管理服务，用于传送报警信息和事件，这些信息也可以通过广播或有选择的广播方式传输。

所有这些服务可分为确定性和非确定性两种。对于确定性服务，一个请求报文总是跟着一个确定或响应报文。与此相对，非确定性服务只包含单向报文。所有前面提到的 FMS 服务，用户在应用层接口上均可以使用。

PROFIBUS-FMS 所提供的大量应用服务能满足不同设备对通信提出的广泛要求，但是在运行时只有少量应用服务是必需的，服务的选择取决于特定的应用，具体的应用领域将在行规中规定。

4．低层接口

应用层到数据链路层 FMS 服务的映射由 LLI 来实现，LLI 的主要任务包括数据流控制和连接监控。另外，还在建立连接期间检查用于描述一个逻辑连接通道的所有重要参数。用户是通过逻辑通道与其他应用过程进行通信的，站点间的通信可以是面向对象连接或无连接的。面向对象连接就是在相互通信的站点间建立逻辑联系，即一对一通信。可以在 LLI 中选择不同的连接类型：主-主连接或主-从连接。数据交换方式有循环的和非循环的两种。在通信中，主站可以发出建立连接请求，从站只能被动地接受来自主站的请求。

5．应用层的总线管理功能

应用层还提供现场总线管理功能。其主要任务是保证 FMS 和 LLI 子层的参数化，以及将总线参数向数据链路层的总线管理传递。在某些应用过程中，还可以通过应用层现场总线管理功能把各个子层的事件和故障显示给用户。

 ## 8.5　PROFIBUS 用户层

为了保证不同现场总线设备制造商生产的设备具有相同的通信功能，以及实现设备的可互换性，PROFIBUS 在总线通信层之上增加了用户层。它是设备或软件所完成的实际功能，是呈现在用户面前的变送器的测量值、阀门定位器的动作及主机的接口。在用户层定义了数据格式和语义，设备可以灵活而方便地解释和处理数据，实现了互操作性。

PROFIBUS-DP 只使用了 ISO/OSI 参考模型的第 1 层和第 2 层，而用户层接口定义了PROFIBUS-DP 设备可使用的应用功能及各种类型的系统和设备的行为特性。

8.5.1　PROFIBUS-DP 用户层概述

PROFIBUS-DP 用户层包括 DDLM 和用户接口/用户等，它们在通信中实现各种应用功能（在 PROFIBUS-DP 协议中并没有定义第 7 层（应用层），而是在用户接口中对其应用进行了描述）。DDLM 是预先定义的直接数据链路映射程序，其主要任务是将所有在用户接口中被调用的功能都映射到第 2 层 FDL 和 FMA1/2 服务。它向第 2 层（数据链路层）发送功能调用中 SSAP、DSAP 和 Serv_class 等必需的参数，接收来自第 2 层的确认和指示并将它们传送给用户接口/用户。

DP 系统的通信模型如图 8-18 所示（虚线所示为数据流）。2 类主站中不存在用户接口，DDLM 直接为用户提供服务。在 1 类主站上除 DDLM 外，还存在用户、用户接口及用户与用户接口之间的接口。用户接口与用户之间的接口被定义为数据接口与服务接口，在该接口上处理与 DP 从站之间的通信。在 DP 从站中，存在着用户与用户接口，而用户和用户接口之间的接口被创建为数据接口。主站-主站之间的数据通信由 2 类主站发起，在 1 类主站中数据流直接通过 DDLM 到达用户，并不经过用户与用户接口之间的接口；而 1 类主站与 DP 从站两者的用户经由用户接口，利用预先定义的 DP 通信接口进行通信。下面先介绍主-从、主-主通信中用到的 DDLM 服务功能，然后从主站（1 类和 2 类）和从站的结构出发，介绍在用户及用户接口上传递的数据和服务行为。

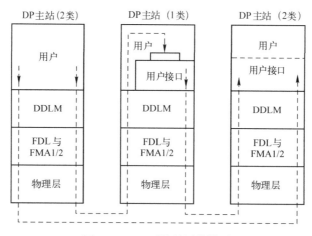

图 8-18　DP 系统的通信模型

8.5.2　DDLM 功能

DDLM 作为用户接口/用户与 FDL 服务之间的接口提供 DDLM 主-从功能、DDLM 主-主功能、DDLM 本地功能（DP 主站本地功能和 DP 从站本地功能）。

1. DDLM 主-从功能

DDLM 主-从功能包括 1 类主站与从站间可实现的功能及 2 类主站与从站间可实现的功能。

DP 主站（1 类）的用户接口实现以下主-从应用功能。

☺ 读取 DP 从站的诊断信息;

☺ 设置从站的参数;

☺ 参数化与组态检查;

☺ 循环的用户数据交换模式;

☺ 提交控制命令。

这些功能由用户独立处理，用户与用户之间的接口由若干服务调用与一个共享数据库组成。在 DP 从站与 DP 2 类主站之间可附加实现以下功能。

☺ 读取 DP 从站的组态;

☺ 读取输入/输出值;

☺ 对 DP 从站分配地址。

2. DDLM 主-主功能

DDLM 主-主功能总是由 2 类主站的用户启动，2 类主站用功能原语请求（.req）发送到 DDLM，用功能原语确认（.con）来接收 DDLM 的应答。在某一时刻，1 类主站只能和一个 2 类主站通信。

DDLM 主-主功能包括以下几点。

☺ 读取 1 类主站状态和 DP 从站的诊断信息;

☺ 选择 1 类主站的操作模式;

☺ 参数上传与下载;

☺ 激活参数（无须确认）;

☺ 激活与解除激活参数集。

3. DDLM 本地功能

主站和从站的 DDLM 提供与用户接口（或用户）的本地交互功能。DDLM 将其功能映射到 FDL 和 FMA1/2 确定的服务，并完成本地服务确认的处理。

DP 主站本地功能包括以下几点。

☺ 1 类主站初始化;

☺ 1 类主站初始化与 2 类主站通信;

☺ 2 类主站初始化与 1 类主站通信;

☺ 设置总线参数;

☺ 设置变量值;

☺ 读取变量值;

☺ 清零统计计数器;

☺ 复位;

☺ 出错通知;

☺ 事件通知。

DP 从站本地功能包括以下几点。

☺ 从站本地初始化；

☺ 设置最小站延迟时间；

☺ 进入用户数据交换模式；

☺ 退出用户数据交换模式；

☺ 错误。

8.5.3 用户接口

根据 PROFIBUS-DP 的通信模型，1 类主站和从站的用户层都有用户接口。

1. 1 类主站的用户接口

1 类主站的用户接口与用户之间的接口包括数据接口和服务接口。在该接口上处理与 DP 从站通信的所有交互作用，如图 8-19 所示。

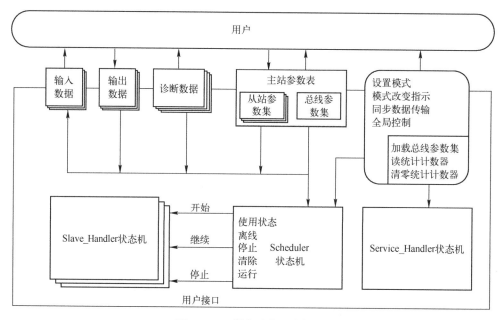

图 8-19　1 类主站的用户接口

数据接口包括主站参数集、诊断数据和输入/输出数据。其中主站参数集包含总线参数集和 DP 从站参数集，是总线参数和从站参数在主站上的映射。

通过服务接口，用户可以在用户接口的循环操作中异步调用非循环功能。非循环功能分为本地和远程功能。服务接口功能包括以下几项。

☺ 设定用户接口操作模式；

☺ 指示操作模式改变；

☺ 加载总线参数集；

☺ 发送对从站的全局控制命令；

☺ 同步数据传输；

☺ 读取统计计数器；

☺ 清零统计计数器。

2．从站的用户接口

在 DP 从站中，用户接口通过前面所述从站的 DDLM 主-从功能和从站的 DDLM 本地功能与 DDLM 通信，用户接口被创建为数据接口，从站用户接口状态机实现对数据交换的监视。用户接口分析本地发生的 FDL 和 DDLM 错误并将其结果放入 DDLM_Fault. ind 中。用户接口保持与实际应用过程之间的同步，并且该同步的实现依赖于一些功能的执行过程。在本地，同步由 3 个事件来触发：新的输入数据、诊断信息的变化和通信接口配置的变化。

8.5.4　PROFIBUS-DP 行规

PROFIBUS-DP 协议的任务只是定义用户数据怎样通过总线从一个站传送到另一个站。在这里，传输协议并没有对所传送的用户数据进行评价，这是 DP 行规的任务。PROFIBUS-DP 精确定义了相关应用的参数和行规的使用，从而使由不同制造商生产的 DP 部件能容易地交换使用。目前已制定了如下的 PROFIBUS-DP 行规。

☺ NC/RC 行规。该行规描述怎样通过 PROFIBUS-DP 来控制用于加工和装配的自动化设备，采用详细的顺序流程图描述这些自动化设备的动作和程序控制。

☺ 编码器行规。该行规描述具有单圈或多圈分辨率的旋转编码器、角度编码器和线性编码器怎样与 PROFIBUS-DP 相连。这些设备分为两类，行规定义了它们的基本功能和附加功能，如标定、报警处理和扩展的诊断。

☺ 变速驱动行规。该行规规定了怎样定义驱动参数、怎样传送设定值和实际值，这样不同制造商生产的驱动设备就可以实现互换。此行规包含运行状态"速度控制"和"定位"所需要的规范。它规定了基本的驱动功能，并为有关应用的扩展和进一步开发留有足够的余地。另外，它还包括 DP 应用功能或 FMS 应用功能的映像。

☺ 操作控制和过程监视行规。该行规具体说明了简单 HMI（人机接口）设备怎样通过 PROFIBUS-DP 与高一级的自动化部件相连。本行规使用 PROFIBUS-DP 的扩展功能进行数据通信。

☺ 防止出错数据传输行规。该行规定义了用于故障安全设备通信的附加数据安全机制，如紧急 OFF。

总结

　　PROFIBUS 在某些行业已经成为自动化系统和仪表的行业标准。由于 PROFIBUS 控制系统常常是工厂的中心控制系统，其他产品只有具备了 PROFIBUS 接口并符合 PROFIBUS 的协议规范，才能最有效地实现与其他设备的彼此互联互通。本章主要以 PROFIBUS 为例对现场总线通信系统进行说明，并针对 PROFIBUS 体系结构中的物理层、数据链路层、应用层和用户层进行详细的介绍。除应用层以 PROFIBUS-FMS 为例外，其他层均主要以 PROFIBUS-DP 为例进行介绍。

思考与练习

(1) 试述现场总线与 DCS 之间的关系。

(2) 现场总线有哪些特点？

(3) 试述 PROFIBUS-DP 的 RS-485 传输的电缆连接方式。

(4) 试绘图说明 PROFIBUS-DP 的介质访问控制（MAC）方法的工作原理。

(5) PROFIBUS-FMS 的服务有哪些？

(6) PROFIBUS-DP 的行规主要有哪些？

(7) 简要阐述现场总线技术在现代工业中的应用。

第9章 现场总线设备

现场总线设备（Fieldbus Device）是指连接在现场总线上的各种仪表设备。这些设备按其功能可分为变送器类设备、执行器类设备、信号转换类设备、接口类设备、电源类设备和附件类设备。

 ## 9.1 现场总线设备的分类与特点

9.1.1 现场总线设备的分类

现场总线设备是指内置微处理器，并具有数字计算、数字通信功能的现场设备。这类现场总线设备通常称为现场总线仪表，它们安装在现场，与现场总线连接，输入或输出现场总线信号。

以下是现场总线设备的具体分类情况。

（1）现场总线变送器类设备。它们是最常用的现场总线设备，这类现场总线设备用于检测生产过程的变量，并具有将过程变量信号转换为现场总线信号的功能。根据被检测过程变量的不同，现场总线变送器类设备有不同的类型。检测的过程变量有差压、压力、流量、液位、温度及成分等。与普通智能变送器相比，其主要特点是增加了与现场总线的数字通信功能。

（2）现场总线执行器类设备。它们用于对生产过程进行操作和控制，也可用于改变控制系统的操作变量。它们具有将现场总线信号转换为执行器动作的功能，大多数这类设备带PID控制功能块。

（3）现场总线信号转换类设备。它们是现场总线变送器类设备和执行器类设备的特例，主要用于原有模拟仪表的转换。例如，将 4～20mA 模拟电流信号转换为现场总线信号的转换设备是现场总线电流变送器设备，将现场总线信号转换为 20～100kPa 或 4～20mA 模拟电流信号的转换设备类似现场总线执行器类设备，但输出信号没有执行器的位置反馈信号，而是标准气压信号或电流信号。

（4）现场总线接口类设备。它们用于将其他总线系统与现场总线连接起来，如与 PCI 总线、ISA 总线或以太网等连接，实现与其他计算机系统的连接。最常用的是与 DCS 系统输入/输出总线连接的接口设备。

（5）现场总线电源类设备。它们一般不含微处理器，但属于现场总线系统的必需设备，包括现场总线电源调整器设备、供电电源设备等。

（6）现场总线附件类设备。这类现场总线设备不含微处理器，属于现场总线系统的附属设备，如中继器、安全栅等。

9.1.2　现场总线设备的特点

现场总线设备与一般的智能仪表之间的主要区别如下。

☺ 一般智能仪表通常不具有通信功能，或不能用现场总线进行通信；而现场总线设备则采用现场总线实现数据通信。

☺ 一般智能仪表没有节点地址，在使用时也不存在寻址问题；而现场总线设备具有唯一的节点地址，这是在仪表出厂时就设置好的。

☺ 一般智能仪表的组态既可从上位机下装，也可通过手握式编程器实现；现场总线设备通常由资源块、转换器块和相关功能块组成，对其组态通常由上位机下装实现。

现场总线设备的特点如下。

（1）全数字。现场总线设备是全数字式仪表，采用全数字通信，其输入/输出信号是现场总线信号。而模拟仪表的输入/输出信号是模拟信号，如1～5V电压信号、4～20mA电流信号或20～100kPa气压信号。混合信号仪表采用模拟信号加HART数字信号传输，但因仪表与DCS间仍为点对点连接，因此，连接电缆的成本等不能降低。现场总线设备的测量精度、数据分辨率和稳定性等性能都要优于模拟仪表和混合信号仪表。

（2）精度高。现场总线设备减少了数字量与模拟量之间的转换环节，消除了仪表本身的转换误差，提高了仪表的测量精度。

（3）多变量测量。一般仪表只能测量一个过程变量，而现场总线设备可同时测量多个过程变量。例如，一台现场总线流量变送器不但可以测量流过管道的流体流量，而且可以测量流体的温度和压力，降低了其他检测元件对流量测量的影响。当现场总线流量变送器内置计算功能块时，还可以直接对流体密度进行补偿。

（4）多变量传送。现场总线设备可输出多个信号并同时传输。例如，带阀门定位器的现场总线执行器可输出执行器的阀位信号、开度信号等，进而可以减少连接电缆数量和安装成本。

（5）抗干扰能力强。因为现场总线设备采用全数字通信，所以一般的电磁干扰对其影响不大，加上现场总线通信采用循环冗余码检验、重发等抗干扰机制，信号传输的误码率大大降低，提高了仪表的抗干扰能力。

（6）数据信息量大。现场总线设备可同时传输多个信号和多种类型的信号，如执行器位置信号和开度信号等，还可传送诊断信号和信号的状态等信息。丰富的信息不仅包括过程变量信息，还包括管理信息、诊断信息、状态信息等。

（7）计算和控制功能强。现场总线设备可内置各种计算和控制功能块，进而可实现所需的计算或控制功能，缩短了传输延迟，提高了控制系统的稳定性。

（8）分散控制。现场总线设备将控制分散到现场，从而使危险分散。在DCS中，控制和计算功能仍集中在控制室的过程控制装置内，因此，不能真正实现危险分散、功能分散和分散控制。在现场总线设备组成的控制系统中，用一台现场总线变送器检测过程变量，并将其转换为现场信号直接送到现场安装的总线执行器，执行器内的阀门定位器不但带有PID控制功能块，还能够反馈执行器的位置，进而可以直接实现本地的控制和对执行器位置的串级反馈副回路控制，从而提高了控制系统的控制性能，改善了控制系统的稳定性。

（9）改善控制系统的控制品质。现场总线执行器采用前向补偿环节实现对被控对象的非线性补偿，从根本上解决了阀门定位器采用反馈凸轮引入的串级副环非线性和不稳定性问题。因此，它不仅可以补偿被控对象的非线性特性，还可以解决压降比造成的非线性问题。

（10）机电仪一体化。现场总线设备是机电仪一体化产品，它将控制和管理、机电仪表集成起来，因此，最终的产品更简单、性能更可靠、管理更方便、运行更稳定。

（11）标准化。现场总线设备采用标准通信协议、标准功能块和对象字典等，因此，降低了设计、安装和维护人员的培训费用，便于过程操作、组态操作和维修操作。

（12）互操作性。互操作性是不同制造厂商的产品可互相操作而不影响其功能的性能。现场总线设备符合互操作性规范，因此，凡是符合开放系统互联通信规范的现场总线设备均具有互操作性，它使用户对现场总线设备有了更大的选择余地。

（13）综合成本降低。现场总线设备可检测多个过程变量，并可带有多个计算或控制功能块，可传送多个变量，它不需要采取信号转换和隔离等措施，而且减少了电缆数量和安装费用，节省了机柜、接插件和电缆桥架等安装空间和部件，降低了设计成本和调试成本。虽然仪表本身的成本提高，但采用现场总线设备组成现场总线控制系统的综合成本大大降低。

9.2　现场总线差压变送器

9.2.1　概述

现场总线差压变送器是测量差压、表压、绝压、液位和流量的一种智能化变送器，也是将差压、表压、绝压、液位和流量等过程变量转换为现场总线数字通信信号的转换器。它的检测部分采用高性能、高可靠性的压阻式传感器、电容式传感器等，与一般智能变送器的检测部分类似。现场总线差压变送器中所采用的数字技术使用户可以选择各种变量的变送器功能，如检测差压、绝压或流量等。

从通信协议看，双向数字通信协议具有精度高、多变量访问、远程组态和诊断，以及可在一条线路上连接多台设备等优点，而有些通信协议并不传输控制信息，仅传送少量维护信息，而且它们的传输速度较慢，使用效率较低。

为克服这些问题实现闭环控制，现场总线设备需要更高的通信速率，而高速通信需要消耗更多的电源，这就产生了矛盾。为此要做到两者兼顾，既要有合适的通信速率，又要使系统通信的花费尽可能少。现场总线技术采用调度机制来控制过程变量的采样、算法的执行及通信系统的优化，从而取得良好的闭环控制性能。

采用现场总线技术把多个设备互联起来，可以扩大控制规模。为方便用户，现场总线技术采用功能块的概念，用户可方便地建立复杂的控制策略，并监视这些控制策略的执行情况。此外，用户可以灵活地编辑控制策略，而不需要重新布线或改变硬件。

现场总线差压变送器内部除了有压力或差压检测变送模块外，通常还有对本体温度的检测变送模块。一些变送器通常还带有内置的 PID 控制功能块和计算功能块，这样就无须再添加控制装置，使得应用更方便，通信量减少，传输延迟缩短，而且成本也有所降低，控制系统的实时性也将提高。现场总线控制系统中还有其他一些功能块，可以实现多种控制策略。

考虑到不同规模系统对应用现场总线的需求，有些现场总线差压变送器在现场总线网络中可以作为主站运行，也可以采用磁性工具本地组态，这样在许多应用场合中省去了组态器或工程师站，降低了成本。

现场总线差压变送器中功能块的连接有两种组态方式。一种组态方式是使用系统组态设备。它将设备的物理地址标签作为该设备的节点地址，当一个新设备接入网络之前，必须对其地址标签进行组态，组态步骤简述如下。

（1）组态器与一个未初始化的差压变送器连接，在线路上不连接任何其他设备。

（2）将差压变送器初始化，此时可以连接到网络上。

（3）系统会自动地给差压变送器分配一个节点地址，并使其进入待机状态。

（4）对差压变送器进行应用组态，然后使其进入工作状态。

另一种组态方式是采用本地调整功能对通信功能进行预组态。这种方法不需要系统组态设备，但要求操作人员熟悉现场总线通信机制。对小规模系统来说，这是一种比较经济的方法；但对一个大规模系统而言，这种方法却既费时又容易出错。

9.2.2　工作原理

1．结构

现场总线差压变送器有电容式传感器（电容膜盒）和压电式传感器等类型。电容式传感器适用于测量差压和表压，常用于表压、流量和液位的测量。压电式传感器适用于测量绝压，常用于真空及液位的测量。

1）电容式传感器　如图 9-1 所示，电容式传感器将差压变化转换为电容的变化。

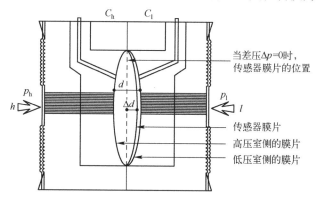

图 9-1　电容式传感器的工作原理框图

平板电容的电容量 C 可表示为

$$C = \frac{\varepsilon A}{d} \tag{9-1}$$

式中，ε 是电容极板间电解质的介电常数；A 是极板面积；d 是极板间距离。

高压室与低压室组成两个平板电容，分别用 C_h 和 C_l 表示其电容量，则有

$$C_h = \frac{\varepsilon A}{d/2 + \Delta d} \tag{9-2}$$

$$C_l = \frac{\varepsilon A}{d/2 - \Delta d} \tag{9-3}$$

式中，Δd 是极板的偏移。

实践表明，在膜片弹性极限范围内，也就是差压引起极板位移 $\Delta d < d/4$ 时，差压 $\Delta p = p_h - p_l$（高压侧与低压侧的压力之差）与敏感膜片偏移 Δd 成正比，即有

$$\Delta p = k\Delta d \tag{9-4}$$

式中，k 为常数。

经推导，有

$$\frac{C_l - C_h}{C_l + C_h} = \frac{2\Delta d}{d} \tag{9-5}$$

由于固定膜片 C_h 与 C_l 之间的距离 d 为常数，因此 $(C_l - C_h)/(C_l + C_h)$ 与 Δd 成正比，也就是与待测的差压成正比。可见，电容式传感器电容量随差压的变化而变化。

2）压电式传感器　压电式传感器利用压电材料的压电效应制成，当压电片受到力的作用后，一个极板聚集正电荷，另一个极板聚集负电荷，且两个极板上的电荷量相等，但极性相反。当两极板间为绝缘材料时，可用电容近似，其电容量可表示为 $C = \varepsilon A/d$。两极板间的电压为

$$U = \frac{q}{C} \tag{9-6}$$

式中，q 是极板上聚集的电荷。因此，压电式传感器可以被看作电容量为 C、电源电压为 U 的串联电路。经压电式传感器转换后，差压或压力的变化转换为输出电压的变化。

3）压阻式传感器　压阻式传感器是采用扩散硅技术制成的，它利用差压或压力变化与压阻应变片电阻变化成比例，将 4 个压阻应变片组成电桥的 4 个桥臂。电桥输出电压 U 与差压 Δp 成正比，k 为常数，则有

$$U = k\Delta p \tag{9-7}$$

由于应变片安装在同一基座上，温度对它们的影响相互抵消，加上半导体压阻系数大，因此，采用扩散硅制成的差压和压力变送器具有灵敏度高、动态响应好等优点。

2. 电路工作原理

现场总线差压变送器的电路工作原理框图如图 9-2 所示，各部分功能说明如下。

☺ CPU、RAM 和 EEPROM：CPU 是变送器的智能部件，它负责完成测量工作、功能块执行、自诊断及通信任务。需暂存的中间数据存储在 RAM 中。为防止电源掉电造成 RAM 中的数据丢失，在 CPU 中设置一个内部非易失存储器 EEPROM 用于在断电时保存数据。此外，可以用 FLASH 作为程序存储器，便于固件升级（图中未画出）。

☺ FDI（固件下载接口）：FDI 是主电路板上用于下载固件的接口，通常是由制造商使用的，当然用户也可以利用该接口完成固件的升级。

☺ MODEM（调制解调器）：用于实现监测链路活动、调制和解调通信信号、插入和删除起始标志和终止标志等通信任务。

☺ 本地调整部件：本地调整部件有两个可用磁性工具调整的磁性开关，没有机械和电气接触，它可以有效防止现场的灰尘和腐蚀性气体等进入变送器。

☺ 电源：从现场总线上获得电源，实现对变送器的电路供电。

☺ 电源隔离器：为避免干扰，送到输入部分的电源必须进行隔离。

☺ 振荡器：产生一个频率随着传感器的电容而变化的振荡信号，用于检测电容量。

☺ 信号隔离器：与送到输入部分的电源需要进行隔离类似，将来自 CPU 的控制信号和

振荡器信号相互隔离，避免共地干扰。

☺ EEPROM：传感器组件板中设置了另一个 EEPROM，用于保存不同压力和温度下传感器的特性数据。每个传感器的特性在仪表制造厂进行标定。而前面提到的主电路板上的 EEPROM 用来保存组态参数等。

☺ 显示控制器：接收源自 CPU 的数据，并控制液晶显示器各段的显示。控制器还提供各种驱动控制信号。

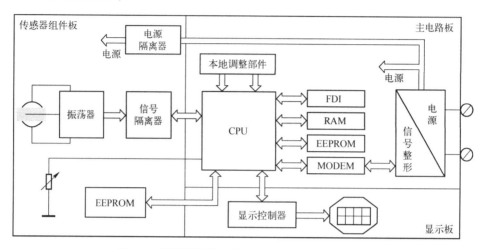

图 9-2　现场总线差压变送器的电路工作原理框图

 ## 9.3　现场总线温度变送器

现场总线温度变送器与热电阻或热电偶配合使用，主要用于温度的测量，但它也可以接收其他传感器，如荷重传感器、高温计、电阻式位置指示器等输出的电阻或毫伏信号。现场总线温度变送器采用数字技术，它可同时测量两路温度信号或者两点的温差信号，可接收各种类型的温度检测元件信号，便于控制室与现场之间的连接。

9.3.1　工作原理

现场总线温度变送器接收源自热电阻的电阻信号或热电偶的毫伏信号。变送器输入信号必须在允许范围内。电阻信号范围为 0～2000Ω，毫伏信号范围为-5～500mV。现场总线温度变送器的电路工作原理框图如图 9-3 所示。图中主电路板和显示板与图 9-2 中的主电路板和显示板基本相同，因此，各组成部件的功能也类似。仅传感器组件板用于温度检测元件的信号检测，对传感器组件板中的各部分功能说明如下。

☺ 多路转换器（MUX）：根据连接的输入信号，选择信号类型，并切换输入的多路传感器信号，将其采样并传送给信号调理器，便于测量其电压值。

☺ 信号调理器：用于对输入信号进行适当的放大，以适应模数转换器的要求。

☺ A/D（模数转换器）：将输入的模拟量信号转换为 CPU 可用的数字量信号。

☺ 信号隔离器：起到隔离输入与 CPU 之间的控制和数据信号的作用。

☺ 电源隔离器：与输入部分的信号隔离类似，也需要对传感器组件板的电源进行隔离。

◎ EEPROM：传感器组件板中的 EEPROM 用于保存不同压力和温度下传感器的特性数据。

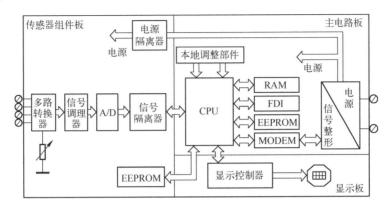

图 9-3　现场总线温度变送器的电路工作原理框图

9.3.2　温度检测元件

现场总线温度变送器可与各种类型的传感器或检测元件配合使用，通常与热电阻或热电偶配合，用于温度测量。

1．热电阻

热电阻（RTD）的工作原理是金属电阻值随温度升高而增加。在现场总线温度变送器中存储的标准热电阻分度号如下。

◎ 日本工业标准 JIS[1604—81]:（Pt50、Pt100）。

◎ 国际电工委员会标准 IEC、德国标准 DIN、日本工业标准 JIS[1604—89]:（Pt50、Pt100 和 Pt500）。

◎ 通用电气公司标准 GE:（Cu10）。

◎ 德国标准 DIN:（Ni120）。

为使热电阻能够对温度进行准确的测量，必须消除传感器与测量电路间线路电阻造成的影响。现场总线温度变送器有两线制、三线制和四线制三种连接方法，分别如图 9-4～图 9-6 所示。

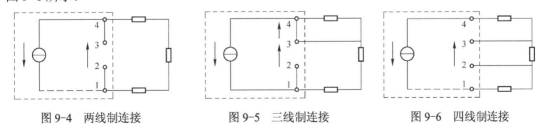

图 9-4　两线制连接　　　　图 9-5　三线制连接　　　　图 9-6　四线制连接

采用两线制连接时，电压 U_2 与电阻 R_{TD} 和线路电阻 R 之和成正比，即

$$U_2 = I(R_{TD} + 2R) \qquad (9\text{-}8)$$

线路电阻值 R 的变化会影响测量结果。因此，连接导线的长度、线径及导线处的温度会引起电流变化，从而造成测量误差。

采用三线制连接时，端子 3 是高阻抗输入端，没有电流通过第 3 条线，因此，在其上面无电压降，即有

$$U_2 = I(R_{TD} + R)；\quad U_1 = IR \qquad\qquad (9\text{-}9)$$

因此

$$U_2 - U_1 = IR_{TD} \qquad\qquad (9\text{-}10)$$

式（9-10）表明，三线制连接时，U_2 与 U_1 之间的电压差与连接导线的电阻值 R 无关，仅与热电阻值 R_{TD} 有关。

采用四线制连接时，端子 2 和 3 是高阻抗输入端，没有电流流过此端，故在线 2 和 3 上不产生电压降。因为不测量上面的电压，所以线路电阻对测量无影响，测量电压 U_2 仅与热电阻 R_{TD} 的阻值有关。

通过上面的分析可以看出，采用二线制连接时线路电阻值 R 的变化会影响测量结果，而采用三线制和四线制连接方式时仅与热电阻值 R_{TD} 有关，故推荐采用三线制或四线制连接以避免线路电阻的影响。

2. 热电偶

热电偶（Thermo Couple，TC）是由两种不同的金属或合金丝将一端连接在一起所组成的检测元件。连接在一起的那一端称为测量端或热端，测量端应置于温度检测点。热电偶的另一端是开放的，连接到温度变送器上，称为参考端或冷端。

当金属丝的两端存在温度差时，金属丝的两端就会产生一个小的热电动势，这种现象称为塞贝克效应。根据塞贝克效应，当两种不同的金属丝的一端连接在一起，而另一端开放时，由于不同金属丝产生的热电动势不同，不能相互抵消，两端之间的温度差就会形成一个电压输出。关于热电偶必须注意下列几点。

☺ 热电偶产生的电压与测量端和冷端的温度差成比例，因此，为了得到被测温度，必须在计算时考虑冷端的温度，进行冷端温度校正。现场总线温度变送器可以自动进行冷端温度校正，校正方法是在现场总线温度变送器的传感器接线端子处设置测量冷端温度的温度传感器。

☺ 如果热电偶与温度变送器端子间的连接导线不采用与热电偶相同的导线，例如，传感器或接线盒与变送器端子间采用铜线，那么新的冷端就会产生塞贝克效应。由于冷端校正点不对，在许多情况下会影响测量结果。因此，传感器与变送器间的连接线要使用与热电偶有同样热电特性的热电偶线，或采用与热电偶有相近热电特性的补偿导线。

☺ 由于热电偶产生的热电势与温度之间并不是严格的线性关系，因此，当需要较高检测精度要求时，应进行非线性补偿。

不同热电偶使用的金属或合金不同，用分度号表示。例如，用镍铬和镍硅组成热电偶的分度号为 K。标准热电偶的被测温度与产生的电压间的关系用热电偶分度表表示，分度表存储在现场总线温度变送器的存储器中，工业上常用的标准热电偶如下。

☺ NBS（B、E、J、K、N、R、S 和 T）；

☺ DIN（L 和 U）。

9.4 现场总线阀门定位器

现场总线阀门定位器主要用于驱动现场总线控制系统中的气动执行机构，通常是现场总线阀门定位器和控制阀的组合。在现场总线控制系统中现场总线阀门定位器用于驱动控制阀。控制阀与传统的控制阀相同，仅阀门定位器采用现场总线阀门定位器。现场总线阀门定位器根据现场总线上送来的或由其内部控制功能块产生的控制信号，产生一个气压或电流信号，然后带动气动或电动执行器输出一个机械位移，再通过检测元件检测位移的大小，并反馈到控制电路中，实现精确的阀门定位。

现场总线阀门定位器的特点如下。

☺ 实现了信息的数字传输。

☺ 能够进行远程设定、自动标定。

☺ 能够进行故障诊断，并提供预防性维修信息。例如，它可对阀门行程和动作次数进行自动累计，并在达到规定值时发出提示信息。

☺ 设备内部可实现控制、报警、计算和数据处理等功能。

☺ 阀门流量特性通过软件组态实现，无须对凸轮、弹簧等进行任何改动，因此可方便地实现线性、快开、等百分比等流量特性；也可任意设置阀门的其他流量特性，如额定流量下的压力降、双曲线或修正抛物线流量特性等。

☺ 可补偿因压降比等因素造成的非线性特性，提高控制系统的控制品质。

现场总线阀门定位器由主电路板、显示板、输出组件（电-气转换器组件）等几部分构成。其中，输出组件中输出电路板、主电路板和显示板的工作原理与现场总线差压变送器类似，在此仅介绍输出组件的工作原理。图 9-7 所示为现场总线阀门定位器的输出组件结构，图 9-8 中大虚线框内为电-气转换器组件。

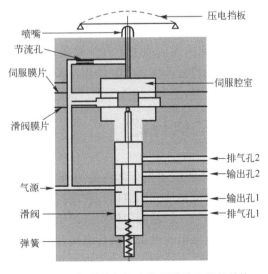

图 9-7 现场总线阀门定位器的输出组件结构

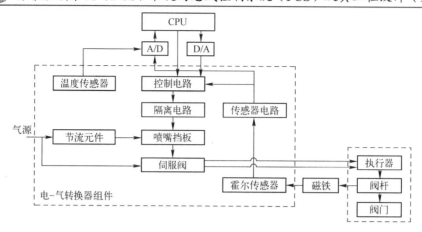

图 9-8   电-气转换器组件电路

输出组件由喷嘴挡板机构、伺服机构、阀位信号检测传感器和输出控制电路组成。

主电路板输出的控制信号施加到压电挡板上，使压电挡片弯曲，导致流过喷嘴的气流变化，进而使伺服腔室内的压力（背压）发生变化。在一定工作范围内，伺服腔室内的压力变化与压电挡板的位移量呈线性关系。

伺服腔室内气压由伺服机构进行放大以提供足够的流量驱动能力。伺服机构的伺服膜片位于伺服腔室，面积较小的滑阀膜片位于滑阀腔室。稳态时，伺服腔室压力对伺服膜片的作用力应该等于滑阀腔室压力对滑阀膜片的作用力。

压电挡板靠近喷嘴，伺服腔室内的压力会相应增加，伺服膜片受力增大，促使滑阀向下移动，从气源管线来的压缩空气从滑阀中间的气路，经输出孔 2 进入气动执行器的一侧腔室，使该侧的压力增加；同时，滑阀的下移使输出孔 1 和排气孔 1 连通，气动执行机构另一侧的空气经输出孔 1 和排气孔 1 排出，执行机构两侧腔室的压差使执行机构阀杆产生位移。

执行机构位移经阀位信号检测传感器转换为电信号，并传送至输出控制电路。当反馈信号与控制信号平衡时，执行机构阀杆不再移动，即执行机构到达给定位置，喷嘴挡板机构和伺服机构达到一个新稳态。

当阀门定位器与现场总线之间的通信或上游其他设备发生故障时，阀门定位器可以进入故障安全状态，保持执行机构的位置不变或者到达用户预先组态的安全位置。

9.5   现场总线电动执行器

在现场总线控制系统中现场总线电动执行器主要用于驱动阀门、挡板等设备，调节生产过程中的工质流量，以便使被控变量达到给定值。它根据其内部控制功能块所产生的控制信号或者现场总线上送来的控制信号，以及阀门位置反馈电路输出的阀门的实际位置信号，产生一个电动机控制信号，通过伺服电动机带动执行机构输出机械位移，控制阀门或挡板的动作。同时，通过阀门位置反馈电路来检测位移的大小，并将其值反馈到控制电路中，形成阀门位置的闭环控制，以便实现精确的阀门定位。

在使用中继器的情况下，H1 现场总线理论上可以连接 240 个执行器。可以通过现场总线对执行器进行设置。执行器可以发出打开、关闭、停止、移动至某一位置、读取继电器状态、驱动继电器、监视阀门位置和模拟量、监视执行器的状态、诊断和报警信息等指令，通常它还可以执行链路活动调度器 LAS 的功能。

利用控制室中的个人计算机或运行员操作站可以访问执行器的有关参数，可以设置输入和输出组态参数，并且可以对执行器进行校准。

现场总线电动执行器具有多变量传输能力和故障自诊断能力，它能够传输阀门的累计行程、卡涩、动作次数、动作频率、最大动作速度等信息，因而可以提前预测可能发生的故障，减小不期望的非计划停机的可能性。

现场总线电动执行器由主电路板、显示板、A/D 和 D/A 转换电路、光电耦合电路、电动机驱动及位置反馈电路、电动机及减速驱动等几部分构成。主电路板电路和显示板电路同前，此处不再赘述。如图 9-9 所示为现场总线电动执行器电动机相关电路，左侧虚线框内为电动机驱动及位置反馈电路，右侧虚线框内为电动机及减速驱动部分电路。

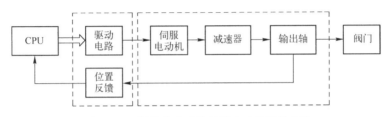

图 9-9　现场总线电动执行器电动机相关电路

来自现场总线的给定阀位指令经信号整形电路和调制解调器进入 CPU，位置反馈电路中检测到的阀门实际开度也同时送入 CPU。CPU 通过运算得到阀位指令信号与阀门实际开度信号之间的偏差，通过阀门位置控制算法计算出控制伺服电动机所需要的开关量信号，经伺服电动机驱动电路控制伺服电动机正反转，通过减速器和输出轴带动阀门/挡板，最终使实际阀门位置与给定阀位指令相等或在容许的偏差范围之内。

现场总线电动执行器一般还带有辅助 I/O 电路，如辅助开关量输入电路、辅助开关量输出电路、辅助模拟量输入电路、辅助模拟量输出电路。这些辅助的 I/O 电路可以用来控制和监视一些外部设备。例如，辅助开关量输入可以用于监测开关、继电器或其他执行器；辅助开关量输出可以用来驱动指示灯、继电器或其他执行器；辅助模拟量输入可用于接入 4～20mA 变送器；辅助模拟量输出可以驱动 4～20mA 的变频器或其他执行器。通过辅助 I/O 电路，可以以现场总线电动执行器为中心，构成更加复杂的顺控、联锁和保护系统。

关于主电路板、显示板上相关电路的工作原理，在前述章节中已经进行了说明，故不再赘述。

现场总线电动执行器可以通过现场总线提供各种状态、监视和报警信息，如阀门的累计行程、伺服电动机的累计动作次数、电源监视器报警、相位监视器报警、电动机过热报警、力矩开关报警、本地紧急关闭（ESD）报警、变频器故障报警（当执行器安装有变频控制器时）、执行器的本地/远程控制状态。

现场总线电动执行器的投入运行过程如下。

（1）为所有的功能块分配通道号，使其连接到相对应的转换块参数上。

（2）将转换块的目标模式设置为"自动"。

（3）将功能块的目标模式设置为所要求的模式。

（4）将资源块的目标模式设置为"自动"，并检查其他所有功能块是否进入预定模式，然后现场总线电动执行器就开始工作了。

9.6　现场总线-气压转换器

现场总线-气压转换器是现场总线与气动执行器之间的气动信号接口。现场总线-气压转换器接收现场总线控制信号，并将其转换为 20～100kPa 的气压信号，用于控制阀门或执行机构。类似地，该转换器也带有一些功能块，可实现基本的 PID 控制、输入信号的选择、分程控制等。同样，由于 PID 功能块在现场总线-气压转换器的内部，因此不仅可以降低现场总线的通信量，缩短控制周期，还可以直接将变送器信号输送至转换器，转换器连接气动执行器，实现简单的 PID 控制功能，使现场控制级的体系结构更紧凑。

现场总线-气压转换器由转换器组件、主电路板和显示板组成。

转换器组件由输出组件、控制部件、隔离电路、输出压力反馈组件等组成。

1. 输出组件

输出组件由喷嘴挡板机构、气动放大器和压电传感器等构成，类似于现场总线阀门定位器的输出组件。输出组件结构如图 9-10 所示。

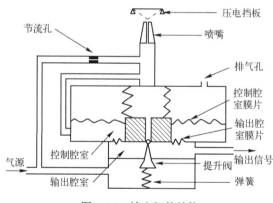

图 9-10　输出组件结构

喷嘴挡板机构有一个压电挡板，当给压电挡板上被控制电路施加电压时，压电挡板就会靠近喷嘴，引起控制腔室压力升高，该气压称为导压。在一定范围内，导压与压电挡板偏转的位移量成正比。

由于导压的功率太小，其变化不足以产生较大的气流控制能力，因此需对信号进行放大。放大的工作原理与气动放大器类似，控制腔室侧的膜片面积比输出腔室侧的膜片面积大，因此，根据力平衡原理，稳态时，导压在控制腔室膜片上产生的压力应与输出气压在输出腔室膜片上产生的压力相等。输出气压与背压之比等于大膜片面积与小膜片面积之比，因此，输出气压得到放大。同时，由于输出气压直接来自气源，因此气体流量也大大增加，从而实现压力放大和功率放大。

输出组件的整个工作过程如下：当现场总线信号要求增加输出气压时，压电挡板下移，导压增加，迫使提升阀芯下移，提升阀打开，气源提供的压缩空气经提升阀流入输出腔室的气量增加，输出气压也随之增加，直到与导压相平衡为止。

当要求减小输出气压时，压电挡板上移，导压减小，提升阀在弹簧作用下上移，开度减小，直至关闭。由于输出气压大于导压，膜片上移，输出腔室内的空气通过提升阀上端的小孔到达排气孔进而逸出，输出气压逐渐减小直至达到新的稳态。

2. 控制电路

控制电路主要由主电路板、显示板和传感器组件板几部分组成，如图 9-11 所示。由于主电路板和显示板部分与前述章节内容类似，故不再赘述，这里仅介绍传感器组件板部分电路。

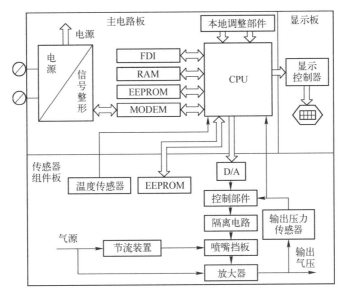

图 9-11　现场总线-气压转换器的控制电路

☺ 温度传感器：用于测量传感器部件的温度。

☺ EEPROM：一种非易失存储器，当现场总线-气压转换器复位时，用 EEPROM 来保存数据，掉电后该数据不会丢失。

☺ D/A（数模转换器）：接收来自 CPU 的控制信号，并将该控制信号转换为模拟量电压，用于后续控制。

☺ 控制部件：根据从 CPU 接收到的并经过 D/A 转换后的数据和压力传感器的反馈信号来控制输出压力。

☺ 隔离电路：主要作用是将现场总线信号与压电信号进行隔离。

☺ 喷嘴挡板：将压电挡板的位移转换为气压信号，以便使控制腔室的压力发生变化。

☺ 输出压力传感器：测量输出压力，并将其反馈到控制部件和 CPU。

☺ 节流装置：节流装置和喷嘴组成一个分压支路，压缩空气经节流装置进入喷嘴。

☺ 放大器：放大器将喷嘴挡板机构的压力变化放大，以便产生足够大的空气流量变化来驱动执行机构。

总的来说，控制部件的作用类似于控制器，它将 CPU 输出信号与经 A/D 转换的输出气压反馈信号进行比较，组成负反馈控制系统。其中，CPU 输出信号为设定信号，输出气压信号为测量信号。比较后的偏差信号经隔离电路后成为压电挡板的偏移位移量，经输出组件放大后作为输出送气动执行器。

控制部件和气压反馈组件中的 A/D 转换部分及隔离电路在主电路板上。由于组成负反馈控制回路，因此，可以克服气源压力波动或环境温度变化引起的对输出气压的影响，进而提高输出气压的精度和灵敏度。

9.7　电流-现场总线转换器

电流-现场总线转换器是传统的 4～20mA 模拟变送器和其他各种输出信号为 4～20mA 或 0～20mA 的现场仪表与现场总线系统的接口。一个转换器可同时转换 3 路模拟信号，并提供多种形式的转换功能。该转换器有 3 个 AI 块、1 个 CHAR 块、1 个 ARTH 块、1 个 ISEL 块及 1 个 INT 块等模块。

9.7.1　工作原理

电流-现场总线转换器由主电路板、显示板和输入电路板等构成，其电路原理框图如图 9-12 所示，其中主电路板和显示板的工作原理与前面讲述的现场总线温度变送器的类似。

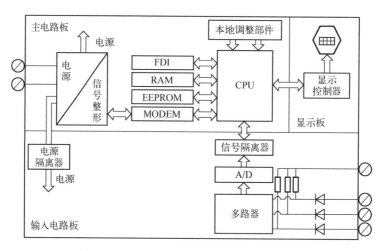

图 9-12　电流-现场总线转换器电路原理框图

输入电路板的 3 路模拟量电流输入信号流经 100Ω 输入电阻转换为电压信号，经多路器 MUX 选择后进入 A/D 转换器，转换后的数字信号经信号隔离器进行光电隔离后送主电路板的切换 CPU。CPU 根据已组态好的功能块对信号进行必要的运算、转换和处理，最后，经调制解调器 MODEM 和信号整形电路后进入现场总线。

9.7.2　安装和校验

电流-现场总线转换器作为现场总线设备，其安装方法与现场总线设备的安装方法相同，可接成总线或树状拓扑结构。电流-现场总线转换器的外接线如图 9-13 所示，安装时需注意下列事项。

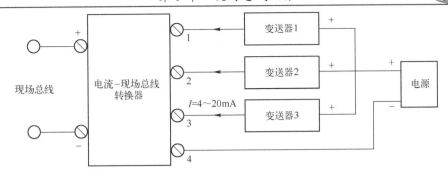

图 9-13　电流-现场总线转换器的外接线

☺ 电流-现场总线转换器与现场总线连接时应按极性连接，虽然该设备有极性反接保护措施。

☺ 连接 3 个 4～20mA 信号的变送器时，应注意供电电源的负端是 3 个变送器的公共端，并注意不要将电源正端直接接到转换器输入端，否则将损坏输入电路。

电流-现场总线转换器的校验类似于现场总线温度变送器的校验。通常，智能仪表调零和调量程相互不影响，因此调试时比模拟仪表简单。此外，由于输入信号是标准的 4～20mA 电流信号，因此不用像现场总线温度变送器那样对输入信号进行线性化处理。校验方法可以采用上位机软件，也可以进行本地调整。该转换器零位 0～9mA 可调，上限电流 15～22mA 可选。

9.8　现场总线-电流转换器

现场总线-电流转换器是现场总线系统与控制阀或其他执行器间的接口，可以将从现场总线传输来的控制信号转换为 4～20mA 的电流信号输出。一个现场总线-电流转换器可以同时转换 3 路模拟量输出信号。该转换器除了有 3 个输入转换器块、1 个资源块和 1 个显示块外，还可以带有 1 个 PID 控制功能块、1 个信号选择功能块、1 个运算功能块、1 个分程控制功能块和 3 个模拟量输出功能块。

现场总线-电流转换器由输出组件板、主电路板和显示板三部分组成，其电路原理框图如图 9-14 所示，其中主电路板和显示板的工作原理与现场总线温度或压力变送器的基本相同。

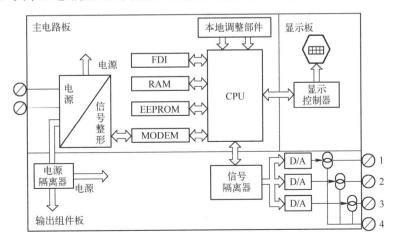

图 9-14　现场总线-电流转换器电路原理框图

现场总线信号经滤波器和通信控制器进入 CPU，CPU 送出控制信号经输出组件板中的信号隔离器的光电隔离后分别送入 3 个 D/A 转换器，通过 D/A 转换器的作用转换为模拟量信号，再分别送入 3 个输出电流控制电路中，并经过输出端子输出 4～20mA 的电流信号。

现场总线-电流转换器的负载特性如图 9-15 所示。正常工作区如图中阴影部分所示。当供电电源电压为 24V 时，负载电阻应小于 1000Ω。

现场总线-电流转换器外部接线端有 4 个，如图 9-16 所示，图中的端子 1、2、3、4 对应图 9-14 中输出组件板右侧所示的 4 个输出端子。其中 3 个是 4～20mA 输出电流的正端，另一个是 3 个输出电流的公共接地负端。虽然转换器输出回路有反接保护措施，并且可以直接承受±31V 电压的冲击而不损坏，但仍然应按图示接线。

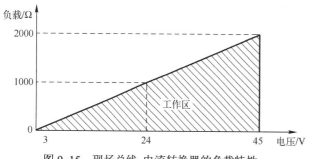

图 9-15　现场总线-电流转换器的负载特性　　　　图 9-16　现场总线-电流转换器的外部接线

 ## 9.9　现场总线接口类设备

现场总线接口类设备用于将其他总线连接到现场总线系统。现场总线接口（PCI）是高性能过程控制接口。这个接口可以实现先进过程控制和多通道的通信管理，实现上位机与现场总线之间的数字通信连接。它是上位机输入/输出总线与现场总线之间的接口。

常见的现场总线接口有两种，一种为内置式接口，接口卡可直接插入 PC 内部槽口；另一种为外置式接口，接口卡可插入输入/输出总线母板。现场总线接口具有独立的 H1（31.25Kbps）主控通道，以及 32 位精简指令集 CPU。它直接连接到上位机总线上，为现场总线和上位机应用进程之间提供高速通信的功能。

现场总线接口的主要特点如下。

☺ 强大的硬件结构：32 位超标量精简指令集的中央处理机和双口存储器结构使现场总线接口具有强大的处理能力。所有通信和过程控制任务都由现场总线接口完成，使上位机能够更好地完成人机接口和 PCI OLE 服务器功能。

☺ 开放式软件结构：PCI OLE 服务器内部可以同时连接一个或多个带现场总线接口的客户机应用进程。客户机可通过 LAN/WAN 访问位于同一上位机内的服务器或远程服务器，使多个工作站能充分共享同一个分布式现场总线数据库。

☺ 过程监控：由于现场总线通信协议的先进性，现场总线接口可作为一个非常有效的监控接口。通过现场总线接口的监控服务，监视现场设备的功能块参数（周期读或非周期读），或者控制现场设备中的功能块参数（非周期写），运行在上位机中的人机接口软件。例如，监控系统和组态软件可以与现场总线接口实现连接，这使得硬件和现场总线协议完全透明。

☺ 灵活的"纽带"功能：现场总线接口的开放软件允许不同现场总线通道之间通过接口来实现信息的共享。

☺ 易安装和扩展：统一的硬件设计允许用户安装多块现场总线接口卡，这些卡占用同样的 I/O 口和中断口。

☺ 现场总线链路活动主调度器：现场总线接口通常作为现场总线的链路活动主调度器对现场总线的链路活动进行管理。

☺ 隔离的无源现场总线物理媒体连接单元：现场总线接口中电流隔离的现场总线物理媒体连接单元 MAU 是无源的，因此，用户可把现场总线接口的任何一个通道插到带负载的现场总线上。

☺ 可升级的固件：现场总线接口的固件（板上可执行程序）驻留在闪存 FLASH 中。这些存储器是可编程的，因此，用户可以在不将元件移开的情况下，只运行工具软件就可改变现场总线接口的固件，如更新软件版本、改变协议等。

9.9.1　工作原理

在对现场总线接口的硬件和软件进行设计时，应在充分考虑上位机负荷尽量减小的情况下，完成必要的通信和过程控制任务。

1）典型应用　现场总线接口可广泛用于各种现场总线系统中，PCI 现场总线接口卡具有以下功能。

☺ 一台 PC 服务器可以安装 1~8 块现场总线接口卡。

☺ 每个现场总线接口卡可连接 4 个现场总线通道。

☺ 冗余工作（每个现场总线接口卡有 4 个独立运行的现场总线网段，因为每个 PC 可最多插 8 个 PCI 卡）。每个现场总线网段可用 PCI 的现场总线通道 1~4，也可分布在不同 PC 中，实现冗余。

☺ 现场总线的组态、管理和监控。

☺ 通过以太网进行访问（通过 DCOM 的客户机/服务器结构）。

2）硬件结构　现场总线接口 PCI 卡的硬件结构如图 9-17 所示，各部分主要功能如下。

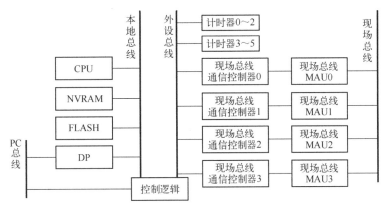

图 9-17　现场总线接口 PCI 卡的硬件结构

☺ CPU（中央处理单元）：CPU 采用超标量精简指令集 32 位微处理器，可完成现场总线接口的所有通信和控制任务。

☺ PC 总线（计算机扩展总线）：现场总线接口卡可插入 16 位的 ISA 或 32 位的 EISA 总线，它为总线接口卡供电，并可使 PC 访问现场总线接口卡。

☺ NVRAM（非易失性随机存储器）：它是一个 32 位数据存储器，用于存储现场总线接口卡的数据结构和对象。

☺ FLASH（闪存）：它是一个 32 位的代码存储器，用于保存现场总线接口的程序。

☺ DP（双口 RAM）：现场总线接口有一个通过 PC 总线与 PC 共享的 16 位数据存储器。现场总线接口和 PC 的 CPU 可同时访问该存储器，它为现场总线接口卡和 PC 之间提供一条高效通信通道。

☺ 控制逻辑：现场总线接口卡的控制逻辑能处理 CPU 对所有设备（如 RAM、FLASH、TIMER、MODEM 等）及双口 RAM 仲裁机构的访问。

☺ 本地总线（高速宽带总线）：现场总线接口卡有一个 32 位内部高速总线，用于 CPU 与 RAM、FLASH 和 DP 等之间的高速信息交换。

☺ 外设总线：CPU 使用一个 8 位外设总线与计时器和现场总线通信控制器相连。

☺ 计时器 0～2 和计时器 3～5：PSM 实时内核使用 8/16 位 3 通道的通用计时器，作为任务调度的时间基准和现场总线的通信定时。

☺ 现场总线通信控制器（MODEM 0～3）：现场总线通信控制器由专用现场总线芯片实现数据串行通信，通信速率遵循 ISA-SP50 物理层规范，为 31.25Kbps。

☺ 现场总线 MAU 0～3：它将 MODEM 输出的 0～5V 信号转换为现场总线信号并提供隔离电路。

3）软件结构

☺ 人机接口 HMI：在上位机运行的用户应用程序（工具软件、组态软件和监控软件等）通过一个专用服务器与现场总线接口卡实现互联。

☺ PCI OLE 服务器：现场总线接口服务器基于客户机/服务器结构，提供一套标准组态和监控功能，使人机接口对硬件的访问标准化和简单化。

☺ DP 双口 RAM：它是现场总线接口和上位机在硬件和软件级别上共享的存储器，包含现场总线接口和 PC 间所有结构需要的命令和数据传输。

☺ 现场总线通道 0～63：每个 PCI 卡有 4 个或 8 个独立运行通道，每个通道都包含物理层和数据链路层、应用层和功能块等。因为 PC 最多可插 8 个卡件，因此最多有 64 个独立通道。对于 4 通道 PCI 卡，最多有 32 个独立通道。

☺ 过程控制接口 1/8：过程控制接口 1/8 指 8 个 PCI 卡中的 1 个。

☺ 现场总线接口 NT 设备驱动程序：它是基于 NT 操作系统的专用硬件驱动程序，可以有效地实现对本地现场总线接口的访问。

9.9.2　安装与维护

1）硬件安装　在硬件组态完成后，可以直接将现场总线接口卡插入 PC 的 ISA 或 EI-SA 总线槽口，一台 PC 最多可插 8 块 PCI 卡。在插入或拔出现场总线接口卡时注意要先切断 PC 的电源。

接通计算机电源，检查 PC 外设功能，以便确定安装现场总线接口卡后是否会发生冲突。如有异常情况发生，需要重新进行硬件组态。硬件安装时需注意以下事项。

◎ 为保证现场总线接口卡的冷却效果，在 PC 电源接通之前，应将机壳盖好。

◎ 应注意硬件版本的兼容性，不同版本的现场总线接口卡不能安装在同一台 PC 中。

◎ 与现场总线的连接安装可在硬件组态后进行，因此，可离线进行组态。现场总线接口卡有一个 DB37 插座，经对应的插头和 SC71 电缆连接现场总线，共有 4 组 8 根线用于 PCI 的 4 条现场总线通道。

2）软件安装　现场总线接口软件由可执行程序（后缀为 ABS 的文件）及一套对现场总线接口进行组态、下载和试验的附加文件组成。可执行程序也称为固件（该程序在卡上的精简指令集 CPU 中运行）。所有文件都由现场总线接口设置程序提供和安装。下载处理和试验由现场总线工具软件 FBTools 实现。

3）软件维护　现场总线接口的可执行程序存储在闪存 FLASH 中，用户可容易地将其下载到现场总线接口卡中，因此，软件也可随时得到升级。

现场总线设备制造商在其网站提供最新现场总线接口卡的现场总线驱动程序版本，任何用户都可以下载所需要的文件，从而实现对软件的升级。利用 FBTools 可将固件下载到现场总线接口卡中。

4）与人机接口的连接　通用人机接口 HMI，如组态软件、监控系统等，通过现场总线接口卡与现场设备连接，这些信息交换采用 PCI OLE 服务器技术规范。通用 HMI 运行在 Windows 95 或 Windows NT 平台上。

PCI OLE 服务器是 32 位服务器，它遵循 OPC 技术规范，在 Windows NT 下运行。因此，OPC 客户机可以通过接口，按照标准化方式（不需要专用驱动程序）来监控现场总线系统。

在其他平台（OS/2、QNX 等）应用时，系统集成商也可编写直接访问现场总线接口卡的程序。

5）现场总线接口卡的技术规范　Rosemount 公司现场总线接口 H1 的 PCI 卡技术规范如表 9-1 所示。两通道基金会现场总线接口 H1 的技术规范如表 9-2 所示。

表 9-1　PCI 卡技术规范（1.1X 版本）

性　　能	通道数	物理层	MAU	本安性	隔离电压	连接器	波特率
规　　范	4 个独立，带 DMA	ISA S50.02	无源	不符合	AC 500V	37 针 D 型	31.25Kbps

表 9-2　两通道基金会现场总线接口 H1 的技术规范

性　　能	技　术　规　范
通道数	2
可挂接现场总线设备数	每通道 16 台（取决于设备的能耗）
FF 功能块数	每个接口卡 64 个
绝缘	每通道（系统与系统现场）的绝缘为 AC 100V（工厂测试 DC 1700V）
每接口卡的本地电流	DC 12V 时典型值为 400mA，最大值为 600mA
标准	IEC61158 数据链路层
最小信号范围	基金会现场总线 IEC61158-2
空气污染	ISA-S71.04—1985 空气污染类 G3

9.9.3　其他总线接口设备

现场总线也可与其他总线进行通信，因此，需要相应的接口设备，如 MODBUS 接口设备、PROFIBUS 接口设备和 HSE 链接设备等。

基金会现场总线分为高速和低速两类，它们之间的通信也需要接口设备，通常称为 HSE 链接设备。

在同一基金会现场总线之间，为扩展数据传输距离，需要采用中继器。在现场总线控制系统中，中继器将两个现场总线网段的线缆连接起来，它也可连接不同的通信媒体类型，例如，一端连接现场总线的 A 型电缆，另一端连接 D 型电缆。

集线器与中继器一样，工作在物理层，但集线器不需要线缆连接，它可以将数个节点连接在一起取代传统的总线，并在节点之间进行信号共享。它们不是物理互联设备，但因扩展了通信线路的作用距离，可将同样的信号传送给多个节点，因此可以将它们作为物理互联设备。

路由器是网络层设备，网关是协议转换器，它们都是网络组件，属于接口设备。

通常，过程控制系统的典型架构是基于以太网（Ethernet）或高速以太网（HSE）的监控级网络及基于现场总线而构成的现场级网络。现场总线网关是监控级网络与现场级网络之间的一个通信接口，在监控级设备和现场级设备之间传输控制、监视、管理、维护和运行信息。

一般来说，现场总线网关是一个多功能设备。除了作为一般的通信接口设备之外，它还具有以下功能。

☺ 一个网关，完成 H1 网络和以太网/高速以太网之间的协议转换；

☺ 一个网桥，可以在两个 H1 网段之间传递信息；

☺ 一个控制器，执行功能块描述的控制任务。

由于采用了 FF 和 OPC 开放式标准，现场总线网关可以与多个厂商的智能设备和软件集成使用，构成系统规模各异、复杂程度各异、体系结构各异的控制系统。

9.10　现场总线电源类设备

现场总线电源主要为现场总线设备提供能源。由于现场总线设备需要直流电源，而现场总线上存在交变的现场总线信号，因此，对现场总线的电源设备有两个要求：

☺ 具有提供现场总线设备的直流电源功能；

☺ 具有防止现场总线信号流过电源造成电源短路的功能。

现场总线的供电电源应选择符合规定容量、阻抗等特性的标准产品。电源的谐波电压峰-峰值应小于 0.1V。电源电压应保持稳定，并具有短路保护功能。供电电源容量应根据所连接的现场总线设备的电流来确定，并应能确保不会由于某一台现场总线设备的短路而对其他现场总线设备的运行造成影响，因此，需要留有一定的电流裕量。

现场总线设备安装在现场，为防止雷电等冲击的不良影响，应在雷击高发区或大电感负荷启动和停止区域设置电涌保护器，而且电涌保护器不应对现场总线系统和设备的正常运行造成影响。

为防止过电流或过电压，应设置必要的过电流或过电压保护器。同样，过电流保护器和过电压保护器不应对现场总线系统和设备的正常运行造成影响。

因为现场总线存在交变信号，所以与一般模拟仪表直流电源的区别是在现场总线供电系统中需设置电源调整器。电源调整器的作用是将现场总线的交变信号与直流电源进行隔离。

电源是现场总线控制系统中的重要设备之一，因此，交流供电电源既可以采用双路供电，又可以采用不间断电源供电。此外，由于一旦发生供电系统的故障将造成整个系统的瘫痪，通常需对电源设备进行冗余设置，相应地也需要对电源调整器进行冗余设置，尽量减少故障的发生。

现场总线供电系统包括现场总线直流供电电源、电源调整器和现场总线终端器等。

1. 现场总线直流供电电源

现场总线直流供电电源既可以采用原有的 24V 直流电源，也可以采用新设置的直流电源。现场总线供电（FFPS）需要输入 DC 20～35V 电压，大容量供电电源（BPS）应提供从 AC 240/120V 到 DC 24V 的电源转换。大容量供电电源应从不间断电源（UPS）馈送或采用包含后备电池的大容量供电电源，持续供电时间应不少于 30min。需注意大容量供电电源的负端应接地。

根据现场总线的安装和不同要求，现场总线标准规定了 3 种可选用的电源。

☺ 131 型：非本质安全型电源，可为安全隔离栅供电，输出电压取决于安全栅的额定值；

☺ 132 型：非本质安全型电源，不能为安全隔离栅供电，最大输出电压为 DC 32V；

☺ 133 型：本质安全型电源，它符合本质安全的条件。

此外，也有符合 FISCO 的电源等，可在设计时选用。

采用初级开关模式调节器的供电电源具有特别高的效率（大于 85%），其热损失最小。设计供电系统时，没有通过开关切换来实现过载或短路负荷，而且采用的输出电流是标称电流的 1.6 倍，备用的这部分电流可保证在重负荷下能够正常运行。系统采用 DC/DC 变换器，因此，输入电路短路时仍能正常运行。

根据现场总线基金会的推荐，现场总线供电的电源宜采用 TN-S 系统连接，如图 9-18 所示，但也可以采用图中所示的 TN-C 或 TT 连接方式。

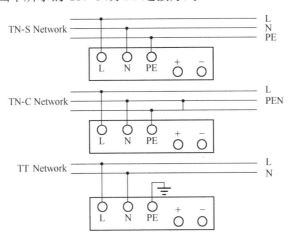

图 9-18 供电电源的电网连接方式

2. 电源调整器

如果在现场总线上采用原有的直流电源对现场总线供电，则直流电源为了保持其输出电压恒定，将会吸收现场总线信号。为此，需要对直流电源进行调整，电源调整器的作用就是防止现场总线信号进入直流电源，它把现场总线信号呈现低阻抗的电源调整为呈现高阻抗的电源，从而阻止现场总线的交流信号进入电源。比较简单的方法是在电源与现场总线之间串接一个电感，由于电感允许直流电源通过，并送到现场总线，因此，现场总线设备可获得供电。同时，电感与现场总线终端器中的电容组成的电路会引起振荡和中断现场信号，为此，需要串联电阻以防止振荡的发生。

实际电路中并不采用电感，而是采用等效电感电路，其优点是限制电流，防止因现场总线电缆短路造成对网段供电电流的超限。

对于冗余应用，可采用冗余电源调整器；对于 FISCO 应用，可使用 FISCO 电源调整器；对于 FNICO 应用，可使用 FPC 电源调整器。

3. 现场总线终端器

在现场总线上传输信号时，如果导线短路或开路，则会产生一个信号的反射，反射信号与原传输信号方向相反。对原传输信号来说，该反射信号是噪声。现场总线终端器用于防止现场总线终端因导线开路产生反射信号。终端器电阻应等于导线的特征阻抗值，对基金会现场总线来说，其阻值是100Ω。由于现场总线不仅传输现场总线的交变信号，还给现场设备提供直流电源，如果在终端只用一个电阻，则会造成直流电源在该电阻上的能量消耗。因此，现场总线终端器由一个 100Ω 电阻和一个 1μF 电容串联在一起组成。电容用于阻断直流电压，而直流电源能够为现场设备供电，电阻用于防止交变现场总线信号在终端引起反射。

现场总线有两个终端，因此需要设置两个终端器。根据上述情况，现场总线终端器应设置在导线的最远端。为简化连接，在电源端的现场总线终端器通常内置在电源调整器内，通过选择开关确定是否连接。现场总线终端器属于现场总线的附件类设备，它是与电源和通信都有关的设备。

9.11　现场总线附件类设备

现场总线附件类设备主要有现场总线接线盒、现场总线本安栅和多路隔离器等。

1. 现场总线接线盒

现场总线接线盒用于现场总线的连接和分支。按连接方式，现场总线接线盒可分为卡套式、接插式和螺丝旋紧式等几种。

按是否带终端器，现场总线接线盒又可分为带终端器和不带终端器两类。在现场总线另一端安装的现场总线终端器通常连接接线盒。由于现场总线终端器连接在最远端现场设备中时容易发生因该设备被移走而使现场总线终端器也同时被移走的情况，因此，远端现场总线终端器一般连接在远端的现场总线接线盒中。

现场总线接线盒也可按屏蔽接地或屏蔽隔离、分支接线盒或电源调整器接线盒等进行分类。按连接的线数分为 4 点、6 点、8 点、10 点和 12 点接线盒等。为了防止连接线短路对网络造成影响，应设置短路保护器。

为防止造成接地回路，引入地电流，现场总线网段应单端接地。通常，接地点在控制室侧的现场总线处。

与一般的接线盒不同，现场总线接线盒的一个重要功能是提供短路保护。任何一个分支发生短路时，接线盒都将该短路的分支切断，这样就不会影响主干线和其他分支的正常工作。此外，如果某分支发生短路，上位机可以立即根据接线盒提供的信息确认故障仪表的位号，因为未发生故障的仪表都在正常工作。网段保护接线盒在现场还设置有故障指示灯，便于故障检查。

需注意，短路保护需要额外耗电。当某分支短路时，该分支的短路保护电路将耗电 45mA（设计采用 60mA），为现场总线仪表耗电的 2 倍多。因此，在计算每个网段挂接仪表数量时，必须考虑短路时耗电会相应增加的情况。

2. 现场总线本安栅和多路隔离器

与模拟仪表的本安栅不同，用于现场总线的本安栅的信号全都是数字信号。现场总线本安栅等效于现场总线接线盒的功能。与现场总线接线盒的功能类似，现场总线本安栅也具有现场总线分支短路的保护功能。与现场总线接线盒的主要区别是，它可以用于将危险区与非危险区隔离，从而使其输出的现场总线能够应用在危险区域。

现场总线本安栅的特点如下。

（1）当分支短路时，只有该分支的输出电流受到限制，网段的其他部分仍可正常运行。

（2）不需要再设置接线盒，并且有内置现场总线终端器可以选择。

（3）本安应用时，仅需要非本安的网段耦合器，而不需要再用本安的网段耦合器。

多路隔离器也是现场总线本安栅，用于危险场所的 FISCO 应用和实体应用，但是它改进了线路，提高了电源电压，增加了连接设备的数量。采用多路隔离器可节省约 1/4 的电源容量和接线费用。

总结

本章主要介绍了现场总线设备的分类与特点，并针对变送器类设备、执行器类设备、信号转换类设备、接口类设备、电源类设备和附件类设备等分别进行了详细介绍，使读者对这些现场总线设备的分类、特点、工作原理、安装等信息有所了解，尤其需要重点掌握现场总线变送器类设备、执行器类设备和信号转换类设备。

思考与练习

(1) 现场总线设备有哪些类型？每种类型又包含哪些设备？

(2) 现场总线变送器一般由哪些部分构成？

(3) 现场总线变送器中的本地调整部件有何作用？

(4) 现场总线信号转换类设备有哪些类型的转换器？

(5) 现场总线终端器的作用是什么？

(6) 每种类型的现场总线设备完成的主要功能是什么？

(7) 简述现场总线设备与一般的智能仪表之间的主要区别。

(8) 现场总线设备的特点有哪些？

下篇 工程应用篇

第 10 章 DCS 的工程设计

各行各业的控制系统都有自己的特点,因此在应用设计上也各有各的行规。例如,发电厂电动机组控制系统的设计过程就与化工生产装置控制系统的设计过程有很大不同,但对于最终用户而言,其所要求的实际上并不是一个 DCS 系统,而是一个能够实现预想的控制与自动化功能的完整系统,这涉及许多方面。尽管如此,不同行业的控制系统在设计方法和设计过程方面还是有共同点的,这些控制系统的建造都要遵循共同的原则。本章将对 DCS 的工程设计、实施与运行的共同原则及一般过程进行概要描述。

10.1 DCS 的应用设计与实施的一般过程

设计一个能够实现预想的控制与自动化功能的完整系统涉及许多方面。

首先,要明确生产过程的控制要求,即如何对这个生产过程进行控制,包括控制哪些参数、采取什么样的算法、控制目标是什么、具体的控制如何实现等,而这些都是 DCS 以外的设计内容。

其次,为了对生产过程实现控制,还要解决该过程的可控性和可测性的问题,这意味着设计需要考虑应该设置哪些测量点来全面、准确地反映生产过程的实时状态,以及该过程的发展趋势。在此基础上,还要考虑通过哪些执行机构使 DCS 输出的控制量发挥作用,以使控制算法得出的结果成为现实,将被控过程的状态控制在预想范围内。

最后,应用设计中还应该考虑人,即操作人员对控制系统的干预程度和干预方法。对于自动化程度要求较高的生产过程,就应该减少人工干预。但还必须考虑安全性的保证,在因某些原因造成自动控制无法实现时,应该有有效的人工干预手段以保证生产过程的平稳和安全。人工干预手段一般有两种,一种是通过按钮等设备直接将控制信号送到现场,用以实现控制,在自动化领域称为硬手操;另一种是通过计算机键盘、鼠标或屏幕操作进行干预,而实际的控制信号仍然通过 DCS 送到现场,这种方式称为软手操。这两种方式各有优缺点,硬手操简单、直接、快速,应急能力强,但功能有限;而软手操则可以进行较复杂的人工操作,有很强的灵活性,但因其控制仍需通过 DCS,因此在 DCS 出现故障时无法保证控制安全。最常用的方法是将两种方式相结合,在对回路控制或各种控制算法进行人工干预时,采用软手操;而对涉及运行安全的人工干预,则可采用硬手操。

针对一个具体的控制应用项目,可以选择的控制系统很多,如常规仪表、PLC、DCS等,用户可以根据自己项目的大小、功能及投资情况的不同而确定一种控制系统的形式。对于 DCS 而言，用户也同样面临着从几十种产品中选择一个合适的系统的问题。在保证一个控制系统取得成功的诸多因素中，选择使用一个优质的 DCS 仅占 50%，甚至达不到 50%，而另一半的成功因素则是能否搞好应用设计。究竟如何应用 DCS，如何实施 DCS 项目的设计、生成、安装与调试，才能保证系统顺利地投运，并充分地发挥 DCS 的控制作用呢？

本章将从工程设计程序的角度来说明这些问题。DCS 是综合性很强的控制系统，它采用了复杂的计算机技术、各种类型的通信技术、电子与电气技术及控制系统技术。DCS 所控制的往往都是大范围的对象，涉及各种类型的控制、监视和保护功能。DCS 在应用过程中有各种技术人员和管理人员参与。DCS 是针对某一工艺系统的设计，通常把工程设计分为以下几个阶段：DCS 总体设计、DCS 的工程化设计、DCS 的组态与调试、DCS 的安装与验收、系统运行与维护等。

10.2　DCS 总体设计

自动化系统的总体设计是整体工程建设项目中的重要组成部分，一般可分为可行性研究设计及总体设计、DCS 初步设计、施工图详细设计三个设计阶段。有些自动化系统属于改造项目，即只针对已建成投产的工厂中的自动化系统进行升级改造，这时因在初始的工厂建设时已经做过总体设计，故可以只针对改造部分进行局部设计。

10.2.1　可行性研究设计及总体设计

可行性研究设计的主要任务是明确具体项目的规模、成立条件和可行性。

对于一个工厂的建设，可行性研究设计是必须进行的第一步工作，它涉及经济发展、投资、效益、环境、技术路线及原则等多方面的问题。

在工程设计的开始阶段，要对 DCS 所应完成的基本任务做出设计，这时的设计实际上是对 DCS 的功能提出要求，这些功能通常是由用户提出的。

- ☺ DCS 的控制范围：设备的形式、作用、复杂程度决定了该设备是否适合采用 DCS 控制；
- ☺ DCS 的控制深度：几乎任何一台主要设备都不是完全受 DCS 控制的，只有部分受 DCS 控制；
- ☺ DCS 的控制方式：即 DCS 的运行方式，要确定人机接口的数量、辅助设备的数量、DCS 的分散程度等。

在设计的过程中要经常权衡性能与价格两方面的因素，设计的级别越高，需要权衡的问题就越多，从经济方面来说，总体设计的意义就在于此。

10.2.2　DCS 初步设计

DCS 初步设计的主要任务是确定项目的主要工艺、主要设备和项目投资具体数额。

DCS 初步设计中需要根据可行性研究设计中已经确定的生产特点要求、工艺系统和主要工艺设备来确定自动控制水平、自动化系统的主要设备配置、生产设备的运行组织、人机界面配置、集中控制室和相关空间的布置等，并确定相应的预算。

在整个系统的建设过程中，DCS 初步设计关系整个工厂在建设完成后能否实现可行性

研究设计中确定的目标，而且设备的运行水平、经济性、安全性等重大指标基本上也是由
DCS 初步设计决定的，因此它是设计中关键的一步。

　　DCS 初步设计是介于总体设计与施工图详细设计之间的设计，其基本任务是在总体设
计的基础上为 DCS 的每一部分做出典型的设计，为 DCS 所控制的每一个工艺环节提出基
本的控制方案。

1．DCS 初步设计的主要内容

☺ 硬件初步设计的内容：满足已基本确定的工程对 DCS 硬件的要求，以及 DCS 对相
　 关接口的要求，即确定系统I/O点、DCS 硬件。

☺ 软件初步设计的内容：设计的结果应使工程师可以在此基础上设计组态图。

☺ 人机接口初步设计的内容：决定今后工程设计的风格。

1）硬件初步设计　硬件初步设计的结果应可以基本确定工程对 DCS 硬件的要求及
DCS 对相关接口的要求，主要是对现场接口和通信接口的要求。

☺ 确定系统I/O点：根据控制范围及控制对象决定I/O点的数量、类型和分布。

☺ 确定 DCS 硬件：这里的硬件主要指 DCS 对外部接口的硬件，根据 I/O 点的要求决
　 定 DCS 的I/O卡；根据控制任务确定 DCS 控制器的数量与等级；根据工艺过程的分
　 布确定 DCS 控制柜的数量与分布，同时确定 DCS 的网络系统；根据运行方式的要
　 求，确定人机接口设备、工程师站及辅助设备；根据与其他设备的接口要求，确定
　 DCS 与其他设备的通信接口的数量与形式。

2）软件初步设计　软件初步设计的结果是使得工程师将来可以在此基础上编写用户控
制程序，主要包括以下工作。

☺ 根据顺序控制要求设计逻辑框图或写出控制说明，这些要求用于组态的指导。

☺ 根据调节系统要求设计调节系统框图，它描述的是控制回路的调节量、被调量、扰
　 动量、联锁原则等信息。

☺ 根据工艺要求提出联锁保护的要求。

☺ 针对应控制的设备，提出控制要求，如启、停、开、关的条件与注意事项。

☺ 做出典型的组态用于说明通用功能的实现方式，如单回路调节、多选一的选择
　 逻辑、设备驱动控制、顺序控制等，这些逻辑与方案规定了今后详细设计的基
　 本模式。

☺ 规定报警、归档等方面的原则。

3）人机接口初步设计　人机接口初步设计规定了今后设计的风格，这一点在人机接口
设计方面表现得非常明显，如颜色的约定、字体的形式、报警的原则等。良好的初步设计能
保证今后详细设计的一致性，这对于系统今后的使用非常重要，人机接口初步设计的内容与
DCS 的人机接口形式有关，这里指出的只是一些最基本的内容。

☺ 画面的类型与结构，这些画面包括工艺流程画面、过程控制画面（如趋势图、面板
　 图等）、系统监控画面等。结构是指它们的范围及其之间的调用关系，确定针对每个
　 功能需要有多少幅画面，要用什么类型的画面完成控制与监视任务。

☺ 画面形式的约定，约定画面的颜色、字体、布局等方面的内容。

☺ 报警、记录、归档等功能的设计原则，定义典型的设计方法。

☺ 人机接口其他功能的初步设计。

2. DCS 初步设计过程中应注意的问题

DCS 初步设计是在总体设计的原则下进行的，而不是对总体设计的调整。设计过程中的一个重要原则是要进行一种设计或决策时必须掌握与之相应的信息，而且要有与之相对应的目的、方法。

DCS 初步设计以说明问题为目标，所有的设计结果能以统一的形式表示当然很好，但是由于设计对象类型的不同，做到这点往往是不可能的也是没有必要的。在整个系统的建设过程中，DCS 初步设计是关键的一步，因为这关系到整个工厂在建设完成后能否实现可行性研究设计中确定的目标。设备的运行水平、经济性、效益、安全、环保等重大指标基本上也是由 DCS 初步设计决定的，因此必须严格、认真、谨慎地做好这一步工作。这一步的设计通常要注意自动化水平、运行组织及人机接口、控制室设计、主要自动化设备配置、自动化相关费用预算等方面。

1）自动化水平 确定生产的自动控制水平是决定设备运行组织、人机接口配置、控制室布置和主要控制设备配置的关键。目前国内多数工厂的主流控制水平已达到可在控制室内通过 DCS 完成整个生产过程的启、停、正常运行及事故处理等监控操作的水平，一般无须现场人员进行辅助性监控操作。采用这一模式的设备，如大型火电机组、大型炼油装置等都已安全运行多年，实际表明国内的设计和现行的控制装备已经足够支持这种自动化水平。工厂的自动化水平越高，就越能够充分发挥生产装置的效率，减少能源消耗和污染的排放，同时，也可以实现减员增效的目的。在高自动化水平的工厂中，主控制室内的操作和监视设备以大屏幕显示器、工业用计算机键盘和轨迹球/鼠标器为主，图形化的人机界面提供了详细、全面的现场运行信息，运行员对生产过程的监控基本上通过 DCS 实现。在主控制室中仅设置最必要、最关键的保护回路硬手操，作为安全保护的应急后备控制盘。

另外，一个工厂的生产装置往往是由多个部分组成的，一般对主生产装置的自动化水平要求比较高，而对主生产装置的辅助设备的自动化水平要求相对较低，如供水、供气、供热等辅助系统。但在有些情况下，辅助系统的自动化水平会影响主生产装置的运行和操作，因此需要统筹考虑，而不能因为是辅助系统就不重视其自动化水平。

2）运行组织及人机接口 在采用 DCS 后，生产设备控制室的环境设计已经逐步得到改善，流行的运行组织是每套生产装置的主要监控以一人为主两人辅助完成。人机接口的设计和配置也以此为基础。在紧急状态下要求运行员快速响应的操作一般不高于 2～3 人次/min 的频度。当然对不同的生产装置和生产工艺来说，其运行员的配置和操作模式会有所不同。多数需要快速响应的操作依赖于控制系统的顺序控制和联锁保护，因而人机接口设置简化，控制室的环境已逐步趋近于普通的办公室环境。例如，大型火电机组一般承担电网基本负荷，正常运行工况的操作较小火电机组少，但启、停故障时的操作及辅助操作却要比小火电机组多几倍。可选择的方案是在不增加运行员劳动强度和精神压力的前提下，充分利用控制系统的功能，以自动化方式实现顺序操作及快速响应操作。将监控设备按功能分区划分，增加一些辅助接口设备用于快速响应要求，即用不同的人机接口实现不同的监控要求。

3）控制室设计 符合人类工程学要求的控制室设计有利于运行员保持良好的心理状态和发挥较好的监控效能。但如何将必要的监控设备布置成便于监控的环境，使运行员一目了然、触手可及，却是国内外一直在研究和探讨的问题。对此既要考虑生产装置运行的习惯模式，又要兼顾人的特点及工厂的运行组织，此处不深入讨论。

4）主要自动化设备配置　生产装置的自动化设备配置应由工艺系统及主要工艺设备的控制要求决定，涉及安全的设备和仪表应符合相应的标准和行规。DCS 的系统及功能要求应根据生产工艺的控制要求确定。对于不同厂家的 DCS，由于其性能特点不同，在功能方面会有一些微小的差异，但主要的控制功能应该是一样的。基础自动化设备（主要指现场的检测设备和执行机构）的配置关系到整个自动化系统能否达到设计目标，应当投入足够的关注。国内开发人员早期开展 DCS 应用时，只关注 DCS 的配置，而忽略了基础自动化设备的功能及质量，这种状况造成 DCS 的设计功能不能正常实现。最终，通过多次检修，更换基础设备后才达到设计目标，造成较大的浪费，这方面的教训是非常深刻的。优秀的设计并非高档设备的堆砌，而是根据设计要求的功能水平和长期运行经济性进行合理的设备配置，使达到设计目标的综合造价和运行成本最小。

在进行 DCS 的配置方案设计时，可以根据系统的特点进行多种方案的选择，其最终的效果是不一样的，需要进行权衡。例如，在工艺系统就近设置 DCS 的远程 I/O 机柜可以节省较多的控制电缆投资，特别是在需要热电偶补偿导线这类价格较高的电缆时，有可能增加 DCS 设备本身的防护等级投资、设备安装环境的辅助投资及长期维护的投资。适当扩大 DCS 的覆盖范围，提高整套生产装置的自动化水平，使生产监控集中，会增加 DCS 设备的投资，但是却可以减少运行操作、减少人为错误、简化运行组织，取得运行稳定、减员增效的相关收益，因而设备配置方案的确定要以方案的技术经济性为基础。

5）自动化相关费用预算　多数情况下的预算对安装调试所要求的时间及费用考虑不足，不能保证工程质量，结果造成生产装置投产后非计划停机不断。因此，应在设计上预留相应的合理工期及合理费用，以保证生产装置能够顺利地一次投产成功，并保证运行的稳定性。

上述问题是最终用户在设计院进行 DCS 初步设计时应关注的，只有在充分沟通的前提下，才有可能生成良好的设计预案，有利于下一步施工图详细设计的开展，并给 DCS 的设计打下良好的基础。对于改造项目，虽然主要控制功能已经确定，要进行改造的只是用 DCS 取代常规仪表，但由于自动化系统改造后采用了功能更加强大、更加灵活、更加可靠的控制设备，有些设计需要重新考虑，特别是自动化系统的功能和自动化水平，因此也需要进行详细认真的设计。

10.2.3　施工图详细设计

根据施工图详细设计的任务，确定项目实施计划、实施步骤和具体实施方法。

施工图详细设计一般分为技术设计阶段和详细设计阶段，设计的基本原则和自动化系统的基本结构都在技术设计阶段确定，DCS 和其他主要自动化设备的详细技术条件也在此阶段形成。详细设计是 DCS 初步设计在 DCS 上的具体实现。对于最终用户来说，在技术设计阶段介入设计过程，根据自身的经验参与确定详细的自动化系统功能，参与制定设备技术规范和选择具体设备，有利于设计出优良的产品，也可以避免施工过程中的临时改动。

1．详细设计的主要特点

详细设计具有下面几个特点。

☺ 详细设计更针对 DCS，而不是工艺过程。

☺ 详细设计与 DCS 初步设计相互联系。

☺ 详细设计从 DCS 设备出发。

☺ 与其他的设计不同，详细设计的结果有两个，一个是设计的组态结果，一个是对设计的说明，而后者往往容易被忽视。

2. 详细设计过程中应注意的问题

详细设计阶段是设计形成设计产品的阶段，设计产品的输出意味着项目实施计划、实施步骤和具体实施方法完全确定（不可变动，除非有特殊原因）。因此，在设计过程中应在工艺设计、系统的功能设计与分配、人机接口与集控室的设计、控制功能和控制策略及与其他控制装置和现场仪表的连接等方面进行考虑。

1）工艺设计　自动化系统的设计目标是在各种工况下能够利用自控设备对工艺过程/主要工艺设备实施自动控制。实施自动控制的前提是在工艺设计上保证工艺过程、主要工艺设备具有可观测性和可控性。可观测性是指工艺过程、主要工艺设备上装备的测点（包括传感器）能准确无误地上传表征运行特征的物理参数和状态，并通过相应的方式反映给执行控制运算自控设备并通过人机接口供人监视。可控性是指工艺过程、主要工艺设备上装备的控制机构能准确地执行自控计算机、运行员发出的指令，并对工艺过程、主要工艺设备的运行参数和状态产生显著影响，这种影响与控制机构的动作最好具有单值对应关系。

DCS 设备的自控功能和运行员的行为仅起到判断、运算、发送指令的作用。提供信息及执行命令则要完全依赖于测点和控制机构（基础自动化设备），只有这些设备正常、可靠，才能实现控制系统对过程的控制。

保证上述功能的前提是测点和控制机构在工艺上的设置，其次是基础自动化设备的选择。工艺设计中还要考虑过程自动控制中的控制裕量及设备储备能力的问题。例如，在系统设计中选取水泵时，按规范要求应选取最大工况下 1.15 倍的扬程和 1.2 倍的流量，以避免详细设计的偏差、安装偏差、设备运行老化等因素引起系统运行出现问题。

又如，在流量自动调节中要求选取的调节阀阻力能达到系统正常运行工况时总阻力的 20%，要求调节阀有等百分比的"开度-流量"特性，否则不容易取得满意的自动调节品质。

对于工艺设计及测点、控制机关的布置，不但要求设计人员经验丰富，而且要有用户方的生产工艺人员参与提出意见。用户方的生产工艺人员应具有丰富的实践经验，熟悉和了解整个生产工艺流程和生产设备，能对操作过程提供详细的操作顺序和操作要求，能提出有关生产管理方面对各种统计和生产记录报表的要求。为了便于与自控设计人员进行讨论和沟通，生产工艺人员最好懂得一些计算机和自动控制方面的知识，能对各种操作导致的最终控制结果有相对正确的逻辑判断和估计。

基础自动化设备的选择要依据工艺方面提出的具体要求进行，这需要设计人员及用户方的仪表工程师密切配合，因为目前可依据的电力行业标准比较多，其中不仅有对设备功能和性能的要求，也包括了接口特性及安装、运行、维护和通用性等方面内容。选择基础设备一般遵循的基本原则是成熟、可靠、性能稳定，此处不进行深入讨论。设计选择的结果是确定设备型号、规范、数量，形成技术规范书，以及详细设计的图纸和设备清单。

2）系统的功能设计与分配　系统的功能设计要依据初步设计中已明确的自动化水平、设备选择原则进行，要依据工艺提出的生产装置基本运行方式选择具体实现的方法。

系统的功能设计与分配包含就地仪表功能设计与分配、主生产装置和辅助生产装置所附带的专用控制设备功能设计与分配、DCS 功能设计、其他集控设备功能设计与分配、监控区域/人机接口的功能设计等。需要注意的是，DCS 仅仅是整个自动化系统的一部分，适当的功能分配能保证基础自动化设备性能与 DCS 性能相适应，这是实现设计目标的基础和保障。

一般将关系到生产安全、关键工艺/设备的联锁保护、应急操作等部分进行单独考虑，设置后备人机接口作为应急操作手段。此部分的设计以保证监视操作可靠为最高原则，只能采用经过验证的设备，而且回路要简单、直接，便于检查和实验，并考虑必要的冗余。

将生产装置正常启、停、运行及事故处理功能统一归入 DCS 的功能范围，对各个子工艺系统分别设置 I/O 控制站，人机接口设备取得相对的独立性。

此部分设计涵盖了主要生产工艺过程的全部监视功能和启、停、运行及事故处理的全部集控。

3）人机接口与集控室的设计　人机接口与集控室的设计需根据运行员的特点、要完成的任务、人机接口设备特性、集控室的地理位置及自然环境等条件的约束，合理地配置资源，建立合适的人工环境，以利于运行员完成既定任务。因此，应根据控制中心设计原则和标准，确定设计步骤，如图 10-1 所示。

图 10-1　人机接口与集控室设计步骤

4）控制功能和控制策略　20 世纪 90 年代以后，国内大型控制系统着重于控制（Control）、报警（Alarm）、监测（Monitoring）、保护（Protect）四大功能的设计，在具体的功能划分上又根据功能、工艺、设备特点分成若干分系统，每一个分系统中又包含若干子功能/子系统。相关工艺系统的安全性能应按相应的行业标准确定，在设计时应该遵守相关标准。

5）其他方面　与其他控制装置和现场仪表设计相关的四个基本原则（电源、接地、屏蔽及电缆布线）在技术设计阶段也必须明确。目前已有相关的行业规定可遵循，此处不再讨论。

6）最终详细设计　在完成设备订购后，根据原则性系统图和最终设备订货资料，设计院最终输出施工图详细设计成品。这一阶段设计与 DCS 系统的实施交义进行，需要认真核对每一个与自动化系统设计相关的设备资料，对技术设计中的遗漏及失误进行补救，这样才能保证设计目标的实现。

10.3 DCS 的工程化设计

系统的技术设计完成后，有关自动化系统的基本原则随之确定。但针对 DCS 还需进行工程化设计（或称 DCS 的二次设计），这样才能使 DCS 与被控过程融为一体，实现自动化系统设计的目标。DCS 的工程化设计过程实际上就是落实施工图详细设计过程。控制系统的施工图详细设计和 DCS 的工程化设计这两部分的工作是紧密结合在一起的。

一个 DCS 项目从开始到结束可以分为招标前准备、选型与合同、系统工程化设计三个阶段。工程化设计是最后一个阶段，这一阶段应完成文档的建立与设计、DCS 应用软件设计和 DCS 的控制室等基础设施的设计。这一阶段牵涉的专业门类较多，应特别注意技术管理，协调好各类人员之间的关系。

1. 文档的建立与设计

在工程化设计阶段首先应设计和建立应用技术文档，需完成的图纸及文件有：
☺ 回路名称及说明表；
☺ 工艺流程图，包括控制点及系统与现场仪表接口说明；
☺ 特殊控制回路说明书；
☺ 网络组态数据库文件，包括各单元站号、各设备和 I/O 卡件编号；
☺ I/O 地址分配表；
☺ 组态数据表；
☺ 联锁设计文件，包括联锁表、联锁逻辑图；
☺ 流程图画面设计，包括流程画面布置图、图示和用色规范；
☺ 操作编程设计书，包括操作编组、报警编组和趋势记录编组等；
☺ 硬件连接电缆表，包括型号、规格、长度、起点和终点；
☺ 系统硬件和平面布置图；
☺ 硬件及备品备件清单；
☺ 系统操作手册，介绍整个系统的控制原理及结构。

2. DCS 应用软件设计

分散控制系统各种监测和控制功能都是通过软件实现的，所以应用软件的设计是关键一步。首先要掌握生产商提供的系统软件的功能和用法，然后再结合实际生产工艺过程，进行分散控制系统的显示画面组提案、动态流程组态、控制策略组态、报警组态、报表生成组态和网络组态等应用软件的设计。设计好的系统应用软件必须进行反复运行检查，不断修改至正确为止，最后生成正式的系统应用软件。

3. DCS 的控制室设计

根据系统性能规范中关于环境的要求，仪表、电工和土建部门的设计人员应合作完成目标系统的控制室设计，需要考虑 DCS 控制室的位置选择、房间配置要求、照明和空调要求，以及供电电源、接地和安全等各个方面。

4．各专业人员的分工

DCS 设计阶段涉及的专业较多，各类人员的协调配合是很重要的，合理分工能够提高工作效率。

1）工艺人员职责　除了参与设计的全过程外，开工前工艺人员还应作为测试人员，参加制造厂产品的出厂验收和生产开工前的回路测试；开工时还需要参加系统投运。

工艺人员要提供工艺流程图、回路名称及说明表、流程图画面设计书和操作（编程）设计书，在应用软件设计中应参加画面组态与报表生成工作。此外，工艺人员应具备基本的计算机知识并积极学习 DCS 的知识。

2）仪表人员职责　仪表人员应详细了解 DCS 的应用功能及系统与现场的接口，而且应负责完成网络组态数据文件、I/O 地址分配表、组态数据表、硬件连接电流表和硬件及备品备件清单的设计，参与出厂验收、系统安装及开工前的现场测试。他们也是系统投运后的维护人员，要充分掌握 DCS 硬件的维护方法。

3）自控人员职责　自控人员应按工艺人员提供的回路数据进行控制策略的组态，参与系统应用软件的设计、调试和系统投运的工作。自控人员应设计完成控制回路说明书、联锁设计文件和系统操作手册，而且能详尽地给其他人员介绍 DCS 的结构和功能。

4）计算机人员职责　计算机人员应完成分散控制系统与全厂信息管理系统的联网设计，完成生产控制与全厂信息管理一体化的设计文件，而且应协助工艺、仪表、自控人员，完成应用软件的设计、调试和生成。此外，他们还应向其他人员介绍计算机方面的知识。

5）电工人员职责　电工人员应负责完成机房和系统的供电、照明和空调安装。他们应提供 UPS 电源供电图、机房接地线路图和机房配电图。

5．DCS 的项目组织

分散控制系统的应用是一个系统工程。它从设计、制造、调试一直到投运，整个过程涉及多个部门、多个专业，必须通过合作才能完成。因此，要把千头万绪的事情一件件有序地展开，必须合理地进行组织和管理。

10.4　DCS 的组态与调试

1．系统的组态

1）应用软件组态的任务　应用软件组态就是在系统硬件和系统软件的基础上，将系统提供的功能块以软件组态的方式连接起来，以达到对过程进行控制的目的。例如，一个模拟回路的组态就是将模拟输入卡与选定的控制算法连接起来，再通过模拟输出卡将输出控制信号送至执行器。应用软件具体组态的内容包括数据点、控制程序的编号、用户画面、报警画面、动态流程画面及报表生成等的组态。随着 DCS 硬件和系统软件的发展，DCS 应用软件的组态方式也在不断更新，从早期的填表式组态，发展到提供图形式的过程控制策略组态。

它利用生成工具，将复杂的控制问题用直观的图形来进行组态，这样既简化了程序开发，又容易维护和查错。

2）应用软件的组态途径　应用软件的组态一般有两种途径：一种是直接在 DCS 上通过操作站进行组态；另一种是通过 PC 进行组态。

☺ 通过操作站进行组态：应用软件在操作站上组态比较直接、方便，但是常常受制造厂交货时间的影响。如果产品交货延期，或者施工现场受条件的限制，就会影响用户在操作站上组态的时间，势必拖延开工时间。

☺ 通过 PC 进行组态：用户在 DCS 尚未进场的情况下，先在 PC 上进行模拟组态，可为工厂调试赢得时间。

2．系统的调试

调试工作包括分散控制系统出厂前的调试和在用户现场的调试。

出厂前的调试是在厂家有关技术人员的指导下，用户与厂家技术人员对系统的硬件、软件进行的调试。

在用户现场的调试是在出厂前调试的基础上进行的真正意义上的实际在线调试。现场调试需要工艺、电气和设备等相关专业的配合，做好调试前各方面的准备。

10.5　DCS 的安装与验收

1．系统的安装

分散控制系统在完成现场开箱检验后就可以进行安装工作了，但在安装前必须考虑系统就位时所需要的各项条件，因此需经厂家确认后才能开始安装。安装工作一定要在厂家技术人员的指导下，按照 DCS 随机资料中的安装手册进行。

安装前应将包括控制室、电源和接地等方面的准备工作做好。在准备工作结束后，即可开始安装分散控制系统。

此外，在系统安装时应注意库房到控制室之间的温度变化是否符合系统的要求。

2．系统的验收

分散控制系统的验收包括 DCS 出厂前的验收和 DCS 抵达用户现场后的验收。

DCS 出厂前的验收主要是指对 DCS 的硬件、软件的性能进行验收，清点供货清单上的所有设备是否齐全、是否满足用户要求，最后由双方签字认可。

DCS 抵达用户现场后的验收主要包括开箱检验、通电检测和在线测试。

10.6　电加热锅炉温度控制工程案例

DCS 要满足行业应用，就必须契合行业的特点。本节以北京和利时系统工程股份有限公司生产的 HOLLiAS MACS 控制系统为例，从网络结构、硬件性能、软件编程等角度，简要介绍 DCS 在电加热锅炉控制系统中的应用。

10.6.1　系统概述

本设计的主要研究对象是电热管式电加热锅炉。与其他燃料锅炉相比，电加热锅炉的主要特点有：热效率高；体积小，结构紧凑，不需要燃料及燃烧废渣堆放场地；可实现无人值守的全自动控制；控制迅速灵活，操作简单方便，负荷调节性能佳；维修简单方便；安全性能好，使用寿命长。电加热锅炉又称为微型锅炉，它是一种将电能转换为热能，生产蒸汽或热水的装置，其核心是电加热管。电加热锅炉的控制流程图如图 10-2 所示。

由图可知，该小型电加热锅炉，其冷水可以从上部加入，经加热后由下部出水管流出。现采用电加热方式，根据具体需求，选择合适的控制方案实现水温的自动控制。

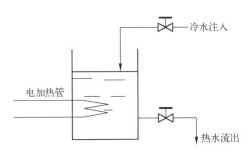

图 10-2　电加热锅炉的控制流程图

10.6.2　系统的初步设计

HOLLiAS MACS 控制系统采用 PROFIBUS-DP 现场总线技术，具有可靠、先进、高性价比等特点。在硬件上，系统的电源、主控单元、I/O 设备、网络都采用了冗余技术，提高了硬件的可靠性。而且，系统采用了特殊保护措施，所有模块（AI、AO、DI、DO）都可带电插拔，对系统的运行不产生影响。

1. 电加热锅炉的测点

对锅炉系统进行分析可知，该工程需要产生的测点如表 10-1 所示。

表 10-1　电加热锅炉的测点

序　　号	名　　称	量　　程	信号类型	备　　注
1	锅炉内胆温度	0～100℃	4～20mA	Pt100 热电阻
2	给水温度	0～100℃	4～20mA	Pt100 热电阻
3	给水压力	0～1MPa	4～20mA	压力变送器
4	给水流量	0～10t/h	4～20mA	压差变送器
5	给水的阀位	0%～100%	4～20mA	阀位反馈
6	锅炉内胆压力	0～1MPa	4～20mA	压力变送器

2. 模块的选择

HOLLiAS MACS 控制系统采用多智能化模块体系结构，控制站的硬件包括调理模块、功能模块和公共部分模块。其中，公共部分模块包括 FM301 机笼单元、电源模块、专用机柜、散热组件、端子模块、主控单元等；调理模块有数字量输出模块、模拟量输出模块、数字量输入模块、模拟量输入模块等；而功能模块主要指通信模块和 I/O 模块。控制系统的主控单元通过现场总线（PROFIBUS-DP）与各个智能 I/O 单元进行连接，完成通信。具体模块的选择如下：主控单元为特殊设计的专用控制器，进行工程单位变换、控制运算，并通过监控网络与工程师站和运行员操作站进行通信，完成数据交换。HOLLiAS MACS 控制系统通常采用 FM801 型主控单元，它是系统现场控制站的核心设备，为嵌入式 Intel 486DX4-100 兼容处理器，工作输入电压为 DC 24V，与专用机笼配合使用，实现对本站下 I/O 模块数据的采集及运算和接收服务器的组态命令及数据交换。通过冗余以太网接口把现场控制站的所有数据上传到系统服务器，运行员操作站/工程师站指令也通过以太网下传到 FM801。

电源模块的选择：单元式模块化结构，用来为现场控制站的主控单元、I/O 模块及现场仪表供电，可构成无扰切换的冗余配电方式。电源模块一般有 3 种型号，如表 10-2 所示（该表来自 MACS 系统手册）。本项目选择 FM910 电源模块。

表 10-2　电源模块的型号

产 品 型 号	产 品 名 称	技 术 指 标
FM910	24V 电源模块	（24+10%）V；180W@Max
FM920	48V 电源模块	（48+10%）V；150W@Max
FM931	16 通道 DI 查询电源分配板	16 通道（24+10%）V/（48+10%）V

电源模块和主控单元确定后，可以确定机笼选择 FM301。其他各种 I/O 模块的选择根据具体的 I/O 点数、经济性等方面确定。

对于锅炉内胆温度的测量，温度传感器采用的是 Pt100 铂热电阻，Pt100 的测温范围为 -200～+420℃。经过调节器的温度变送器，可将温度信号转换为 4～20mA 的直流电流信号。该信号为模拟信号，故需要一个与热电阻相对应的模拟量输入模块。FM143 是智能型 8 路热电阻模拟量输入模块，是和利时公司采用目前世界上先进的现场总线技术（PROFIBUS-DP 总线）而新开发的热电阻模拟量输入模块，用于处理从现场传来的热电阻输入信号，可以与 Cu50、Cu100、Pt10、Pt100 等类型的电阻测温元件相连，处理工业现场的温度信号。通过组态，该模块可对 50～383.02Ω 范围内的电阻信号进行采样处理。FM143A 可对 0～147.15Ω 范围内的电阻信号进行采样处理，即可进行低温测量，其他方面与 FM143 类似。由于锅炉内胆的温度范围为 20～140℃，故应选择 FM143A。在进入计算机前，还要进行信号处理，此时仍为模拟量。电信号可以进入 DCS 的 FM148A 型智能 8 路大信号模拟量输入模块，通过与配套的端子底座 FM131A 连接，用于处理从现场传来的 0～10V 范围内的电压信号和 0～20mA 范围内的电流信号，将模拟信号转换为 16 位的数字量信号，再通过主控单元进行控制，最后通过模拟量输出模块。FM151A 是智能型 8 路 4～20mA 模拟量输出模块，是和利时公司采用目前世界上先进的现场总线技术（PROFIBUS-DP 总线）而新开发的模拟量输出模块，输出 8 路 4～20mA 的电流信号，将控制信号传送到现场，控制执行器，使锅炉内胆的温度保持在给定值允许的范围内，实现锅炉内胆中的水温控制。

10.6.3　电加热锅炉控制方案的确定

1. 控制方案的确定

自 20 世纪 30 年代以来，自动控制技术取得了惊人的进步，所涉及的范围也越来越

广，但是在各种工业控制系统中，很多过程控制只需采用常规调节器进行 PID 控制就可以
满足控制要求。自 PID 控制器产生以来，它一直都是生产过程中研究最成熟、应用最广泛
的控制器。目前大多数工业采用的控制方式依然是常规的 PID 调节，即使在工业发达的国
家，PID 调节的使用率仍达 90%，可见 PID 调节在工业中的重要地位。

2．PID 控制器的基本原理

在自动控制系统中，最常见、最常用的控制规律是 PID 控制规律，其原理框图如图 10-3
所示。

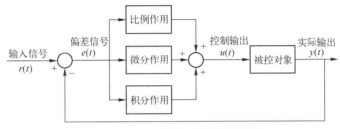

图 10-3   PID 控制规律的原理框图

PID 控制规律实质上是一种线性控制规律，根据输入信号给定值与实际输出之间的偏差
信号 $e(t)$，对偏差信号进行积分、微分和比例运算，利用三种运算的结果得到 PID 控制器的
控制输出信号 $u(t)$，实现对被控对象中的被控量的调节作用，使实际输出无限接近期望值。
在连续时域控制系统中，PID 的控制算法表达式为

$$u(t) = K_P[e(t) + (1/T_I) \times \int_0^t e(t)\mathrm{d}t + T_D \times \mathrm{d}e(t)/\mathrm{d}t]$$

式中，T_D、K_P、T_I 分别为微分时间常数、比例系数和积分时间常数。

在自动调节系统中，E=SP-PV。其中，E 为偏差，SP 为给定值，PV 为测量值。当
SP>PV 时为正偏差，反之为负偏差。

比例调节作用的动作与偏差的大小成正比，当比例度为 100 时，比例作用的输出与偏
差按各自量程范围的 1:1 动作；当比例度为 10 时，按 10:1 动作。即比例度越小，比例作
用越强。比例作用太强会引起振荡；太弱会造成比例欠调，使系统收敛过程的波动周期太
长，衰减比太小。其作用是稳定被调参数。

积分调节作用的动作与偏差对时间的积分成正比，即偏差存在积分作用就会有输出。
它起着消除余差的作用。积分作用太强也会引起振荡，太弱会使系统存在余差。

微分调节作用的动作与偏差的变化速度成正比。其效果是阻止被调参数的一切变化，
有超前调节的作用。对滞后大的对象有很好的效果，但不能克服纯滞后，适用于温度调节。
使用微分调节可使系统收敛周期的时间缩短。微分时间太长也会引起振荡。

结合微分、积分、比例环节三者的优势，就可以得到较好的控制系统的性能，使稳态
值更加接近期望值。

3．锅炉各过程参数控制的设计

锅炉的温度控制系统可以使用单回路控制，控制作用可以选用 PID 控制。一般的单回路
控制系统框图如图 10-4 所示。

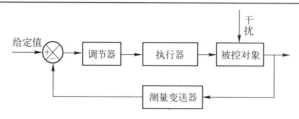

图 10-4　一般的单回路控制系统框图

电加热锅炉的温度控制系统实质上是能量平衡系统，其温度除了受加热管两端电压和加热时间影响外，还受锅炉夹套冷水流量的影响，锅炉夹套是否加冷水其控制过程是不一样的。若夹套加冷水，则受冷水流量的影响，是一种能量的动态平衡；而不加冷水的系统则是一种静态温度的测量。为了简化控制，本项目将研究锅炉内胆动态水温控制，该系统的单回路控制结构示意图如图 10-5 所示。

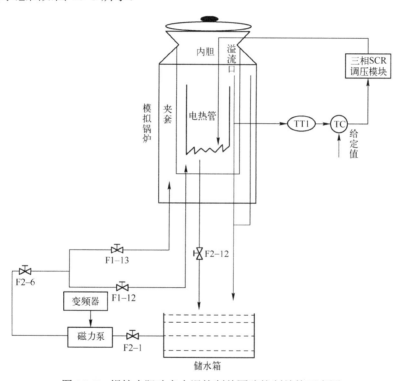

图 10-5　锅炉内胆动态水温控制单回路控制结构示意图

该控制系统的锅炉内胆中为动态的循环水，由锅炉内胆、磁力泵与变频器组成循环水系统。其中变频器在给锅炉加水时才使用，也可以不用。被控的参数为锅炉内胆水温，本系统要求锅炉内胆水温等于给定值。在测温之前先通过磁力泵、变频器支路给锅炉内胆加一定量的水，然后关闭锅炉内胆的进水阀门 F2-6。待系统投入运行以后，磁力泵-变频器再以固定的小流量使锅炉内胆的水处于循环状态。当内胆水为静态时，由于没有循环水用以快速热交换，而三相电加热管功率为4.5kW，内胆水温上升相对较快，散热过程又相对比较缓慢，而且调节的效果受对象特性和环境的限制，所以导致系统的动态性能较差，即超调大，调节时间长。但当改为循环水系统后，则在便于进行热交换的同时也加速了散热能力。相比于静态温度控制系统，在控制的动态精度、快速性方面有了很大的提高。系统采用的调节器为

MACS 控制，其对应的框图如图 10-6 所示。

从锅炉内胆动态水温结构示意图中可以看出，锅炉内胆温度信号经 TT1（Pt100）转换为电阻变化信号，此信号经过 I/O 模块，即与热电阻配套的 8 路模拟量输入模块经 FM143A 将电阻信号进行 A/D 转换，转换为二进制的信号送给主控单元，将模拟量量程转换为 1～5V 电压信号，然后经 PID 运算将控制信号（数字信号）送给 FM151 模拟量输出模块，进行 D/A 转换后产生 4～20mA 的电流信号传送给移相调压部件（SCR），由移相调压部件直接控制三相电加热管的电压，形成一个单闭环回路。锅炉内胆温度控制系统信号流程图如图 10-7 所示。

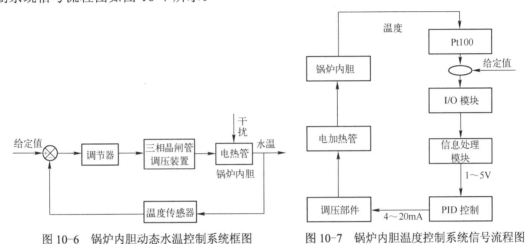

图 10-6　锅炉内胆动态水温控制系统框图　　　图 10-7　锅炉内胆温度控制系统信号流程图

4．温度控制系统的组态实现

1）MACS 组态实施概述　在第 5 章中已经介绍过 MACS 系统的软件，它主要包括数据站软件、组态软件、控制站软件和运行员操作站软件。下面以温度控制系统为例简述组态实施过程。

通过前几章的分析可知，对于锅炉内胆温度控制系统，只有两个通道，即编辑两个点。模拟量输入、输出点对应的项分别如表 10-3、表 10-4 所示。

表 10-3　模拟量输入点对应的项

序　号	通道号	采样周期	报警上限	报警下限
1	1	1	100	20
量程上限	报警上上限	报警下下限	设备号	点　名
140	120	10	1	WDI
量程下限	操作记录	量　纲	信号范围	站　号
0	记录	℃	4～20mA	10

表 10-4　模拟量输出点对应的项

序　号	通道号	采样周期	当前值	设备号	量程上限
1	1	1	0	2	140
量程下限	操作记录	点　名	量　纲	输出格式	站　号
0	记录	WDO	℃	XXXXX	10

2）MACS 组态实施过程　MACS 控制系统的难点在于组态的实施。下面结合研究对象的温度控制对组态进行详细阐述。MACS 控制系统组态分为系统组态、操作站组态、控制站组态、流程图组态、操作员应用组态等功能。在第 5 章中已经介绍过软件的新建工程、设备组态、数据库组态的组建过程，这里不再赘述，只重点介绍服务器算法、控制器算法和图形、报表等组态过程。具体实施过程如下。

在新建工程和设备组态、数据库组态完成后进行基本编译，编译成功后即进行服务器算法组态。选择"wendu"工程后，新建站，再新建控制方案。如图 10-8 所示为新建方案界面。

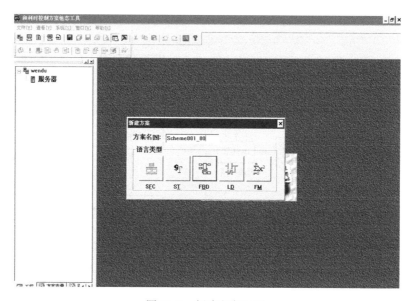

图 10-8　新建方案界面

选择 FM 语言编程方式（当然这里也可以选用其他语言，如 FBD 功能块语言等），将方案名改为"负荷"，具体编辑如图 10-9 所示。

公式号	公式名	公式	公式说明
1	P1-1	GETSYSPER(_FUHE0)	
2	P1-2		
3	P1-3		
4	P1-4		
5	P1-5		
6	P1-6		
7	P1-7		
8	P1-8		
9	P1-9		
10	P1-10		
11	P1-11		
12	P1-12		
13	P1-13		
14	P1-14		

图 10-9　服务器控制方案的编辑

单击服务器进行编译，选择"全部重编"，成功后对工程进行编译，结果如图 10-10 所示。

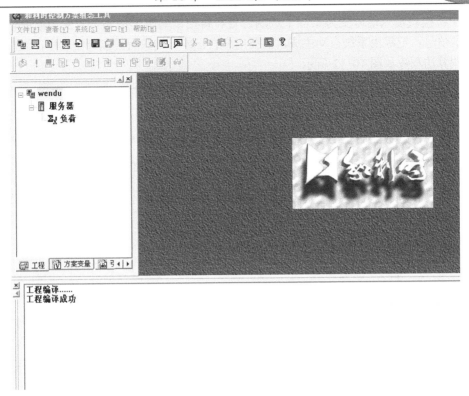

图 10-10　服务器算法工程编译

　　锅炉服务器算法组态完成后，可进行联编，成功后生成全部的下装文件，同时也生成了控制器工程文件。单击控制器算法组态工具，选择"wendu"工程，然后是 10 站，进入控制器算法组态界面，先对生成的工程文件进行编译，编译成功后，进行控制算法程序的编写。控制算法组态是该系统的核心，锅炉内胆单回路控制系统的信号处理及控制如图 10-11 所示。

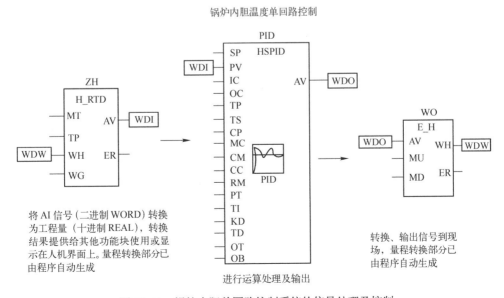

图 10-11　锅炉内胆单回路控制系统的信号处理及控制

其中将模块输入信号变为工程十进制信号和将控制输出十进制信号变为温度输出模块能接收的信号，已经由系统自动生成，需要用户自己编写的只有控制算法程序，温度控制系统的控制算法程序如图10-12所示。

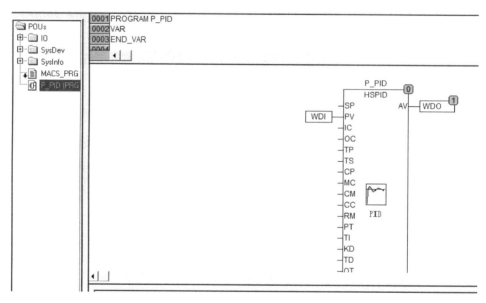

图10-12　温度控制系统的控制算法程序

程序编辑完成后，在主程序中声明，PID开始初始化，则可以进行全部编译。编译成功，则控制器算法组态完成，编译结果如图10-13所示。

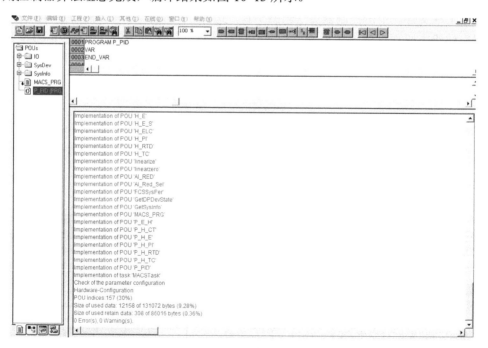

图10-13　控制器算法组态编译结果

然后是图形组态，温度控制系统的图形组态界面如图10-14所示。

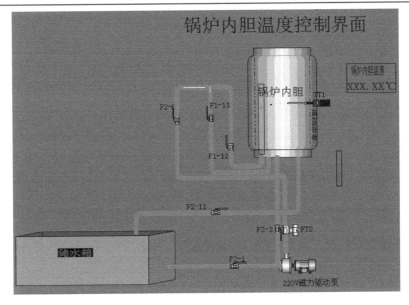

图 10-14　温度控制系统的图形组态界面

温度控制系统静态画面编辑完成后，对 XXX.XX℃ 进行动态特性设置，点名为"WDI"，与数据库中的点名保持一致。设置完成后注意应将该文件保存在"wendu"工程名下的"graph"文件夹中。此时可以进行离线模拟显示，显示结果如图 10-15 所示。

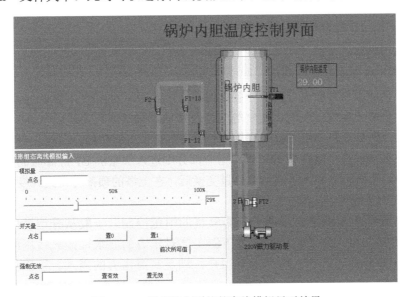

图 10-15　温度控制系统的离线模拟显示结果

在图形组态完成后，可以编辑温度控制系统的离线报表，报表生成软件和 Excel 报表工具共同为用户提供了强大的报表组态系统。组态分为离线组态和在线组态两部分。若每天的下午一点半打印报表，温度点为每隔 5min 采样一次，则 1h 总采样点为 12，相对应的温度离线报表参数设置如图 10-16 所示。

静态及动态编辑完成后，进行编译，结果如图 10-17 所示。

图 10-16　锅炉内胆温度离线报表参数设置　　　　图 10-17　温度系统离线报表编译结果

离线报表编译成功后，将其保存在"wendu"工程名下的"report"文件夹中。至此，温度系统的离线报表组态完成，可以在在线报表组态中导入该报表。

整个工程完成后，需要将编译好的工程生成下装文件后进行下装，下装包含下装控制器、下装数据站、下装操作员站。最后，进行网络通信设置即可在线运行系统。

10.7　HOLLiAS MACS 在空分行业中对氧气的恒压控制

1. 氧气的恒压控制系统简介

首先简单介绍空分流程。

简单地说，空分流程就是利用一些空分装置把空气中的各组分气体分离，生产氧气、氮气的一套工艺流程。一般而言，空分装置指的是化工厂中的各种空气成分的分离装置，该装置从空气中分离出氮气、氧气、氩气等气体及其他一些气体。具体流程为：自空压机 PC 来的压缩空气，经分子筛 MS（也叫纯化器）除去水分、二氧化碳、碳氢化合物等杂质后，一部分空气被直接送往精馏塔 C 的上塔，另一部分则进入膨胀机 ET 经膨胀制冷后被送往下塔。精馏塔中，上升蒸汽和下落液体经热量交换后，在上塔的顶部可得到纯度很高的氮气，在上塔的底部可得到纯度很高的氧气。

本设计主要研究工业上常用的分馏塔氧气的恒压控制。一般从分馏塔出来的氧气，压力只有 30kPa 左右，为了满足远方及下游工艺对压力的要求，经氧气压缩机三级压缩增压后，经 E3 冷却器冷却，然后送至用户，满足其对压力的需求。恒压控制流程简图如图 10-18 所示。

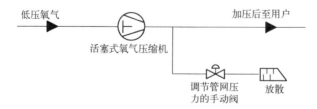

图 10-18　恒压控制流程简图

但当下游用户由于检修停用氧气或用氧量减少时，会造成管网压力升高，为保证压力恒定必须在压力升高时及时打开放空阀放空，确保管网压力在额定压力以下。以前制氧车间放空阀都是手动阀，这样存在着严重的安全隐患，当下游用户用气量减少或发生问题时，氧气管网压力升高，如果运行员未能及时发现，很可能造成管网超压及设备损坏事故。又由于压缩的是易燃的氧气，所以后果难以想象。

针对上述原因，需要对以前的手动放空阀进行改造，将其更换为自动阀 PID_1111，控制采用和利时的 PID 调节，压力可以根据下游用户需求由运行员进行设定，自动跟踪。加入 PID 算法的自动阀恒压控制流程简图如图 10-19 所示。

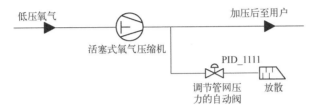

图 10-19　加入 PID 算法的自动阀恒压控制流程简图

2. 系统的初步设计

控制系统选用北京和利时系统工程股份有限公司的 HOLLiAS MACS。由于采用特殊保护措施通过 PROFIBUS-DP 总线和主控单元交换数据，为保证数据的安全性，本系统采用 FM802 作为主控单元。主控柜内安装有 150W 电源模块 FM911、主控单元 FM802、8 路模拟量输入模块 FM148A、8 路模拟量输出模块 FM151、16 路开关量输入模块 FM161、16 路开关量输出模块 FM171 各 1 个。系统设备组态图如图 10-20 所示。左边为系统网络图，右边为 10 号站内的 I/O 模块状态。模拟量、数字量对应的项如表 10-5～表 10-8 所示。

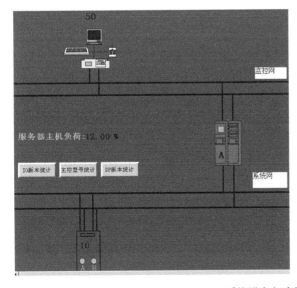

图 10-20　系统设备组态图

表 10-5　模拟量输入 AI 对应的项

序　号	站　号	通道号	点　名	点　说　明
1	10	1	P1_1115	压缩机排气压力
设 备 号	信号范围	量 程 下 限	量 程 上 限	量　纲
3	4～20mA	0	3	Pa

表 10-6　模拟量输出 AO 对应的项

序　号	站　号	通道号	点　名	点　说　明
1	10	0	BIC_1111	放空阀开度控制
设 备 号	信号范围	量 程 下 限	量 程 上 限	量　纲
4	4～20mA	0	100	%

表 10-7　数字量输入 DI 对应的项

序　号	站　号	设 备 号	通 道 号	点　名	点　说　明
1	10	1	0	F1301C	联锁停压缩机
2	10	1	1	F1301ZSC	主电动机运行停止

表 10-8　数字量输出 DO 对应的项

序　号	站　号	设 备 号	通 道 号	点　名	点　说　明
1	10	2	0	V1115	手动放空

3．控制系统的组态实现

采用和利时公司的 MACSV 5.2.3 版本，系统的网络由上到下分为监控网络、系统网络和控制网络（I/O 站内）三个层次，监控网络实现工程师站、运行员操作站与系统服务器的互联；系统网络实现现场控制站与系统服务器的互联；控制网络实现现场控制站与过程 I/O 单元的通信。恒压系统的控制变量为压力，在 E3 冷却器的氧气排气管道上安装有压力变送器，根据压力的高低控制放空阀 PID_1111 的开度，达到排气管道恒压力控制的目的。由于前述锅炉控制系统中已经详细介绍了系统组态的过程，这里不再赘述，只介绍主要环节部分的实现。

控制程序使用 CODESYS 中的功能块图（FBD）来组态。

压力控制：在排气管道上安装压力变送器和与之配套的放空控制阀 PID_1111，组成一个 PID 调节回路，使用 HSPID 功能块组态。

该放空控制阀采用气闭式自动控制阀，手动得电后可进行手动控制；失电时放空阀自动打开泄压，排气压力降低。

该放空阀控制的程序原理为：当氧压机主电动机停止运转，以及氧压机有联锁保护信号，或者压力投入联锁达到设定压力时，放空阀自动打开泄压，确保管网安全。图 10-21 所示为变量声明。

```
/AR_GLOBAL RETAIN
(*1*)
F1301C AT %IX0.0:BOOL;(*_联锁停压缩机*)
F1301ZSC AT %IX0.1:BOOL;(*_主电动机运行停止*)
(*2*)
V1115 AT %QX0.0:BOOL;(*_手动放空*)
(*3*)
PI_1115:REAL;_PI_1115_:H_E:=(MT:=FM148A,WG:=4,MU:=3.000000,MD:=0.000000,BV:=FALSE,SQ:=FALSE,LC:=0.020000,OM:=0,IV:=0.000000,emType:=T4_20mA);(*_压缩机排气压力*)
(*4*)
BIC_1111:REAL;_BIC_1111_:E_H:=(MU:=100.000000,MD:=0.000000);(*_放空开度控制*)
END_VAR
```

图 10-21　变量声明

控制程序组态如图 10-22 所示。

恒压控制回路

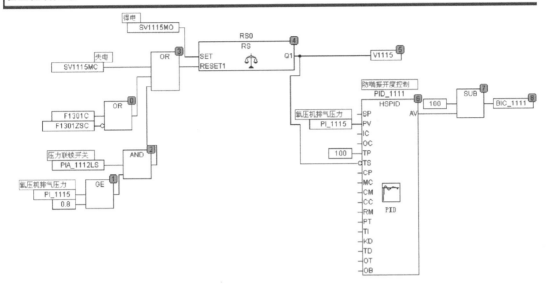

图 10-22　控制程序组态

在控制程序组态完成后，使用 CODESYS 的下装功能将其下装到现场控制站的主控单元中。在使用下装功能时要注意，系统提供有增量下装和完全下装两种功能，其中完全下装是初始化下装，会覆盖原有程序和数据，在使用时应慎重。如果系统已经部分投入运行，完全下装会使得现场设备运行状态回到开机状态。因此，在系统运行时如果要修改程序，一定要使用增量下装，只改变修改后的程序和数据。

对于操作界面的组态，使用 MACS 工程师站的图形组态软件，先在软件模板基础上离线设计图形页，一个是工艺控制页面，一个是系统设备页面，可显示系统负荷，以及 I/O 设备状态。以 1#氧气压缩机为例，系统的图形组态如图 10-23 所示。

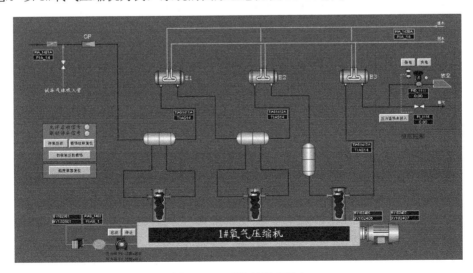

图 10-23　系统的图形组态

画面中的动态图形对象如 PI_1115 具有动态文字特性，显示压力数据值。

PID_1111 具有交互特性推出窗口功能，当需要设置参数时，可单击此阀门推出 PID 调节窗口，在其中进行设定，如图 10-24 所示。

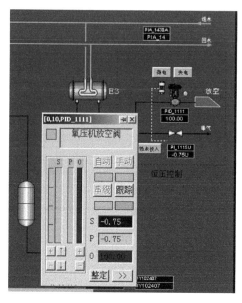

图 10-24 动画设置

具体操作如下。

在运行员操作站用鼠标单击"得电"按钮，电磁阀得电后，单击 PID_1111 阀，画面弹出 PID 操作界面，单击"自动"按钮，可在给定输入栏 S 栏中输入设定压力，P 栏显示跟踪值，O 栏显示阀门开度值，PID 调节会自动跟踪设定值。系统的数据交换通过网络和服务器来完成，作为下层数据的现场控制站，各 I/O 模块所采集或输出的数据，经数据滤波、限幅等处理后，通过主控单元和服务器之间的网络进行交换。作为上层人机界面的监控软件，其数据库由事先定义好的标签变量表格来组态，各标签以下层数据对应的点名为地址定义，其他项也与下层数据库的定义严格对应。所以，对数据库进行修改时，要先下装控制站，再下装服务器，最后下装运行员操作站，确保数据库的统一。

上述只是 HOLLiAS MACS 系统在空分行业应用的一个实例。系统经改造后，现场投入运行，从实际运行效果来看，该系统具有运行稳定、可靠性高的特点。

 总结

本章从 DCS 工程设计入手，重点介绍了 DCS 的工程设计过程与实施的各个环节需要考虑的问题。首先对系统的总体设计进行介绍，在详细设计方面，着重讲述了各个控制站的 I/O 点设置与分配等，并给出了系统的安装与调试过程。结合电加热锅炉控制系统的设计过程，重点阐述了系统的整体设计和软件组态的实现。简要介绍了 HOLLiAS MACS 在空分行业中对氧气的恒压控制。通过实例的详细描述，读者可以了解很多系统设计的原则、技巧和实施方法，对今后自己进行系统设计具有很好的参考价值。

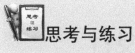

思考与练习

(1) 系统的总体设计可分为哪几个阶段?

(2) DCS 初步设计主要包括哪几部分内容?

(3) 详细设计过程中应注意的问题有哪些?

(4) 简述 DCS 工程化设计和实施步骤。

(5) 简要说明控制程序组态后下装到现场控制站的主控单元中需要注意的事项。

(6) 以氧气恒压控制为例,简要阐述系统的数据交换过程。

第11章 FCS 的工程设计

自现场总线诞生以来,其独特的设计思想、优良的性能和极高的可靠性越来越受到工业界的青睐。本章在介绍系统常规设计方法的同时,还介绍了一个完整的 CAN 现场总线控制系统——基于 CAN 总线的化工生产车间安全报警系统。

11.1 FCS 的工程设计原则

利用现场总线技术构成的现场总线控制系统在整个生命周期内所具有的卓越控制策略、有效性、安全性和开放性等,要求其工程设计必须遵循特有的原则。

1) 开放性原则 开放性指选择的总线标准、设备及构建的现场总线控制系统对相关标准具有一致性、公开性,最大限度地支持不同生产厂家性能类似的设备之间的信息交换和相互替换,从而使构筑的工厂装置成为开放互联系统,以实现控制系统的互操作性和互用性,增强控制系统的适应性。

2) 适应性原则 适应性要求系统支持双绞线、同轴电缆、光缆、无线和电力线等传输介质,并具有较强的抗干扰能力;互操作性实现控制产品的"即插即用"功能,从而方便用户对总线控制系统的维护与管理,提高控制系统的有效性。

3) 有效性原则 有效性是回路正常运行时间占总时间的百分比,其目的是尽量减少生产过程的损失。获得高有效性的工程实现方法有分散、诊断和冗余。分散包括网络分散、结构分散、设备物理位置分散、控制回路分散和有限停车等。冗余包括控制器冗余、链路设备冗余、I/O 卡件冗余、通信模件冗余、连接介质冗余、变送器冗余和电源冗余等。除此之外,还有冗余分离、备份主设备等辅助备份技术。冗余是实现容错的工程方法。容错是提高系统有效性的重要手段,是指系统在出现故障时仍能正常工作,同时又能查出故障的能力。容错包括三种功能:故障检测、故障鉴别、故障隔离。有效性不影响系统的安全性,但系统的有效性低可能会导致装置和工厂无法进行正常生产。

4) 安全性原则 安全性是指系统在规定的条件下和规定的时间内完成规定功能的能力。总线控制系统的安全性原则不同于安全相关系统。工程化的设计方法有现场系统诊断功能的利用、正确组态及安全联锁功能的分散等。诊断包括通信故障诊断、取代差错检查、通信故障停车及操作员通知等。正确组态包括设备组态和联锁组态。此处的分散是指将停车联锁功能置于现场总线控制设备或去往阀门定位器的通信中,从而实现安全分散。附加的安全性实现方法还有执行器位置反馈引用、动力源丢失保持及冗余外输设计中的不一致检查等。

5) 有效性和安全性平衡原则 有效性和安全性是两个对立的目标。有效性的目的是使过程保持运行,而安全性的目的是停止过程运行。过程控制系统(PCS)以高的有效性为目的来执行控制,安全相关系统则是以高的安全性为目的。现场总线设备区分关键问题和非关键问题的两个状态值为"坏的"和"不确定的"。"坏的"值不能用于控制，并总是导致停车。"不确定的"值在强调有效性时可用，在强调安全性时引起停车。有效性和安全性的平衡原则是"坏的"状态优先，"坏的"优于"不确定的"。正确使用"不确定的"状态以提高安全性而不失掉容错能力。除此之外，还有通信超时、通信尝试、故障安全及故障恢复组态等安全性和有效性平衡原则。

6）经济适用原则 提高系统的有效性和可靠性，必然增加系统的成本。多余的冗余及富余的安全等级是一种浪费。科学的设计方法就是根据实际的生产过程，选择合理的系统冗余度。现场总线控制系统具有强大的诊断判断功能，合理地组态，充分地利用，可以在提高安全性、增加有效性的前提下，满足设计系统经济适用及够用的原则。

11.2 FCS 的工程设计方法

一个现场总线的工程设计一般可分为系统规划、设备选型、安装施工设计、组态编程等步骤。

1. 系统规划

在系统规划中，主要是确定系统的规模，包括系统的各闭环控制回路，监测点，开关量输入/输出的内容、个数，确定操作站主机的个数，每台主机的显示屏及键盘等，确定系统的相关特性，如本安系统、隔爆系统，以及冗余要求、控制节点与现场距离分配等。

2. 设备选型

1）确定控制输出设备 通常有 3 种总线控制输出设备。第一种是现场总线到 4～20mA 电流输出接口，它可以和传统的电气转换器、电气阀门定位器、伺服放大器相连；第二种是现场总线到 0.02～0.1MPa 气动信号转换控制器，但对于大阀门还需另配气动阀门定位器；第三种是现场总线阀门定位器，因为连线简单，不需要向现场拉电源。后两种更适合本安系统要求。

2）确定控制检测设备 根据系统控制回路确定控制检测设备，如温度变送控制器等。对于还没有现场总线标准的仪器仪表的控制回路，如没有流量器等，可以选用 4～20mA 的信号，通过现场总线接口将其引入系统。

3）确定现场总线条数 根据确定的现场设备总数和每条总线上所挂的设备数算出共要几条总线。每条总线上所能挂接的设备数除受标准限制外，还受通信负载、电缆压降和本安参数的限制。对于非危险应用或隔爆系统一般可节省 90%以上的电缆；对于本安系统，安全栅后一般只能连接约 4 台设备，所以只节省 75%的电缆。一条总线上不同安全栅后的设备挂接在同一总线上可以避免信号"过桥"，以节省占用总线时间。

4）确定现场总线接口卡数 PC 插入现场总线接口可以监控每条现场总线上的设备，根据总线条数和接口卡的总线接口数可以算出所需卡数。操作台冗余时可用多台连接有接口卡的 PC 监控同样的总线。现场总线的对等"点-点"通信协议给这种冗余连接提供了很大便利。

5）采集和逻辑控制 可以用现场总线变送器对压力、流量、液位、温度等变量进行监控。控制部分用现场总线设备，而采集和逻辑控制部分采用控制器或 I/O 设备。现场总线 DI/DO 功能块可将开关量引进系统，完成模拟量和开关量的实时联锁。

6）容错能力　FCS 采用风险分散和隔离方法，系统中一台变送控制器损坏只影响一个回路。FCS 中还要提供冗余的有人机界面操作站、总站的供电系统。电缆数量的减少可以使系统得到较好的保护而降低故障率。

3. 安装施工设计

FCS 要将同一总线的设备连在一起再送控制室，其拓扑形式有总线、树状、混合型等，终端阻抗匹配器应安装在总线最远端。在各总线的专门手册中对安装的各种规定给出了详细说明。

4. 组态编程

控制系统软件分两个层次，一个是控制设备控制策略组态软件，如现场总线组态软件，它能对不同公司的产品进行组态，担负着选定设备、功能块、参数，并对功能块进行连接和设置以完成控制策略的任务。另一个用于顺控采集如 PLC 控制组态软件，其发展遵守 IEC1131-3 国际编程标准。典型产品有 CJ 公司的 ISaGRAF 等。

当控制完成后，有关信息进入 PC 数据库，人机界面软件对这些数据进行处理，形成动态流程图、棒形图、历史趋势、报警等。一些实时性不高的特殊算法可以使用用户 C 语言自编程接口自行编制。用户根据自身的需求和易用程度，可以选择不同品牌的人机界面软件产品。

目前推荐由用户、设计院、厂家或系统集成商三者结合来完成系统组态工作。厂家或系统集成商保证设备完好运行且用户会用，设计院提出组态要求，用户完成实际组态任务，这样有利于日后的维护和改进。

11.3　FCS 控制系统的设计过程

在 FCS 的工程设计当中，控制系统的设计是贯穿整个设计过程的重要环节，它通常包括总体方案设计、硬件电路的设计、软件设计、系统网络拓扑结构的确定及参数配置等环节，其中系统网络拓扑结构的确定及参数配置可以根据实际的需要进行标准化配置或者自行配置，软件设计则由初始化、数据发送/接收、各种中断、调试及设计软件的选取等组成。

11.3.1　总体方案设计

控制系统的总体方案设计一般指系统硬件设计方案的选取，即根据系统设计的要求，首先选择几种典型的设计方案，然后针对各方案的特点，最终选择和设计适合本系统要求的方案。目前常见的设计方案如下。

1. 基于 ARM 与 CAN 总线的安全监控系统的设计

如图 11-1 所示，本方案采用 ARM 7 系列的 ARM 7TDM I-S 处理器，该处理器具有低功耗、高性能、高性价比等特点，同时其内部的器件也非常丰富，大大减少了电路系统中处理器以外的元器件的配置，大大降低了成本并使系统变得简单。为了使监控站能够稳定地工作，选用 32 位 ARM 处理器的嵌入式系统，因为它具有可移植、软件升级等特点。因为 UC/OS-II 操作系统拥有内核小、结构简单、能够裁剪和可移植等优点，所以源代码选择此系统。但是，ARM 与 CAN 总线控制器在兼容上存在问题。

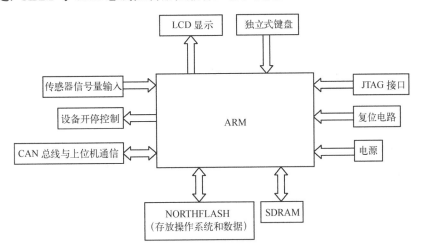

图 11-1　基于 ARM 与 CAN 总线的安全监控系统

2. 基于单片机与 CAN 总线的安全监控系统的设计

如图 11-2 所示，本系统在运行时，外部测量器件把测量到的数据分别变换为电压信号、数字信号、电流信号后再把这些数据传送给单片机，单片机把接收到的电流信号转换为电压信号，再把电压信号通过 A/D 转换器转换为数字信号，之后再对采集到的数字信号进行处理并显示相应的值。在测量时会把测量到的数据与事先存放在单片机 FLASH 中的报警值进行比较，如果超出报警值，则系统将会通过蜂鸣器和闪烁的灯光进行报警来通知监控人员采取相应的措施。监控人员同时可以通过数字键来改变报警值，改变的标准同时会保存到单片机 FLASH 中，并且改变值不会因掉电而丢失。

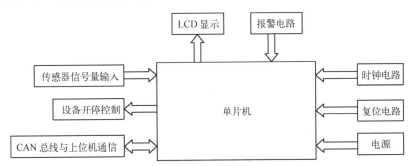

图 11-2　基于单片机与 CAN 总线的安全监控系统

3. 基于 LabVIEW 与 CAN 总线的安全监控系统的设计

在 20 世纪 80 年代初，美国某公司提出一种虚拟仪器的概念，使用者可以根据自己的需求设定仪器的功能，而且它比传统仪器更加方便、灵活。1996 年，NI 公司成功开发出 LabVIEW 虚拟仪器，它可以满足多项功能，如 ZigBee、VXI、GPIB 和 RS-485 协议的数据采集及硬件的通信，并且其内部拥有 ActiveX、TCP/IP 等软件的库函数，因此它标志着虚拟软件设计平台已经基本形成。利用 LabVIEW 安全节点监控系统上位机的数据进行处理和管理，并对软件的通信进行开发，实现对环境数据及设备运行状态的监控和管理。其特点是监控台工作时比较便捷，可以在 PC 上显示和存储监控数据，其总体结构图如图 11-3 所示。

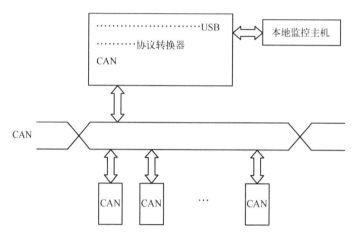

图 11-3　基于 LabVIEW 与 CAN 总线的安全监控系统

通过对上述方案的分析，根据实际状况，最终确定比较适合的设计方案。例如，选定如图 11-4 所示的系统硬件方案设计。

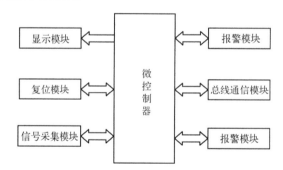

图 11-4　系统硬件方案设计结构框图

11.3.2　控制系统的初步设计

根据总体设计思路，确定各部分的设计内容，其中包括各部分硬件电路的设计、软件设计及与其相关的系统网络拓扑结构的确定及参数配置。

1．硬件电路的设计

（1）显示模块：根据设计要求，确定显示部分的位数、方式、元件等。

（2）复位模块：可以对比几种复位方案，最后确定所要采用的复位方式。

（3）信号采集模块：根据设计要求，对比常用的几种信号采集电路的方式和特点，选择和设计最终的信号采集电路。

（4）报警电路：根据设计要求，确定相应的报警方式，设计相关电路。

（5）总线通信模块：根据设计要求，结合设计的特点，通过对比相关电路，确定总线通信模块电路的组成及其中的元器件。

（6）微控制器：根据设计要求，选择并确定合适的单片机。

2．软件设计

根据设计要求确定初始化程序、主程序及各子程序等的流程图。

3．系统网络拓扑结构的确定及参数配置

（1）通过分析拓扑结构的特点，确定各段合理的通信速率。

（2）根据实际情况，确定帧类型（标准帧或扩展帧）。

（3）根据实际要求确定转换模块与上位机通信采用的校验方式、协议、波特率、通信方式，以及数据的发送和接收方式等。

（4）根据设计要求，确定各监控节点的接收、发送帧格式和命令帧格式等。

 ## 11.4　FCS 工程控制系统应用举例

以基于 CAN 总线的化工生产车间安全报警系统设计为例进行介绍。

11.4.1　设计概述

化工行业在国民生产中具有很重要的地位，与电子、机械、钢铁、纺织等行业相比，由于需要用到许多易燃、易爆、有毒的物质，所以引起火灾、爆炸或者中毒的事故概率很大。由于各种不安全因素的存在，化工车间一旦发生火灾、爆炸或者中毒等事故，就会给环境和社会造成巨大的伤害，给企业带来不可弥补的经济损失，所以必须将安全放在第一位。

化工车间安全指标监测系统是集光电子技术、现场采集技术、微电子技术与计算机技术于一体的高科技产品。它是一套监测车间内各个生产点位的工业参数实时值的完整系统。通过对关键参数（温度、湿度、流量、各类可燃气体、有毒有害气体、氧气的浓度等）的有效监控来达到安全生产和保障产品品质的目的。现场通过传感器的实时监控来实现参数的采集和显示，并将数据传到服务器。服务器存储和分析数据，在综合看板上集中显示，并与预先的设定值进行比较再向相应的设备或部门发出控制或报警提示信号。服务器还提供数据的查询与分析功能，生成报表，供用户使用。而采用 CAN 总线技术可以对化工车间内每个车间各个节点的湿度、温度及可燃和有毒气体浓度的变化情况进行自动检测，一旦出现异常现象能及时报警，从而实现对化工车间生产安全的监控，减少危险事故的发生。

本设计要求完成一项基于 CAN 总线的分布式智能火灾报警系统设计，系统由监控上位机、中继器、转换节点、分布式测量节点等组成。本系统还可以用于宾馆、商场、校园等场合的安全监控，并且各个模块具有较强的独立性，可以用于其他系统。该系统具有工作可靠、报警及时、造价低廉等特点。系统组成结构框图如图 11-5 所示。

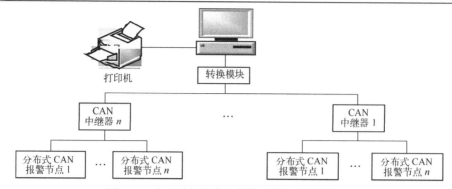

图 11-5　分布式智能火灾报警系统组成结构框图

11.4.2　系统网络拓扑结构及参数配置

1. 系统网络拓扑结构

图 11-5 给出了分布式智能火灾报警系统的组成结构框图。各个监控报警节点分布在不同车间的重点监控区域内，如果需要扩充，可添加二级中继器进行节点扩展，整个系统呈树状结构。设计时，干线上通信速率为 500Kbps，提高系统的响应速度；支线距离较远，信息量较少，可采用低速率长距离，通信速率为 60Kbps。

图 11-6 所示为生产楼安全监控系统网络拓扑结构图。各个监控报警节点分布在不同楼层的重点监控区域内，如果需要扩充，可添加二级中继器进行节点扩展，整个系统呈树状结构。

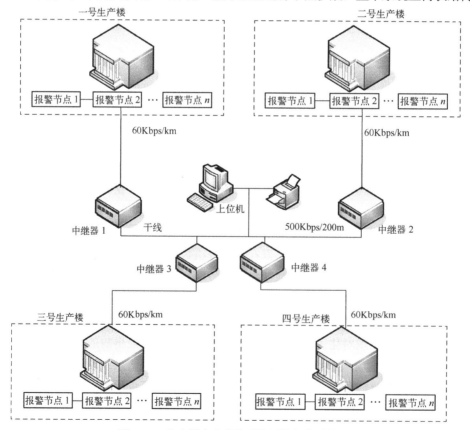

图 11-6　生产楼安全监控系统网络拓扑结构图

2．系统网络参数配置

出于对节点数量、通信速率、系统扩展的综合考虑，系统设计可考虑在中继器与上位机的主干线上使用 CAN2.0B 中的扩展帧，扩展帧支持 29 位标识符，系统将合理运用分配。干线参数配置如表 11-1 所示。

表 11-1　干线参数配置

ID.28～ID.21	ID.20～ID.18	ID.17～ID.12	ID.11～ID.7	ID.6～ID.0
命令/状态字	上位机 （可扩展）	一级中继器 （可扩展）	二级中继器 （预留）	监控报警节点

由表 11-1 可以看出，ID.28～ID.21 可用于通信中状态、命令数据的区别；ID.20～ID.18 用于上位机（即 CAN 网桥模块标识），系统可扩展 8 台上位机；ID.17～ID.12 用于一级中继器；ID.11～ID.7 为系统扩展二级中继器而预留；ID.6～ID.0 为各个现场报警节点，每个实验楼可安装 64 个报警节点。

各报警节点分布于各车间不同区域，线路较长，所以节点与中继器之间的通信速率相对较低，此时采用短帧结构——标准帧结构，可以提高实时性。支线参数配置如表 11-2 所示。

表 11-2　支线参数配置

ID.10	ID.9～ID.3	ID.2～ID.0+保留位
预留	监控报警节点标识	屏蔽以做他用

如表 11-2 所示，ID.10 预留以备系统扩展需要；ID.9～ID.3 为该子网中各节点标识；ID.2～ID.0 和保留位可以被屏蔽，在具体应用中有不同的配置。

标识码的配置依靠验收滤波器的正确配置，所以设计时要注意验收代码寄存器、验收屏蔽寄存器的合理搭配，使之能满足系统要求。

3．系统通信协议

1）参数功能

☺ 上位机实时监控现场，处理异常情况，向 CAN 网络发送控制信息。

☺ 上位机在 CAN 总线上能实现差错控制、数据重传、单点呼叫等功能。

☺ 转换模块与上位机通信采用 32 位 CRC 校验。

☺ CAN 总线采用 CAN2.0B 协议兼容 BASIC CAN 协议，接口面向 CAN 总线的参数：波特率可为 500Kbps，实现全双工多点通信。

☺ 各中继器将所接收数据过滤后转发给各子网的报警模块；每周期将模块上传数据发送给转换模块。

☺ 各报警节点模块每周期采集现场信息上传至 CAN 总线；实时监听上位机所发命令并执行报警，紧急时触发联动装置（如喷头、机械手等）。

☺ 数据发送均采用查询方式，数据接收均采用中断方式。

2）协议制定

（1）上位机下发的命令帧/转换模块上传的数据帧格式如表 11-3 所示。

表 11-3　上位机下发的命令帧/转换模块上传的数据帧格式

帧　头	1 号模块命令		…	校　验	帧　尾
1B	3B	8B	…	8B	1B
0xFB	监控节点地址	下发命令/上传数据	…	CRC	0XFC

上位机下发命令采用不定长度格式，即检测到异常模块进行命令发布。转换模块上传数据采用固定长度格式，即包括每个报警节点信息。

☺ 模块地址：一级中继器地址+二级中继器地址+监控节点地址；

☺ 命令：报警命令、触发联动装置命令；

☺ 校验：采用 32 位 CRC 校验。

（2）各监控节点接收/发送帧格式：根据设计要求，本设计采用两种帧格式，数据帧格式和命令帧格式。数据帧用于报警节点传输节点状态信息。各模块节点实时采集温度、湿度、气体浓度等信息后，发送数据帧至总线上。命令帧用于报警节点接收由中继器转发的上位机控制命令、报警命令、触发联动装置命令，如表 11-4 所示。

表 11-4　命令帧格式

帧信息	ID.10	ID.9～ID.3	ID.2～ID.0+保留位	数据 1	数据 2
标准帧	00H（预留）	目标 ID	00H（命令字）	命令 1	命令 2

各节点发至中继器的数据帧中，数据字节长度为 8 字节：Data0～Data2 为温度信息；Data3～Data4 为湿度信息；Data5～Data7 为气体浓度信息，如表 11-5 所示。

表 11-5　数据帧格式

帧信息	ID.10	ID.9～ID.3	ID.2～ID.0+保留位	Data0～Data7
标准帧	00H（预留）	目标 ID	本报警节点 ID	温度、湿度、气体浓度信息

字符码制为：数字采用 Bin（二进制），字母采用 ASCII 码，以方便编程。

11.4.3　系统硬件设计

系统硬件设计主要包括分布式节点设计、转换模块设计、中继器模块设计等。下面就各个部分的主要电路进行简单介绍。

1. 分布式节点设计

各分布式节点由微控制器、CAN 通信模块、信息采集模块、报警模块、显示模块和看门狗电路组成。分布式节点安置在环境现场（各车间内），负责采集现场的温度、湿度、气体浓度等信息，周期性地通过 CAN 通信线路发送到 CAN 总线上，再由转换模块传至上位机。上位机实时进行现场监控，如有异常，各节点接收命令进行报警。图 11-7 所示为分布式节点硬件框图。

主控制器采用 AT89C52 单片机，这是一款增强型单片机，处理速度、内部资源、I/O 口等都进行了扩展，指令代码完全兼容传统 8052 单片机，更易于开发。

　　信号采集模块：通过苯传感器（MQ135）、温湿度传感器（SHT11）等采集现场气体浓度、湿度和温度。下面以温/湿度传感器测量为例进行介绍。

　　1）温/湿度测量模块　SHT11 是一种智能的多用途温/湿度传感器，它可以将温/湿度传感器、信号的调理、数字的变换、串行数字的通信接口、数字的校准全部集成到一个高度集成、较小体积的芯片当中，实现温/湿度传感器数字式输出、免调试、免标定、免外围电路的功能，从而便于系统集成，适配各种单片机构成相对温/湿度监测系统，极大地方便了温/湿度传感器在嵌入式测控领域中的应用，因而在数字温/湿度测控领域有着较好的应用前景。该传感器具有校准相对湿度及温度值的输出、露点值计算的输出功能，响应速度较快，抗干扰能力较强，电压范围较宽，有 100%的互换性，功耗低，同时还具有低电压的监测功能。微控制器与 SHT11 的连接如图 11-8 所示。

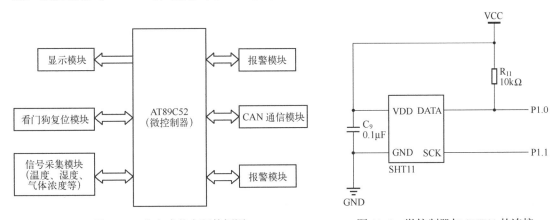

图 11-7　分布式节点硬件框图　　　　　　　图 11-8　微控制器与 SHT11 的连接

　　SHT11 通过两线串行接口电路与 AT89C52 微控制器连接。其中，串行输入线（SCK）用于 AT89C52 微控制器与 SHT11 之间的通信同步。而且由于 SHT11 接口包含了完全静态逻辑，所以不存在对最小 SCK 频率的限制，即微控制器与 SHT11 之间可以以任意低的速度进行通信。串行数据线 DATA 引脚是一个三态门的结构，可用于内部数据的输出和外部数据的输入。在 SCK 时钟下降沿之后 DATA 改变状态，并且仅在 SCK 时钟的上升沿后才有效，所以微控制器可以在 SCK 为高电平时读取数据。如果要向 SHT11 发送数据，则需要 DATA 的电平状态在 SCK 高电平时段保持稳定。为了防止信号的冲突，控制器仅在低电平时驱动 DATA。同时在 DATA、VDD 及 GND 分别接入一只 4.7kΩ 的上拉电阻和一只 0.1μF 的去耦电容。

　　2）温/湿度调节模块的设计　本设计需要进行温/湿度调节，即要有降温和干燥两种功能。本系统采用继电器来控制设备的启、停。继电器驱动电路如图 11-9 所示。

　　图 11-9 中继电器线圈的两端并联一个二极管 VD_4，用于吸收和释放继电器线圈断电时产生的反向电动势，来防止反向电动势击穿三极管 Q_5 及干扰其他电路。

　　3）气体浓度测量模块　本设计需要测量苯、甲醛等有毒气体的浓度信号，故采用 MQ135 苯、甲醛传感器。该传感器所使用的气敏材料是在清洁空气中电导率较低的二氧化锡（SnO_2）。当传感器所处环境中存在污染气体时，传感器的电导率随空气污染物浓度的增加而增大。使用简单的电路即可将电导率的变化转换为与该气体浓度相对应的输出信号，MQ135 与微控制器连接电路如图 11-10 所示。

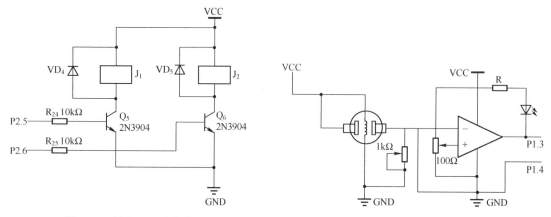

图 11-9 继电器驱动电路   图 11-10 MQ135 与微控制器连接电路

4）声光报警模块的设计 本系统由单片机对外界采集到的数据进行分析和处理，根据结果分析并判断，如果当前气体浓度和温/湿度超过预先设定的值，声光报警模块则进行声光报警。在用声音或灯光报警时，连续的声响或常亮的灯光往往不易引起人们的警觉，只有断续的声音和闪烁的灯光才能有最佳的报警效果。因此，本系统采用由 4 个 CD4011 组成的两极门振荡电路，以便用断续的声音和闪烁的灯光进行报警。

该报警电路由与非门 CD4011 构成两极门控振荡器。其中，U1A 和 U2A 组成低频振荡器，振荡频率为 $f_1=0.455/(R_{18}C_{10})\approx1\text{Hz}$，仅当 P2.7 端接高电平信号时电路才起振。U2A 的引脚 3 交替输出的高、低电平经过 Q_1，使发光二极管 VD1 闪烁发光，闪光周期也是 1s。U3A 和 U4A 组成音频振荡器，$f_2=0.455/(R_{23}C_{11})\approx1\text{kHz}$。仅当 U2A 的引脚 3 为高电平时，第二级振荡器才起振，通过达林顿管 Q_1、Q_2 驱动蜂鸣器 L 发出断续的"嘀、嘀"报警声。声光报警电路如图 11-11 所示。

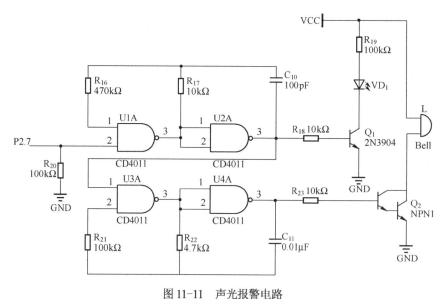

图 11-11 声光报警电路

5）CAN 通信模块 CAN 通信模块采用 SJA1000、6N137、82C250 等芯片，如图 11-12 所示。

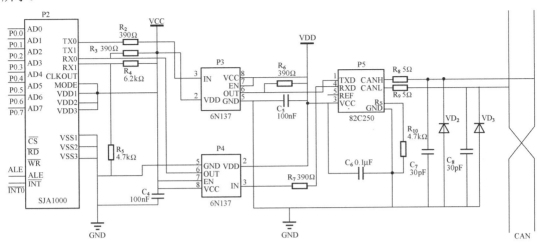

图 11-12　CAN 通信模块

为增加 CAN 总线节点的抗干扰能力，SJA1000 的 TX 和 RX 并不直接与 82C250 的 TXD 和 RXD 相连，而是通过高速光耦 6N137 后与 82C250 相连，这样就很好地实现了总线上各 CAN 节点间的电气隔离。

6N137 与 CAN 总线的接口部分也采用了一定的安全和抗干扰措施。82C250 的 CANH 和 CANL 引脚各自通过一个 5Ω 的电阻与 CAN 总线相连，电阻可起到一定的限流作用，保护 82C250 免受过流冲击。

CANH 和 CANL 与地之间并联了两个 30pF 的小电容，可起到滤除总线上的高频干扰和保持一定的防电磁辐射的能力。

另外，两根 CAN 总线输入端与地之间分别接了一个防雷击管，当两输入端与地之间出现瞬变干扰时，通过防雷击管的放电可起到一定的保护作用。

在设计节点电路时，还要注意下面几点。

☺ 光耦部分电路所采用的两个电源 VCC 和 VDD 必须完全隔离，否则光耦就失去了意义。

☺ 当设置比较旁路为无效时，引脚 RX1 必须接两个分压电阻，给 RX1 提供比较电压，否则就不能正常通信。

6）数码显示模块的设计 本设计需要测量并在上位机显示出温度、湿度、甲醛和苯的气体浓度，故选用 LCD1602 液晶显示，LCD1602 与单片机连接电路如图 11-13 所示。

7）看门狗电路 芯片采用美国 Xicor 公司生产的标准化 8 脚集成电路 X5045，它具有 3 种功能，即看门狗功能、电压管理及 EEPROM。X5045 电路如图 11-14 所示。

2. 转换模块设计

系统上位机采用 RS-485 的串行总线连接，与 CAN 总线的通信通过 CAN/RS-485 转换模块进行。该模块连接不同类型的通信网络，起着网桥的作用。RS-458 总线端使用内部具有光电耦合作用的差动收发器 MAX1480，在 MAX1480 内部还集成了一个变压器可为光电耦合两端提供隔离电源，所以使用起来非常方便。

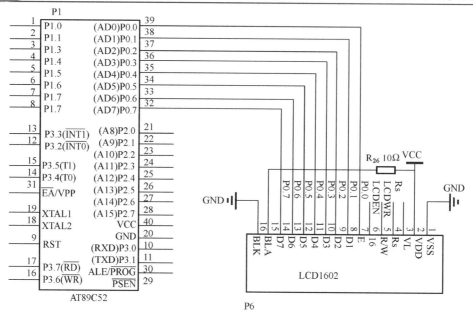

图 11-13　LCD1602 与单片机连接电路

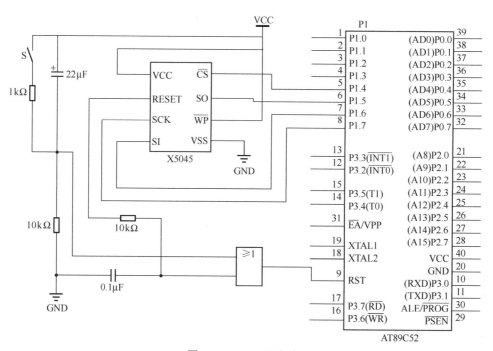

图 11-14　X5045 电路

转换模块结构框图如图 11-15 所示。

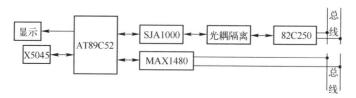

图 11-15　转换模块结构框图

3．中继器模块设计

CAN 中继器的主要任务是在两个 CAN 网段之间实现数据的转发。CAN 中继器扩大了 CAN 通信距离，增加了 CAN 节点数目。CAN 中继器模块包括微控制器电路、两路 CAN 通信模块、显示模块等，其结构框图如图 11-16 所示。

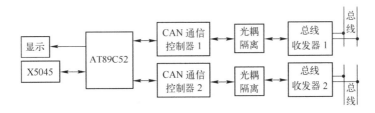

图 11-16　中继器模块结构框图

11.4.4　系统软件设计

系统软件设计包括上位机软件和硬件模块软件的设计。每一个功能程序模块都能完成某一明确的任务，实现具体的某个功能。采用模块化的程序设计方法具有下述优点。

☺ 单个模块结构的程序功能单一，因而易于编写、调试和修改。

☺ 便于分工，可由多个程序员同时进行编写、调试，加快软件研制进度。

☺ 程序可读性好，便于功能扩充和版本升级。

☺ 程序的修改可局部进行，而其他部分则可以相对保持不变。

☺ 使用频繁的子程序可以汇编成子程序库，以便于多个模块调用。

下面就系统软件设计进行介绍。

1．初始化模块设计

各硬件模块主程序中首先完成各种初始化操作。

1）单片机初始化

☺ 单片机堆栈初始化。

☺ 端口初始化：设置各端口的输入/输出状态，"0"表示输入，"1"表示输出；设置输出 I/O 端口为安全侧。

☺ 寄存器初始化：将各寄存器清零。

☺ 数据区初始化：刷新程序中所用到的数据区。

☺ 初始化串行通信口的控制寄存器，设为接收状态。

☺ 通信初始化完成的功能：设置波特率和 UART 通信参数，即 RX 完成中断使能、接收使能、发送使能。

☺ 其他中断源初始化：启动看门狗定时器、初始化外部中断、定时器中断等。

2）CAN 控制器 SJA1000 初始化配置　CAN 初始化程序即初始化 CAN 节点。根据协议，正确的 CAN 初始化可以充分利用 CAN 总线的优势，保证 CAN 通信正确可靠工作。对 CAN 节点初始化只有在复位模式下才能进行，初始化主要包括工作方式的设置、接收滤波方式的设置、接收屏蔽寄存器（AMR）的设置、接收代码寄存器（ACR）的设置、波特率参数设置和中断允许寄存器（IER）的设置等。在完成 CAN 控制器的初始化设置后，CAN 控制器就可以回到工作状态，执行正常的通信任务。初始化程序流程图如图 11-17 所示。

3）自检子模块　自检子模块每隔一定时间检查 MCU 内部程序是否运行正常。自检子模块程序流程图如图 11-18 所示。

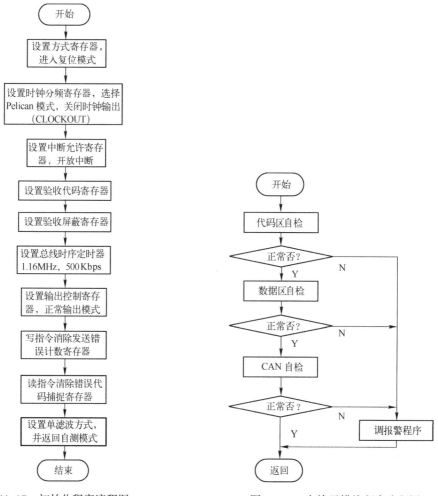

图 11-17　初始化程序流程图　　　　　　图 11-18　自检子模块程序流程图

（1）数据区自检子模块：测试数据区读、写是否正常。首先将待测数据区的原始数据取出保存，然后将测试数据写入该数据区，再取出该数据区中写入的测试数据，判断特定数据区写入、读出是否正确，最后恢复待测数据区中的原始数据。

（2）程序区自检子模块：检查程序区运行是否正常。用间接寻址方式取出程序代码的字节进行累加，然后与代码区校验数据进行比较，若一致，则正常；若不一致，则调用 MCU 报警信息设置子模块。

（3）CAN 控制器自检子模块：检查 CAN 控制器工作是否正常。首先读取总线关闭、错误状态、接收溢出等位。如果无错误，则退出该自检程序。如果有错误，则判断总线是否开启。若总线开启，则判断数据是否溢出，如果数据没有溢出，则退出该程序；如果数据溢出，则清除数据溢出，调用命令执行程序，释放接收缓冲区。若总线关闭，出现总线脱离，则调用 CAN 退出复位模式、进入工作模式程序，判断 CAN 是否工作正常，若正常，则退出该程序；若不正常，则调用 MCU 报警信息设置子程序。

2．报警节点软件设计

1）CAN 通信模块　CAN 通信模块包括 CAN 定时发送程序、CAN 中断接收程序。

（1）CAN 定时发送程序设计：系统规定各报警节点周期性上传数据，所以报警节点在定时中断中发送数据（现场信息），具体流程图如图 11-19 所示。发送之前应进行判断，是否正在接收、先前发送是否成功、发送缓冲器是否锁定等，以确保数据可靠发送。

　　程序设计中应尽量避免死循环，如果 CAN 节点在发送过程中出现故障，而使程序陷入死循环，则必须采取措施。可在发送判断过程中加入一些条件限制（如发送次数计数），或者启动看门狗复位。本系统设计时使用了看门狗。

（2）CAN 中断接收程序设计：进入中断后要进行是否有数据错误的判断，以防止干扰误中断。其具体流程图如图 11-20 所示。

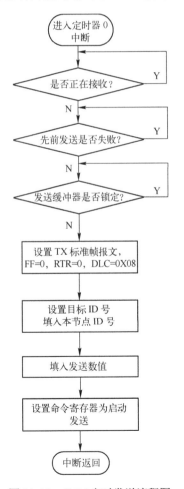

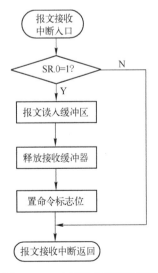

图 11-19　CAN 定时发送流程图　　　　图 11-20　中断接收程序流程图

2）现场信息采集模块设计   根据各传感器的工作方式，按照正确的时序进行读/写，实时采集现场信息。以温/湿度采集为例，其程序流程图如图 11-21 所示。

温/湿度采集每次都要先复位，再写命令读值。此程序已模块化，只需把它放在主循环中一直执行即可。各报警节点定时采集现场信息，并将数据上传。

3．CAN/RS-485 模块软件设计

CAN/RS-485 通信节点通过这部分程序接收从上位机串行接口发来的命令，并根据用户定义进行命令处理，采用中断方式接收计算机信息。

另一方面，该部分软件还负责将经过 CAN/RS-485 通信节点处理后的现场状态传送给上位机，实现整个模块的监控。CAN 通信节点采用查询方式实现数据发送。

1）串行通信模块   串行通信数据的发送采用查询方式，每个周期把从各个现场模块采集并打包的数据发送给联锁机；串行通信数据接收采用中断形式，中断接收程序流程图如图 11-22 所示。在接收完成后，若发生传输错位或校验码错误，则这一包数据作废，并向上位机发出接收错误信息。

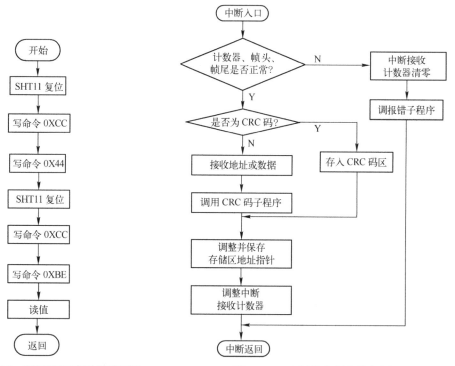

图 11-21   现场温/湿度采集流程图   图 11-22   中断接收程序流程图

2）数据处理子模块   数据处理子模块完成以下两部分功能。

☺ **计算机命令处理：** 转换模块将从计算机接收到的命令根据用户协议进行分解、存储，等待下发到 CAN 总线上。

☺ **CAN 数据处理：** 转换模块将从 CAN 总线接收到的报文根据用户协议进行打包、存储，等待上传给上位机。

在与上位机通信时，数据量大，为了保证通信的可靠性，要采用有效的校验方式。随

着技术的不断进步，各种数据通信的应用越来越广泛。由于传输距离、现场状况、干扰等诸多因素的影响，设备之间的通信数据常会发生一些无法预测的错误。为了降低错误带来的影响，一般在通信时采用数据校验的办法，而循环冗余码校验是常用的重要校验方法之一。CRC 计算可以靠专用的硬件来实现，但是对于低成本的微控制器系统，在没有硬件支持下要实现 CRC 检验，可以通过软件来完成 CRC 计算。

CRC-32 出错的概率比 CRC-16 低 10^{-5} 倍。由于 CRC-32 的可靠性，其用于重要数据传输十分合适。在上位机与转换模块的通信中，根据 CRC 校验原理及算法，设计了 CRC-32 查表法校验子程序，以提高通信的可靠性。图 11-23 所示为 32 位 CRC 校验查表法流程图。

另一方面，对于 CAN 总线而言，CAN 的每帧信息都采用 CRC 校验及其他检错措施，具有良好的检错效果。所以，整个通信系统的数据通信可靠性有了很大的保证。

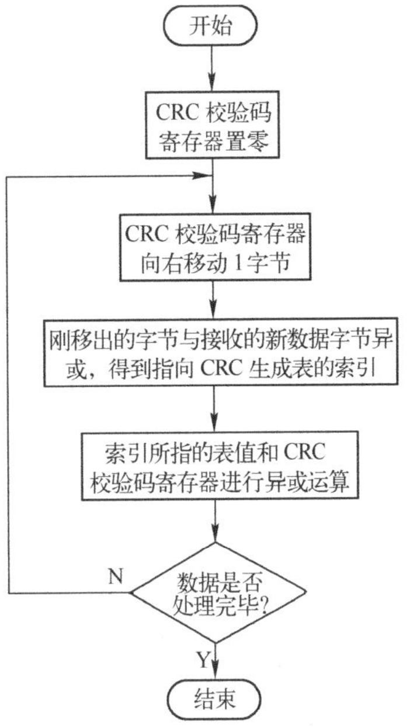

图 11-23　32 位 CRC 校验查表法流程图

4. 中继器模块软件设计

中继器模块软件负责将转换模块的数据（命令）下发给各报警节点，并将各报警节点数据（现场信息）上传给转换模块。如前所述，此处 CAN 通信采用扩展数据帧。在 CPU 中开辟两处固定长度存储区 REBUFF1、REBUFF2，依次存放各报警节点的信息和各节点的命令，存储区数据分别对应于 CAN1 接收中断、CAN2 接收中断所接收的数据。数据区实时刷新，即只要接到数据就刷新存储区。模块定时将报警节点信息组帧发送至转换模块，只要收到上位机命令就组帧转发给各报警模块。

CAN 通信采用中断方式接收、查询方式发送。具体流程与前述相似，不再赘述。

5. 上位机软件设计

上位机软件要完成监控界面、数据判断处理、命令发布、数据库存储更新等任务。上位机一般采用工控机或可靠性较好的计算机。

本设计可采用 VB+Assecc 作为上位机软件。

上位机软件部分分为 VB 人机界面部分和后台数据库部分。

为了保证数据处理的实时性，CAN 各节点只负责数据的采集，对数据的处理和报警则由上位机来完成，上位机可根据当前要求对报警上、下限进行设置。当有报警发生时，发出报警命令以通知本地监控人员。当报警处理后，可发送相应的报警解除命令以恢复正常工作状态。上位机依次轮流对各节点的数据进行采集，当在若干个周期内不能采集到某些节点的数据时，将认为和该节点的通信发生中断，从而引发通信链路故障报警。

上位机人机界面可分为主界面窗口（frmMain.vb）、火灾信息查询窗口（frmAlarmInfo.vb）。主界面窗口中主要有串口控件（MSComm）、数据库连接控件（Adodc）、按键（Command）等。

火灾信息查询窗口中主要有 DataGrid 控件，用来显示数据信息。每个控件有相应的事件，在事件中编写相应的处理程序。在本设计中，创建标准模块和类模块。标准模块中的程序可在不同的应用程序中重用，故其中设置有常量模块（Const.bas）、变量模块（Variable.bas）、通用函数模块（GeneralFunc.bas）、数据库函数模块（DbFunc.bas）；可在类模块中编写代码建立新对象。

在数据库设计时，创建"TIME"、"ID"、"TEMP"、"HUMI"及"GAS"5 个字段，分别用来存储火灾时间、节点 ID、温度值、湿度值、气体浓度值。

1）主操作模块功能　主操作模块能够将实时的温度信息形象化地显示在计算机屏幕上。

☺ 能够调用和协调其他模块工作。

☺ 提供方便简洁的人机交互界面。

2）串口设置模块功能

☺ 能够由运行员控制串口通信的参数，包括波特率、校验位、数据位和停止位。

☺ 能够设置报警的温度上限值。

3）串口通信模块功能

☺ 温度节点信息接收子模块：能够将温度节点的信息解包获得温度信息。

☺ 温度节点控制子模块：能够将传送来的节点温度值和所设置的温度上限值进行比较，然后自动向相应的节点发送命令；能够向指定节点发送或解除报警命令。

4）数据分析模块功能

☺ 能够根据接收到的节点信息判断是否发送报警命令、联动命令或解除报警。

☺ 当某节点信息变化超过所设置的上限值时，则通过串口通信模块向该节点发送报警命令；当某节点信息下降到上限值以下时，则通过串口通信模块向该节点发送解除报警命令。

5）数据保存模块功能

☺ 将接收到的节点温度数据保存到数据库。

☺ 能够将保存的历史信息随时显示给运行员。

11.4.5　系统抗干扰措施

一个完整的系统设计，抗干扰措施是必不可少的。抗干扰设计的基本原则是：抑制干扰源，切断干扰传播路径，提高敏感器件的抗干扰性能。硬件抗干扰技术是设计系统时重要的抗干扰措施，它能有效抑制干扰源，阻断干扰传输通道，提高系统的可靠性和安全性。在设计中主要采取以下抗干扰措施。

1．电源抗干扰设计

电源中的干扰主要有高频干扰、感性负载产生的瞬变噪声、电网电压的短时间下降干扰、拉闸形成的高频干扰。针对电源干扰的特性，选择如下方式提高抗干扰能力。

1）采用瞬态电压抑制器（Transient Voltage Suppression，TVS）　它是一种二极管形式的高效能保护器件。当 TVS 二极管的两极受到反向瞬态高能量冲击时，它能以 10^{-12}s 量级的速度将其两极间的高阻态变为低阻抗，吸收高达数千瓦的浪涌功率，使两极间的电压处于一个预定值，有效地保护电子线路中的精密元器件，使其免受各种浪涌脉冲的损坏。设计中将 TVS 加在信号线与地线间，避免数据及控制总线受到不必要的噪声影响。

2）**充分考虑电源对系统的影响**　采用滤波电容。即在电源的进入处并联一个大容量的（>1000μF）电解电容和高频电容（0.1μF）。电解电容抑制低频波动，而来自电源侧的高频干扰由高频电容抑制。这里高频电容必不可少，是由于电解电容在高频下工作存在不可忽视的电感特性，因此高频干扰不能滤除掉。电解电容也改善了纹波。高频电容可以改善负载端的瞬态响应，抑制瞬变噪声干扰。

2．CAN 通信链路抗干扰设计

1）**光电隔离**　设计中，CAN 链路中两个 SJA1000 的 TX 和 RX 通过高速光耦 6N137 后与 82C250 相连，如此可实现总线上各 CAN 节点间的电气隔离。光耦两端电路所采用的两个电源必须完全隔离。光耦 6N137 输入端配置发光源，输出端配置受光器，因而在电气上输入/输出是完全隔离的。光耦合器的主要优点是单向传输信号，输入端与输出端完全实现了电气隔离，抗干扰能力强，使用寿命长，传输效率高。由于光电耦合器的输入阻抗与一般干扰源的阻抗相比较小，因此分压在光电耦合器的输入端的干扰电压较小，它所能提供的电流并不大，不易使半导体二极管发光；光电耦合器的外壳是密封的，它不受外部光的影响；光电耦合器的隔离电阻很大（约 1012Ω）、隔离电容很小（约几皮法），所以能阻止电路性耦合产生的电磁干扰。光耦合器是电流驱动型，需要足够大的电流才能使 LED 导通，如果输入信号太小，LED 不会导通，其输出信号将失真。在开关电源，尤其是数字开关电源中，利用线性光耦合器可构成光耦反馈电路，通过调节控制端电流来改变占空比，达到精密稳压的目的。

2）**CAN 物理链路电路抗干扰设计**　充分考虑总线抗干扰性能，设计中采用了总线驱动器 82C250，它本身电磁辐射极低、电磁抗干扰极高。CAN 物理链路采用双绞线，双绞线不仅具有较低的成本，而且具有较好的抗干扰性能。根据 ISO11898 中定义的线性拓扑结构，总线两端都接一个不低于 120Ω 的额定电阻，终端电阻和电缆阻抗的紧密匹配确保了数据信号不会在总线的两端反射。设计中采用总线分离终端方法，有效减少线路辐射，提高抗干扰能力。

3．软件抗干扰措施

监控系统对计算机运行的可靠性与安全性有很高的要求。串入微机测控系统的干扰，其频谱往往很宽，且具有随机性，在提高硬件系统抗干扰能力的同时，软件抗干扰以其设计灵活、节省硬件资源、可靠性好的优点越来越受到重视。

设计中主要针对程序运行混乱时使程序重入正轨而采取了一些方法。

1）**指令冗余**　CPU 取指令过程是先取操作码，再取操作数。当 PC 受干扰出现错误时，程序便脱离正常轨道"乱飞"，当乱飞到某双字节指令时，若取指令时刻落在操作数上，则误将操作数当作操作码，程序将出错；若乱飞到三字节指令上，则出错概率更大。

在关键地方人为插入一些单字节指令，或将有效单字节指令重写，称为指令冗余。通常是在双字节指令和三字节指令后插入两字节以上的 NOP。这样即使程序乱飞到操作数上，由于空操作指令 NOP 的存在，也可避免后面的指令被当作操作数执行，程序自动纳入正轨。

2）**拦截技术**　所谓拦截，是指将乱飞的程序引向指定位置，再进行出错处理。通常用软件陷阱来拦截乱飞的程序。因此，首先要合理设计陷阱，其次要将陷阱安排在适当的位置。软件陷阱就是一条引导指令，强行将捕获的程序引向一个指定的地址，在那里有一段专门对程序出错进行处理的程序。软件陷阱一般安排在未使用的中断向量区，以及未使用的大片 ROM 空间、表格、程序区。

3）"看门狗"技术 若失控的程序进入"死循环"，通常采用"看门狗"技术使程序脱离"死循环"。正常情况下，看门狗在系统加电时提供单片机复位信号，而程序执行中，单片机必须每隔不超过某个时间，给看门狗提供一个脉冲信号。如果看门狗在一定的时间内没有接收到这个脉冲信号，它就认为单片机的程序已经跑飞，会立即给单片机提供复位信号，迫使系统复位。

4）设置自检程序 在程序设计的特定部位如某些内存单元设置状态标志，在运行中不断循环测试，以保证系统中信息存储、传输、运算的高可靠性。

由于单片机和 CAN 总线技术的日益发展和完善，二者构成监控系统，可以很方便地应用于各种场合，获得广阔的发展空间。本例所设计的监控系统可以在较低成本的条件下实现对化工厂各车间的监控。此设计还可以应用在智能楼宇、学校实验楼、工业现场等场合。

总结

CAN 总线是一种有效的分布式控制或实时控制的串行通信网络。由于 CAN 总线连线简单，可扩展性极强，因此具有很高的性价比；其卓越的特性和极高的可靠性，也非常适合过程监控设备的互联。

本章首先简单介绍了现场总线控制系统的常规设计方法，然后以一种基于 CAN 总线的化工生产车间安全报警系统的设计为例，较详细地从系统的设计总体思路、网络参数的配置方法、系统各部分的硬件设计和软件设计等方面进行了介绍。

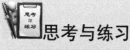

思考与练习

（1）结合工程实例简述 FCS 的工程设计要遵循的原则。

（2）一个现场总线的工程设计一般可分为几个步骤？

（3）在系统网络配置时，监控报警节点的选择原则是什么？若干线参数配置如表 11-6 所示，则可以完成多少个监控报警节点的设置？

表 11-6　干线参数配置

ID.28～ID.21	ID.20～ID.18	ID.17～ID.12	ID.11～ID.6	ID.5～ID.0
命令/状态字	上位机 （可扩展）	一级中继器 （可扩展）	二级中继器 （预留）	监控报警节点

（4）本章的实例中硬件电路由哪些部分组成？每部分的作用是什么？

（5）在本章的实例中都采用了哪些抗干扰措施？

附录 A　新一代 DCS 的体系结构和技术特点

自 20 世纪 80 年代末 Foxboro 公司推出 I/A Series 系统以来，20 世纪 90 年代是各 DCS 厂家积极发展的阶段。虽然各厂家纷纷采用各种新技术，引入一些新的概念，例如，Honeywell 公司曾推出 GUS、TPS 及 PlantScape 等不同的系统，但是整个 DCS 领域并没有形成明显的新的体系特征。而进入 20 世纪 90 年代末，特别是进入 21 世纪以来，几个具有代表性的 DCS 公司纷纷推出了成熟的新一代系统，如 Honeywell 公司最新推出的 Experion PKS（过程知识系统）；Emerson 公司推出的 PlantWeb（Emerson、Process Management）；Foxboro 公司推出的 A^2；横河公司推出的 CS3000-K3（PRM 工厂资源管理系统）；ABB 公司推出的 Industrial 系统等。这些系统不仅具有鲜明的时代特征，而且功能和实现的方式也趋同。所以，如果把当年 Foxboro 公司的 I/A Series 系统看作第二代 DCS 的里程碑，则以上几家公司的最新 DCS 可以划分为新一代 DCS。它们的最主要标志是两个以 "I" 开头的单词：Information（信息化）和 Integration（集成化）。因此，与其说新一代 DCS 是一套综合的控制系统，不如说它是一套集成化的综合信息系统。笔者试着归纳了新一代 DCS 的主要特征：信息化与集成化；混合控制系统；包容 FSC 进一步分散化；I/O 处理单元小型化、智能化、低版本；平台的开放性与应用的专业化。

A.1　促进新一代 DCS 形成的原因

1. 用户需求的拉动

经济全球化和国际分工变化使得竞争加剧，用户对企业的效益和效率要求进一步提高：质量可靠，生产效率极限运行，由少品种大规模生产方式向个性化方式转变，国际范围内的技术市场细分变化，专业化水平提高，厂家与客户及供应商甚至与竞争对手的关系都发生了变化，人与装置和控制系统之间的关系变为紧密的配合关系等。自动化系统的目标变为：用户不再满足于装置自动化水平的提高，而是把整个工厂（Plant）甚至整个企业集团作为一个可控、健康的有机体来运行，要求自动化系统像动物的神经系统一样，具备系统性、全面性、实时性和准确性。

2. 相关技术的成熟发展

计算机技术、微电子及管理信息技术的高速发展为新一代 DCS 的形成提供了技术条件。

☺ 通信技术的高速发展使整个工厂的信息实时准确地交换变为现实。

☺ 各种管理信息系统的发展为 DCS 实现管理功能提供了技术基础。

☺ 现场总线技术与产品的成熟促进了 DCS 的集成化。

☺ 处理器技术与现代电路安装工艺的发展促进了 DCS 控制单元的小型化。

☺ HMI 软件的商品化促进了 DCS 软件的趋同。

☺ PLC 技术的发展与功能丰富激励了 DCS 的功能拓展。

A.2　新一代 DCS 的体系结构

关于企业自动化系统的体系结构已经讨论了很多年，20 世纪 70 年代末和 80 年代，人们比较推崇多层结构，特别是以 CIMS 体系结构为代表的多层结构（从底层到高层依次为过程层、控制层、监控层、调度层及决策层）。按照系统的实现结构，也可以把企业的综合自动化与管理系统划分为如图 A-1 所示的七层结构。

图 A-1　按控制与管理实现分层

随着计算机系统、网络技术的发展与企业管理科学（扁平化少层次结构）的进步，企业综合自动化的层次也趋于简捷和明朗。根据功能可以简单地把整个企业集团的综合自动化与管理功能划分为四层结构：现场仪表和执行机构层、装量控制层、工厂监控与管理层、企业经营管理层。其各部分的组成与功能如图 A-2 所示。其中，图 A-2 右侧为各种操作的周期时间。

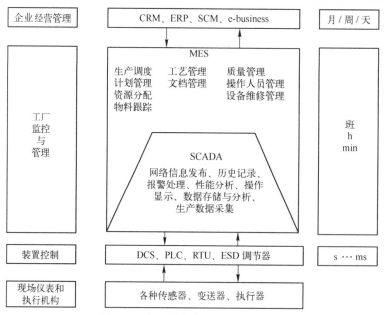

图 A-2　企业综合自动化与管理结构

1. 现场仪表和执行机构层

现场仪表和执行机构层的主要工作是把现场的各种物理信号（如温度、压力、流量及位移等）转换为电信号或数字信号，并进行一些必要的处理（滤波、简单诊断等）；或者把各种控制输出信号转换为物理变量（如阀位、位移等）。到目前为止，该层的主要功能没有根本的变化。该层与装置控制层的主要接口仍然是 4~20mA（模拟量），或电平信号（开关量）。不过随着现场总线技术的普及和现场总线智能仪器仪表的成熟及成本的大幅降低，将来应用现场总线通信的各种智能仪表和执行机构会越来越流行。随着综合自动化的发展，各种控制电动机特别是集成控制和驱动于一体的电动机设备也归为这一类。

2. 装置控制层

DCS 的发展使控制功能按装置和设备进行分布式设计与安装变得很容易，能够较为独立地完成该装置或设备的实时控制任务，然后通过网络将不同的设备或装置的控制子系统连接起来共同完成复杂的控制功能。装置控制按性质不同可以分为连续控制（Continuous Control 或 Process）、离散控制（Discrete Control）、混合控制（Hybrid Control）或批处理控制（Batch Control）。过去，连续控制和离散控制的界限比较分明。例如，大部分的流程工业（如电力、石化、造纸及部分冶炼等）主要以连续控制为主。而大部分的机械加工过程的生产（如汽车制造、电子加工及机械制造等）则以离散控制为主。过程控制主要通过调节控制实现对物料和能源流量的控制，即设定目标物理量值，然后控制系统通过连续地采集实际的物理输出或其他中间变量，计算所需要的控制输出变量值，达到实际物理量输出与目标输出一致的结果。一般连续控制可分为开环控制和闭环控制。闭环控制又可分为简单的单回路调节控制和复杂的多回路调节控制等。常规的连续过程控制主要通过 DCS 或多回路调节器来实现。离散过程主要处理物件的加工、位移和装配。例如，数控加工中心、打包设备、瓶装设备及机械加工等。离散控制系统则根据时间或事件条件发出相应的命令，从而完成从一种状态到目标状态的转变。传统的离散控制主要通过 PLC 或继电器回路来实现。近年来，随着企业综合自动化要求的提高和控制系统的发展，连续过程和离散过程的界限越来越模糊。大部分的连续生产中存在离散控制。例如，在发电厂，锅炉和汽轮机的连续调节是典型的连续控制，而输煤过程、炉膛安全监测过程等又是典型的离散控制。再例如，在化工厂和制药厂，化工反应过程一般为连续过程，而化工成品和药品的打包与瓶装则是典型的离散过程。根据不同的产品或生产条件的要求，进行不同的生产配方和流程的切换，需要在逻辑控制回路中包含调节控制功能，即批量控制。此外，在现代工厂中，除了上述三种主要的控制系统外，有很多过去不纳入控制系统的设备或过程也开始纳入控制系统，如工厂的能源监测（包括工厂变电站、蒸汽站和管道及水处理等）。仓库和货场等装置控制层除应用通用的 DCS、PLC、RTU 及多回路调节器实现自动控制之外，将控制器和装置设备集成在一起的专用嵌入式控制器也会越来越普及。

随着先进控制理论和实践的发展，许多先进的控制算法和技术在控制层得到应用，如多变量预测控制、APC 技术及一些模糊控制算法等。先进控制的应用使得装置的能力、控制品质都得到提高。

生产装置的安全运行是生产过程得以完成的必要条件，现代工业的大型装置往往占据企业投资的大部分。所以，大型装置（特别是高温高压装置，如反应器、压力容器等，以及大型转动装置，如发电机、压缩机等）的运行保护，如大型连续装置的事故紧急停车系统，也是装置控制层的主要自动化设备。

3. 工厂监控与管理层

早期的五层企业模型把企业的经营决策、企业管理、生产调度、过程监控与过程控制强行分开。但是，在现实的工厂自动化实施过程中，很难把各种功能严格分开。特别是新一代 DCS 已经实现五层功能中的大部分功能。1990 年，美国 AMR（Advanced Manufacturing Research）提出的制造行业的二层结构（ERP/MES/PCS），较好地解释了当代综合自动化系统的体系结构。

MES 汇集了车间中用以管理和优化从下订单到生产成品的生产活动全过程的相关硬件或软件组件，它控制和利用实时准确的制造信息，指导、传授、响应并报告车间发生的各项活动，同时向企业决策支持过程提供有关生产活动的任务评价信息。MES 包括车间的资源分配、过程管理、质量控制、维护管理、数据采集、性能分析及物料管理等功能模块。由MESA 给出的 MES 模型如图 A-3 所示，其主要功能简要介绍如下。

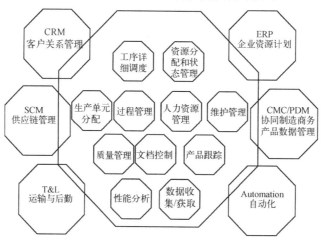

图 A-3   由 MESA 给出的 MES 模型

☺ 资源分配和状态管理（Resource Allocation and Status Management）：管理机器、工具、劳工技能、材料、设备和其他实体，使其在操作前按顺序进行，同时提供资源的具体历史信息，保证设备正确安装并提供实时状态。

☺ 生产单元分配（Dispatching Production Units）：管理以工件、订单、批量及时序等为形式的生产单元流程，提供派遣信息，可以改变预先的调度方案和通过缓冲区管理来控制加工数量。

☺ 文档控制（Document Control）：控制与生产单元相关的记录，具有编辑和指令下达等功能。

☺ 数据收集/获取（Data Collection/Acquisition）：提供获取内部数据的接口，构成相应的表格和记录，数据的收集可以采用自动或手动方式。

☺ 人力资源管理（Labor Management）：提供职员有关状态，并与资源配置关联来决定最优分配。在现代生产过程中，人和设备越来越成为有机的配合整体。

☺ 质量管理（Quality Management）：提供度量的实时分析，来保证产品质量控制并鉴定，还包括 SPC/SQC 的跟踪和离线检查操作的管理等。

☺ 维护管理（Maintenance Management）：跟踪和指导设备与工具维护的活动来保证生产和调度的进程，也提供紧急问题的反应（如报警），并维护历史信息来支持问题的诊断。

☺ 产品跟踪（Product Tracking）：提供工作的可见度和相关的状态信息，在线跟踪功能可产生历史记录。

☺ 性能分析（Performance Analysis）：通过分析不同功能的汇总信息，提供实际生产操作与历史记录和期望结果的报告。

实际上，上述的 MES 功能主要由工厂管理和工厂 SCADA（监控）两部分组成。其中，生产调度、计划管理、资源分配、物料跟踪、工艺管理、文档管理、质量控制、设备管理及人力资源管理等为主要管理功能，而数据采集、数据的存储和分析、性能分析、操作集中显示、历史记录的产生与报表、各种报警处理及网络信息发送（Web 浏览）等则为 SCADS 的主要功能。新一代 DCS 在实现上述功能时，一般也有所侧重。例如，几乎所有的新一代 DCS 都完全实现了 SCADA 功能，而工厂管理功能则由平台提供，或通过集成第三方软件的方式来实现。

4．企业经营管理层

企业经营管理层注重企业整体经营计划的制订与实施，现在有很多系统支持该功能，如企业资源计划（ERP）、供应链管理（SCM）、客户关系管理（CRM）及电子商务管理等。一般来说，新一代 DCS 主要采用提供开放的数据库接口方式来支持 DCS 与第三方的 ERP、SCM 等软件的集成。

A.3　新一代 DCS 的主要功能和技术特征

1．新一代 DCS 的典型代表

如前所述，用户需求的提高和各种相关技术的高速发展促进了 DCS 技术的趋同发展，此外，传统 PLC 制造厂家如 Rockwell、Siemens 等也纷纷推出综合过程控制系统。所以，很难比较各 DCS 厂家的优劣。同时，选出几家 DCS 来代表新一代系统也很困难。因篇幅所限，不可能把所有的 DCS 全部介绍一遍。因此，这里选出几家国外最有代表性的系统和一个国产系统来说明问题。特别值得声明的是，近几年来国产 DCS 在很多领域得到快速的发展。例如，以和利时、浙大中控、上海新华为代表的国内 DCS 厂家经过十年的努力，各自推出自己的 DCS 系统，和利时推出 HOLLiAS 新一代 DCS 系统，浙大中控推出 WebField（ECS）系统，上海新华推出 XDPF-400 系统。

1）Honeywell 公司的 Experion PKS 系统　Honeywell 公司在积累三代 DCS（TDC2000、TDC3000 和 PlantScape）系统的基础上采用世界先进技术，推出第四代 DCS 的 Experion PKS 系统，其结构如图 A-4 所示。该系统拥有 HMI Web Technology 自主知识产权的开放 HMI 平台技术、先进的报警监控环境、混合控制、一站式组态系统、仿真环境、灵活的模块配置、网络应用编程接口（API）、基于服务器的 API（C/C++、FORTRAN、VB）等主要特征。

2）Foxboro 公司的 A² 系统　在推出 I/A Series 系统并成功应用 15 年后，Foxboro 公司基于 Invensys（Foxboro 的母公司）的 ArchestrA 软件平台，结合 Foxboro 公司原来的产品 Invensys、其他产品及第三方公司的自动化或管理软件产品，推出其标准系统 I/A Series A² 系统。

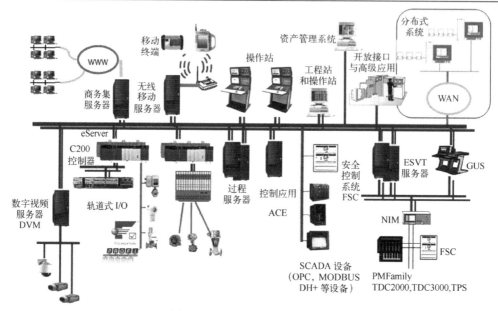

图 A-4　Experion PKS 系统结构

I/A Series A^2 系统支持典型的三种不同规模结构，小型单元控制系统、工厂控制系统和企业自动化系统。典型的 I/A Series A^2 系统结构如图 A-5 所示。

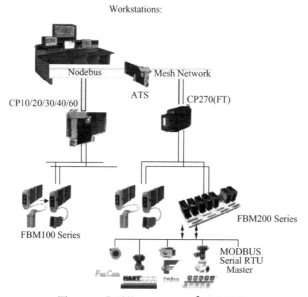

图 A-5　典型的 I/A Series A^2 系统结构

（1）小型控制装置用于小型单元装置，如反应器、混合器及炉膛等。该系统有集成显示的多功能控制器，具有先进的批处理和配方处理、满足 21CFR PartII 要求、先进的顺序和连续控制、多回路给定编程、综合报警和事件数据记录等主要特点。

（2）车间与工厂级控制系统应用于各种车间或工厂的控制，如冶金、玻璃、化工及制药等，是一种规模灵活的系统结构。它具备配置规模灵活、可以随业务规模设计、先进的连续与顺序控制功能、满足 21CFR PartII 要求、先进的报警和事件处理记录、强大的通信功能、丰富的显示功能等特点。

（3）公司级配置支持全企业的综合自动化与管理功能，支持与公司业务系统的信息交换，信息管理器存储全部时间的全部数据，采用灵活、可靠的批处理管理器，通过跟踪管理器支持全功能 MES，ArchestrA 支持 Invensys、其他企业和第三方企业推出的软件等。

3）ABB 公司的 Industrial 系统　基于 Aspect Object 技术，ABB 公司隆重推出 Industrial 系统。该系统提出了"广义自动化"的概念，这个概念是从传统自动化概念发展而来的。在传统的自动化概念中，系统的主要作用是优化生产过程的控制，追求产品的产量、质量并控制生产成本。随着市场竞争的不断加剧及经济全球化的发展，传统自动化系统已无法满足要求，企业除了要达到生产过程的优化控制外，还要具有产品的多样性、产品的客户化定制能力及更快的产品转换速度。另外，企业还必须充分利用自己的资产，最大限度地挖掘现有设备的潜力，保证生产设备及各种配套设施长期健康运行，以显著降低工厂的总成本，提高生产的安全水平，并高质量、高效率地运行。这实际上是将控制与管理紧密地结合起来了。

Industrial^{IT} 的系统体系结构如图 A-6 所示。ABB 公司的 Industrial^{IT} 系统 System 800xA 以 Aspect Integrator Platform 为平台，将工厂所有的数据（即 Aspect）与特定的资产（即 Object）关联在一起，形成了一致的、便于观察的、可以全厂共享的信息或知识。System 800xA 还通过系统的 IT 组件构成全集成的综合自动化控制管理系统，这些以 IT 为标记的组件涵盖了从基础自动化到业务流程、从工厂设计到运行维护，以及从基础管理到生产监控的各个方面，其数量多达 26 种。通过对这些组件实施不同的搭配，可以提供各种功能，如测量、控制、优化、过程分析、资产管理、批控制、生产物料平衡、产品管理等。

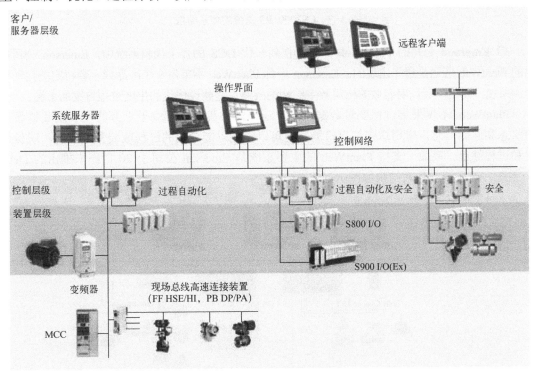

图 A-6　Industrial^{IT} 的系统体系结构

4）横河公司的 CS3000-R3 系统　日本的横河公司在应用 Yawpark、Centum-Xl 和 Centum-Cs 的基础上，最近推出新一代先进的集成化 DCS CS3000-R3 系统。CS3000-R3 系统不仅继承了以往系统的高可靠性和方便性，而且采用硬件集成和部分软件集成方式，使系统的功能大大增强。该系统覆盖了从现场总线到公司管理全企业自动化与管理功能。
CS3000-R3 系统的体系结构如图 A-7 所示。

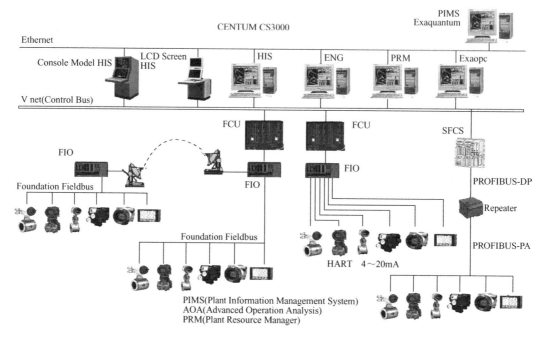

图 A-7　CS3000-R3 系统的体系结构

5）Emerson 公司的 PlantWeb 系统　在新一代 DCS 的几个代表系统中，Emerson 公司推出的 PlantWeb 应当是最先出现的。Emerson 声称 PlantWeb 不单是一个产品或一套特定的自动化控制系统，而是一套证明有效的构筑数字结构的战略，是建设优化的生产过程方案的蓝图。

PlantWeb 不仅采集过程变量数据，而且还访问并集成全厂成千上万的仪表及其他设备的状态和性能信息，应用这些信息检测甚至可以预测可能导致的过程或装置的问题，确保装置和过程健康、高效。支持 PlantWeb 的主要系统是 Emerson 公司于 20 世纪末推出的 Delta V 系统，该系统的体系结构如图 A-8 所示。

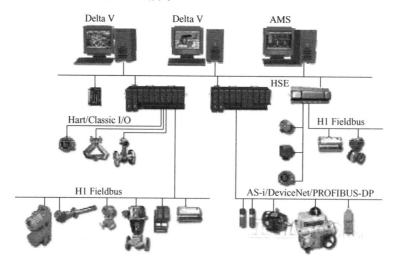

图 A-8　Delta V 系统的体系结构

Delta V 几乎可以应用于任何规模的控制系统。Emerson 声称它可以应用的范围从 8 个 I/O 点到 30 000 个 I/O 点。应用的领域主要有制药、生物、石油、天然气、化工、纸浆和造纸、食品和饮料及金属和矿山等。Delta V 支持多种现场总线，如 FOUNDATION Fieldbus、AS-I Bus、PROFIBUS-DP、DeviceNet 等。

AMSinside Delta V 预测维修软件支持所有的设备诊断，可以避免非计划停车。

Delta V 系统兼容了 OLE（过程 OPC）、XML、ODBC 等开放的互联标准，并支持历史记录软件 OSI，所以，用户可以非常容易地将控制系统同企业经营管理系统（如 SAP R/3）相连，也可以支持如无线电话、寻呼机及 PDA 等设备通信。

Delta V 支持批处理功能，通过 Delta V Batch，用户可以很容易地实现 FDA 的 CFR Part II 规定。

2. 新一代 DCS 的信息化

如前所述，经济全球化和专业化分工，特别是发展中国家制造业的崛起，加剧了世界加工业的竞争。制造企业的目标是产品高质量、制造低成本、生产低库存甚至零库存，以及工厂可以快速反应满足不同客户的各种需求。而网络技术和信息技术的发展拓宽了用户的眼界，他们已经不再满足于通过装置的控制来提高效率，而是时刻关注市场和用户的需求信息、竞争对手的状态信息、原材料供应商的信息和能源及环保要求等外部信息，结合最全面、准确、实时的内部信息来综合调整整个企业的生产过程，达到整体最优的目的。

新一代 DCS 正是在这样的背景下推出的。它们提供的信息平台可以集成全公司、全过程的信息。纵向说，可以从底层的信号直接采集，到各种装置的各种物理量信息，到车间和工厂的综合分析、质量监控及计划调试等管理信息，到企业集团的企业资源计划、战略规划及各种电子商务信息。横向说，可以从原材料的计划采购，到进厂检验与库存，到主装置的各种关键物理量监测与控制信息，到安全保护系统和紧急停车系统，到辅助设备的信息，到半成品的各种状态信息，到成品的质量监测信息和存储信息，到产品的销售，最后到客户关系管理信息等。按内容来说，包括各种生产物流在全过程的状态信息、各种能源（水、电力、蒸汽等）消耗和成本消息与各种设备的状态诊断和检修信息。新一代 DCS 基本上实现了全厂实时控制、SCADA 监控和 MES 的绝大部分功能，可以提供开放的接口保证第三方的 ERP、CRM、SCM 等功能的集成。

3. 新一代 DCS 的集成化

DCS 的集成化体现在两个方面：功能的集成（如上所述）和产品的集成。过去的 DCS 厂商基本上是以自主开发为主，提供的系统也是自己的系统。当今的 DCS 厂商更强调系统的集成性和方案能力，DCS 中除保留传统 DCS 所实现的过程控制功能之外，还集成了 PLC、RTU、FCS、各种多回路调节器、各种智能采集或控制单元等。此外，各 DCS 厂商不再把开发组态软件或制造各种硬件单元视为核心技术，而是纷纷把 DCS 的各个组成部分采用第三方集成方式或 OEM 方式集成。例如，多数 DCS 厂商自己不再开发组态软件平台，而转入采用其兄弟公司（Foxboro 以 Wonderware 软件为基础）的通用组态软件平台，或其他公司提供的软件平台（Emerson 以 Intellution 软件平台为基础）。此外，许多 DCS 厂商甚至连 I/O 组件也采用 OEM 方式，Foxboro 采用 Eurothem 的 I/O 模块，横河的 CS3000-R3 采用富士电机的 Processio 作为 I/O 单元基础，Honeywell 公司的 PKS 系统则采用

Rockwell 公司的 PLC 单元作为现场控制站。和利时公司也改变了过去全部自己开发的技术路线，而是利用自己的核心技术与国外专业化公司合作开发出 HOLLiAS DCS。例如，与德国公司联合开发完全符合 IEC1131-3 全部功能的控制组态软件。公司的 HMI 既可以采用和利时公司自主知识产权的 FOCS 软件平台，也可以采用通用的如 CITEC 等软件平台。系统的硬件更是集成化的，除了 I/O 单元由和利时公司自己开发制造外，其他 PLC、RTU、FCS接口、无线通信、变电站数据采集与保护、车站微机联锁等，以及各种智能装置均可采用集成方式。在一套地铁监控系统中，集成的各种智能设备多达几十种。

4．DCS 变成真正的混合控制系统

过去 DCS 和 PLC 主要是通过被控对象的特点（过程控制和逻辑控制）来进行划分。但是，新一代的 DCS 已经将这种划分模糊化了。几乎所有的新一代 DCS 都包含了过程控制、逻辑控制和批处理控制，实现混合控制，这也是为了适应用户的真正控制需求。因为多数的工业企业绝不能简单地划分为单一的过程控制或逻辑控制，而是由以过程控制或逻辑控制为主的分过程组成的。要实现整个生产过程的优化，提高工厂的效率，就必须把生产过程纳入统一的分布式集成信息系统。例如，典型的冶金系统、造纸过程、水泥生产过程、制药生产过程和食品加工过程、发电过程及大部分的化工生产过程都是由部分的连续调节控制和部分的逻辑联锁控制构成的。新一代的各 DCS 几乎全部采用 IEC61131-3 标准进行组态软件设计，而该标准原为 PLC 语言设计提供的标准。同时，一些 DCS（如 Honeywell 公司的PKS）则直接采用成熟的 PLC 作为控制站。多数的新一代 DCS 都可以集成中小型 PLC 作为底层控制单元，今天的小型和微型 PLC 不仅具备了过去大型 PLC 的所有基本逻辑运算功能，而且还能实现高级运算、通信及运动控制。

5．DCS 包含 FCS 功能并进一步分散化

过去一段时间，一些学者和厂商把 DCS 和 FCS（现场总线控制系统）对立起来。其实，真正推动 FCS 进步的仍然是世界主要几家 DCS 厂商。DCS 不会被 FCS 所代替，而且DCS 会包容 FCS，实现真正的 DCS。所有的新一代 DCS 都包含了各种形式的现场总线接口，可以支持多种标准的现场总线仪表、执行机构等。此外，各 DCS 还改变了原来机柜架式安装 I/O 模块、相对集中的控制站结构，取而代之的是进一步分散的 I/O 模块（导轨安装），或小型化的 I/O 组件（可以现场安装）及中小型的 PLC。分布式控制的一个重要优点是逻辑分割，工程师可以方便地把不同设备的控制功能按设备分配到不同的合适的控制单元中，这样，运行员可以根据需要对单个控制单元进行模块化的功能修改、下装和调试。另外，各个控制单元分布安装在被控设备附近，既节省电缆，又可以提高该设备的控制速度。一些 DCS 还包括分布式 HMI 就地操作站，人和机器将有机地融合在一起，共向完成一个智能化工厂的各种操作。例如，Emerson 公司的 Delta V、Foxboro 公司 A^2 中的小模块结构、Ovation 的分散模块结构等。可以说，现在的 DCS 厂商已经越过炒作概念的误区，更加突出实用性。一套 DCS 可以适应多种现场安装模式，或用现场总线智能仪表，或采用现场 I/O智能模块就地安装（既节省信号电缆，又不用昂贵的智能仪表），或采用柜式集中安装（特别适合改造现场）。一切由用户的现场条件决定，充分体现为用户设想的原则。

新一代 DCS 代表系统的现场处理部件具有以下几个共同特点。

1）小型化　过去的 DCS 现场控制站采用大柜式机架安装结构，机柜内由电源系统、主

控制器、机架、I/O 机架及接线端子柜等组成。每个机架（或叫机笼）尺寸一般都比 19 英寸欧洲标准机架大。所以，DCS 在应用时有一个经济限制，小型系统不适合应用 DCS。随着微处理器技术、低功耗高集成度电子芯片技术的发展，新一代 DCS 几乎都转向了小型或微型控制站机构。例如，Honeywell 公司的 C200 控制器组件和横河公司的 CS3000-R3 系统采用小 4U 架式模块结构，并可以挂式安装。而 Foxboro 公司的 A^2 系统、Emerson 公司的 Delta V 和 ABB 公司的 Industrial 则采用更分散、更小型的 I/O 控制器结构。

A^2 系统小模块的宽和高分别为 180mm 和 104mm（含底座高），几种机架配置分别是 16 模块（442mm）、8 模块（239mm）、4 模块（137mm）。Industrial 的控制器 AC800M、AC800C 和分布式 I/O 模块 S800 I/O 均采用小尺寸结构。AC800M 的尺寸为 115mm×186mm×135mm（宽×高×深，不含电源模块），AC800C 的尺寸为 282mm×131mm×67mm（宽×高×深）。Delta V 的控制器架装模块尺寸很小。这几家的产品支持壁挂安装或导轨安装，而且配置极为灵活。

2）开放性和智能化　这些小型的控制器一般都有很强的处理功能，有些把双冗余主控模块与 I/O 模块并排安装在一起，有些则将主控制器模块单独安装，应用标准的串行总线（以太网、PROFIBUS 及 MODBUS 等）与 I/O 模块进行连接。不管采用哪种模式，这些控制器和 I/O 模块一般都提供标准的串行总线通信。所以，它们既可以是 DCS 的现场测控单元，又可以单独作为产品。I/O 系统的开放性将原来 DCS 的开放性又推进了一层。

3）低成本　在 20 世纪 80 年代甚至 90 年代，DCS 还是技术含量高、应用相对复杂、价格也相当昂贵的工业控制系统。随着应用的普及、大家对信息技术的理解，DCS 已经走出高贵的神秘塔，变成大家熟悉的、价格合理的常规控制产品。灵活的规模配置和小型结构大大降低了系统的成本与价格。可以说，现在采用先进的 DCS 实现工业自动化控制比起原来采用常规的仪器仪表进行简单控制，虽然用户投资增加不多，但是实现的功能却大大增强。就控制站而言，原来处理一个物理信号平均需要 1500 元，而现在已经降到几百元。

6．DCS 平台开放性与应用服务专业化

近年来，工业自动化界讨论比较多的一个概念就是开放性。过去，由于通信技术相对落后，开放性是困扰用户的一个重要问题。为了解决该问题，人们设想了多种方案，其中包括 CIMS 系统概念中的开放网络（MAP 七层网络协议平台）。然而，由于各种原因，MAP 网络协议并没有得到真正的推广应用。而当代网络技术、数据库技术、软件技术及现场总线技术的发展为开放系统提供了基础。各 DCS 厂商竞争的加剧，促进了细化分工与合作，各厂商放弃了原来自己独立开发的工作模式，变成集成与合作的开发模式，所以开放性也就自动实现了。新一代 DCS 全部支持某种程度的开放性。开放性体现了 DCS 可以从三个不同层面与第三方产品相互联接。在企业管理层支持各种管理软件平台连接；在工厂车间层支持第三方先进的控制产品，如 SCADA 平台、MES 产品，BATCH 处理软件同时支持多种网络协议（以以太网为主）；在装置控制层可以支持多种 DCS 单元（系统），PLC、RTU 各种智能控制单元及各种标准的现场总线仪表与执行机构。

值得注意的是，开放性的确有很多好处，但是在考虑开放性的同时，首先要充分考虑系统的安全性和可靠性，因为生产过程的故障停车或事故造成的损失可能比开放性选择产品所节省的成本要高得多。同时还应当注意，在选择系统设备时，先要确定系统的需求，然后根据需求选择必要的设备。尽量不要装备一些不必要的功能，特别是网络功能和外设的选择

一定要慎重。例如，在选择开放网络的同时，遭到病毒或黑客袭击的可能就会加大；选择丰富的外设如光驱或软驱，就提供了装载无关软件（如游戏等）的机会等，这些都会导致系统瘫痪或其他致命故障。随着开放系统和平台技术的发展，产品的选择更加灵活，软件组态功能越来越强大，但是每个特定的应用都需要一个独特的解决方案，所以专业化的应用知识和丰富的经验是当今工业自动化厂商或系统集成商成功的关键因素。各 DCS 厂商在努力宣传各自 DCS 技术优势的同时，更是努力宣传自己的行业方案设计与实施能力。为不同的用户提供专业化的解决方案并实施专业化的服务，将是今后各 DCS 厂商和系统集成商竞争的焦点，同时也是各厂商赢利的主要来源。

新一代 DCS 厂商在提高 DCS 平台集成化的同时，都强调自己在各自应用行业的专业化服务能力。DCS 厂商不仅注重系统本身的技术，而且更加注重如何满足用户需求，并将满足不同行业应用需求作为自己系统的最关键技术，这应该是新一代 DCS 的又一重要特点。

参 考 文 献

[1] 王常力，罗安. 分布式控制系统（DCS）设计与应用实例（第2版）[M]. 北京：电子工业出版社，2010.

[2] 白焰，朱耀春，李新利，等. 分散控制系统与现场总线控制系统（第2版）[M]. 北京：中国电力出版社，2012.

[3] 刘翠玲，黄建兵. 集散控制系统[M]. 北京：北京大学出版社，2006.

[4] 肖军. DCS及现场总线技术[M]. 北京：清华大学出版社，2011.

[5] 张凤登. 现场总线技术与应用[M]. 北京：科学出版社，2008.

[6] 王慧峰，何衍庆. 现场总线控制系统原理及应用[M]. 北京：化学工业出版社，2005.

[7] 斯可克，黄德敏，张云贵. 现场总线应用疑难解答[M]. 北京：中国电力出版社，2006.

[8] 刘泽祥，李媛，等. 现场总线技术（第2版）[M]. 北京：机械工业出版社，2011.

[9] 阳宪惠. 工业数据通信与控制网络[M]. 北京：清华大学出版社，2003.

[10] 杨宁，赵玉刚. 集散控制系统及现场总线[M]. 北京：北京航空航天大学出版社，2003.

[11] 张学申，叶西宁. 集散控制系统及其应用[M]. 北京：机械工业出版社，2006.

[12] 王锦标. 计算机控制系统[M]. 北京：清华大学出版社，2004.

[13] 北京和利时系统工程股份有限公司. HollySys SmartPro. 系统使用手册. 2004.

[14] 罗红福，胡斌，钟存福，等. PROFIBUS-DP现场总线工程应用实例解析[M]. 北京：中国电力出版社，2008.

[15] 吉顺平，孙承志，孙书芳，等. 西门子现场总线通信原理与应用[M]. 北京：机械工业出版社，2009.

反侵权盗版声明

电子工业出版社依法对本作品享有专有出版权。任何未经权利人书面许可，复制、销售或通过信息网络传播本作品的行为；歪曲、篡改、剽窃本作品的行为，均违反《中华人民共和国著作权法》，其行为人应承担相应的民事责任和行政责任，构成犯罪的，将被依法追究刑事责任。

为了维护市场秩序，保护权利人的合法权益，本社将依法查处和打击侵权盗版的单位和个人。欢迎社会各界人士积极举报侵权盗版行为，本社将奖励举报有功人员，并保证举报人的信息不被泄露。

举报电话：（010）88254396；（010）88258888
传　　真：（010）88254397
E-mail：dbqq@phei.com.cn
通信地址：北京市海淀区万寿路 173 信箱
　　　　　电子工业出版社总编办公室
邮　　编：100036